嵌入式应用技术

——基于 STM32 固件库编程

编著　刘志远　黄远民　易　铭
　　　樊亚妮　梁利滨

U0396044

苏州大学出版社

图书在版编目(CIP)数据

嵌入式应用技术：基于 STM32 固件库编程/ 刘志远
等编著. —苏州：苏州大学出版社，2019.6（2021.8 重印）
ISBN 978-7-5672-2826-9

Ⅰ.①嵌… Ⅱ.①刘… Ⅲ.①微处理器-系统设计
Ⅳ.①TP332.021

中国版本图书馆 CIP 数据核字（2019）第 107802 号

QIANRUSHI YINGYONG JISHU
嵌入式应用技术
—— 基于 STM32 固件库编程

刘志远　黄远民　易　铭　樊亚妮　梁利滨　编著
责任编辑　周建兰

苏 州 大 学 出 版 社 出 版 发 行
（地址：苏州市十梓街 1 号　邮编：215006）
广东虎彩云印刷有限公司印装
（地址：东莞市虎门镇北栅陈村工业区　邮编：523898）

开本 787mm×1 092mm　1/16　印张 19.25　字数 457 千
2019 年 6 月第 1 版　2021 年 8 月第 3 次印刷
ISBN 978-7-5672-2826-9　定价：49.50 元

苏州大学版图书若有印装错误，本社负责调换
苏州大学出版社营销部　电话：0512-67481020
苏州大学出版社网址　http://www.sudapress.com
苏州大学出版社邮箱　sdcbs@suda.edu.cn

Vorwort

序

Eingebettete Systeme sind aus unserm Leben nicht mehr wegzudenken. Sie begleiten uns unterwegs im Auto, im Zug und im Flugzeug. Unsere Wohnungen werden durch sie smart. Sie können uns sogar dabei helfen gesünder zu leben. Bei der Arbeit, beim Lernen, in der Freizeit, kaum ein Lebensbereich für den es nicht smarte Dinge gibt. Was sich in fast allen smarten Dingen versteckt sind kleine Computer. Wir nennen diese Mikrocontroller. Wie versteckt diese Mikrocontroller sein können merken wir kaum. Zum Beispiel sind in einem modernen Auto mehr als 100 solcher Mikrocontroller versteckt. Wir haben also nicht einen Boardcomputer der das Auto smart macht, sondern ein Netzwerk von vielen Mikrocontrollern und Steuergeräten. Die Tendenz zum Einsatz von Mikrocontrollern ist nach wie vor steigend. Nächstes Jahr sind in den neuen Modellen vielleicht schon mehr als 200 Mikrocontroller pro Fahrzeug verbaut. Die Anzahl solcher Systeme weltweit ist unvorstellbar groβ. Momentan sind weit mehr als 80% aller Computer eingebettete System. Genau in diesem Moment, jetzt, laufen fast zehnmal mehr Mikrocontroller als Notebook- oder Desktopprozessoren. Ich verrate hier kein Geheimnis, wenn ich sage, dass diese Mikrocontroller von irgendjemandem programmiert werden müssen.

嵌入式系统已经成为我们生活中不可或缺的一部分。在汽车、火车和飞机上，它们伴随我们左右。我们的住宅也因有嵌入式系统而变得智能。它们甚至可以帮助我们过上更健康的生活。在工作、学习中，在空闲时间，我们生活中几乎没有一个领域不涉及智能。几乎所有智能产品中都隐藏着微型计算机，我们称之为微控制器。平时我们并未注意到这些微控制器隐藏在哪里。例如，汽车中隐藏着 100 多个这样的微控制器。也就是说，我们没有使用行车电脑来使汽车变得智能化，而是利用一个由许多微控制器和控制设备组成的网络。微控制器的应用越来越普遍。明年，也许每辆新车型中会安装超过 200 个微控制器。嵌入式系统在全球范围内的数量是不可想象的。目前，超过 80% 的计算机都是嵌入式系统。当下正在运行的嵌入式处理器的数量是 PC 处理器数量的十倍。众所周知，这些微控制器需要有人来编程。

Es gibt neben der zunehmenden Verbreitung eingebetteter Systeme ein weiteres Phänomen mit dem man sich auseinandersetzten muss. Die Leistungsfähigkeit aller Prozessoren auch der Mikrocontroller verdoppelt sich etwa alle zwei Jahre. Dieses Phänomen ist bekannt als Moor´s Law. Es beschreibt das exponentielle Wachstum der Leistungsfähigkeit von Mikroelektronik. Obwohl schon oft das Ende von Moor´s Law verkündet wurde ist dieser Trend ungebrochen und in den Laboren der Entwickler werden die nächsten Generationen von Systemen mit doppelt so viel Speicher, doppelt so schneller Geschwindigkeit, mit noch mehr Rechenkernen, halb so groβ und mit der Hälfte an Strombedarf getestet.

除了嵌入式系统日益普及之外，还有另一个需要解决的问题。包括微控制器在内的所有处理器的性能大约每两年翻一番。这种现象被称为摩尔定律。它描述了微电子性能呈指数级增长的趋势。虽然摩尔定律已经多次宣布失效，但这种趋势未被中断：开发人员在实验室中测试的下一代系统的内存是原来的两倍，速度是原来的两倍，内核数量也在不断增加，而处理器的大小只有原来的一半，耗电量也只有原来的一半。

Was bedeutet das alles? Es bedeutet, dass die Fähigkeit Mikrocontroller zu programmieren zunehmend gefragt sein wird. Es bedeutet, dass die Lösungen die programmiert werden müssen zunehmend komplexer werden. Es bedeutet, dass nur durch lebenslanges Lernen die sich die immer weiter entwickelnde Technologie beherrscht werden kann. Und es bedeutet, dass embedded Systems nie langweilig werden. Wenn Sie heute mit kleinen 8 Bit Controllern und der Programmiersprache C beginnen werden Sie sehr bald 32 Bit Controller programmieren und sich mit objektorientierten Programmiersprachen und vielleicht auch mit der grafischen Programmierung in der Unified Modeling Language UML auseinandersetzen. Mit jedem neuen Schritt werden nicht nur die Systeme die Sie entwickeln immer smarter, sondern auch Sie.

这一切意味着什么？这意味着具有微控制器编程能力的人将越来越受欢迎，也意味着解决问题的方案会变得越来越复杂，只有通过终身学习才能掌握日新月异的技术。嵌入式系统永远不会令人枯燥乏味。如果你从今天开始学习小型 8 位控制器和 C 语言，你很快就会学习 32 位控制器和面向对象的编程语言，甚至可能学习统一建模语言 UML 中的图形编程。一步一步，不仅您开发的系统变得更聪明，而且您也需要一起变得更聪明。

Das vorliegende Lehrbuch wird Sie Schritt für Schritt in diese spannende Technologie einführen. Für mich war ein groβes Vergnügen, dass ich an diesem Projekt mitwirken konnte.

本教材将由浅入深地向您介绍有趣的嵌入式系统技术。我很高兴参与了佛山职业技术学院"嵌入式应用技术"课程开发的项目。

Ich wünsche viel Erfolg und vor allem Freude beim Lernen.

希望您能享受学习的乐趣，并学有所获！

Alexander Huwaldt

亚历山大·胡瓦特

前言

第四次工业革命已经来临,物联网、智能传感器等技术的发展均离不开嵌入式系统。本书以嵌入式应用技术为基础,在德国嵌入式专家亚历山大·胡瓦特的指导下,选取STM32F407作为嵌入式学习的平台,通过STM32F4的固件库编程来展开嵌入式应用技术的学习。

本书在内容编排上,从STM32的基础应用出发,以项目为载体,选取典型应用作为项目案例,逐步深入,符合学生的认知规律。在项目的实践过程中,从固件库的应用出发,便于学生掌握STM32系列的固件库编程。

建议本书的学时数为72学时。本书采用的开发板是野火电子技术有限公司的STM32F407开发板,选取的应用项目也是基于此开发板开发的。

对嵌入式应用,要学习的内容很多。学生除了要学习课堂上的内容外,还应该学习如何修改开发板上的例程,以实现其他功能。如果使用其他开发板,只需稍微修改项目中的例程即可。

本书由刘志远、黄远民、易铭、樊亚妮、梁利滨编著,其中项目6、项目8、项目9、项目10由佛山职业技术学院的刘志远编写,项目2、项目3由佛山职业技术学院的黄远民编写,项目1、项目7由佛山职业技术学院的易铭编写,项目4、项目5由广东第二师范学院的樊亚妮编写,"认识STM32"由广东恺鹏勒信息科技有限公司的梁利滨编写并负责本书的校稿。在编写过程中,德国嵌入式专家亚历山大·胡瓦特提供了宝贵的经验与意见。书中编写内容参考了意法半导体STM32F4的参考资料与外设芯片的数据手册。在教材编写与项目的例程开发上,得到了东莞野火电子技术有限公司的技术支持,在此致以诚挚的谢意。

由于编者水平有限,书中难免存在疏漏与不当之处,敬请读者批评指正。

另外,本书配有丰富的网络教学资源,读者可以扫描书中二维码观看微课,也可以在佛山职业技术学院的嵌入式应用技术课程资源网站观看教学视频,下载项目例程、数据手册、芯片手册、工具软件等资源。

目录

认识 STM32

0.1 什么是嵌入式系统

嵌入式系统是以应用为中心,软硬件可裁减的,对功能、可靠性、成本、体积、功耗等有严格要求的专用计算机系统。嵌入式系统从概念上比较难以理解,但在生活中处处可见,比如手机、平板、电视等电子产品中都有嵌入式系统。可以简单地认为,嵌入式系统是为各种电子设备设计的专用的微型计算机系统。所谓嵌入式,重点在于裁剪,可以灵活地设计、定制。除上述电子产品之外,嵌入式技术已经应用到各个领域,如航空航天、汽车、仪器仪表、自动化设备、家用电器等。

嵌入式系统从单板机开始,诞生于 20 世纪 70 年代末,经历了 SCM、MCU、SoC 三大阶段。

(1) SCM(Single Chip Microcomputer)阶段,即单片微型计算机阶段,出现在 20 世纪 70 年代。典型的产品有 Intel 的 8031、Zilog 的 Z80 等,如图 0-1 所示,即 MCS-51 系统,在单芯片上集成了 CPU、I/O、存储器、总线等,使用计算机语言进行编程控制。SCM 与通用计算机具有完全不同的思路,它把计算机的几大模块都集成于芯片中。它的设计重点在于各种设备的控制与实现。这个时期的芯片还需要大量的外围扩展芯片来实现各种控制,用一块电路板来完成一个微机控制系统,因此也称为单板机。尽管其在性能上与通用性上与计算机相差甚远,但在家电、仪器仪表、工业控制上受到了广泛的应用,掀起了一股数字化的热潮。SCM 的出现,奠定了嵌入式系统发展的方向。

图 0-1 Intel 的 8031 与 Zilog 的 Z80

（2）MCU（Micro Controller Unit）阶段，即微控制器阶段。为了满足不断扩展的各种外围电路与接口电路，各个厂家不断增强单片机的 CPU 运算能力，加入 I/O 的第二功能（内置各种总线接口、ADC、PWM 等），增加存储器。相对于 SCM，MCU 的性能得到了大大的提升。在这个阶段，MCU 厂家百花齐放，比如国外的 Philips、Atmel 等公司，国内的 STC（宏晶科技）公司，而 Intel 则淡出单片机领域，专心发展通用计算机领域。

（3）SoC（System on Chip）阶段，即片上系统阶段。单片机技术发展的初衷是寻求应用系统在芯片上的最大化集成，随着微电子技术、IC 设计、EDA 工具的发展，SoC 将数字信号处理器、RISC（Reduced Instruction Set Computer）处理器、存储器、I/O、半定制电路集中到单芯片中，使得具有高性能运算能力的嵌入式系统成为可能。目前我们所说的嵌入式系统基本都是基于 SoC。

0.2 ARM

提到嵌入式就不得不提起 ARM 了。ARM（Advanced RISC Machines）是微处理器行业的一家知名企业，设计了大量高性能、廉价、低功耗的 RISC 处理器，以及相关技术和软件。ARM 本身并不生产芯片，而是将其技术授权给世界上许多著名的半导体、软件和 OEM 厂商，如苹果、高通、华为等。ARM 负责提供一系列内核、体系扩展、微处理器和系统芯片方案。由于所有产品均采用一个通用的软件体系，所以相同的软件可在所有产品中运行，比如华为的海思麒麟和高通的枭龙是各自设计的 SoC，但都使用了 ARM 内核，因此都能完全兼容安卓系统。

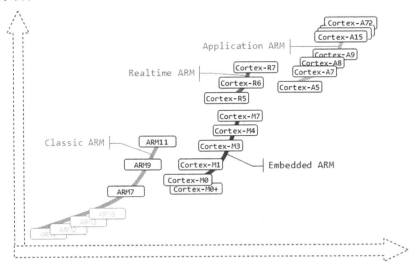

图 0-2 ARM 产品分布图

ARM 设计的处理器类型很多，涵盖了从低端、低功耗到高性能、人工智能与机器学习等的各种处理器，早期的有 ARM7、ARM9、ARM11，最新的有 Cortex-M、Cortex-R、Cortex-A

等。ARM 产品分布图如图 0-2 所示。其中 Cortex 系列的 M 代表了低功耗,R 代表高性能与实时性,A 代表最高性能,对操作系统进行优化。Cortex 系列的涵盖面非常广,尤其是 M 系列,各个授权的半导体厂家不断地降低成本与售价,它已经延伸到传统 MCU 的领域。总的来说,ARM 是嵌入式领域的领跑者。

0.3 STM32

STM32 是意法半导体(SGS-THOMSON Microelectronics,简称 STMicroelectronics)公司(以下简称"ST 公司")生产的系列微处理器,包含了基于 ARM Cortex-M0、Cortex-M0+、Cortex-M3、Cortex-M4 及 Cortex-M7 内核并具备丰富外设选择的 32 位微处理器,目前提供 12 大产品线(F0、F1、F2、F3、F4、F7、H2、L0、L1、L4、L4+、WB),超过 800 个型号,如图 0-3 所示。STM32 产品广泛应用于工业控制、消费电子、物联网、通信设备、医疗服务、安防监控等应用领域,其优异的性能进一步推动了生活和产业智能化的发展。

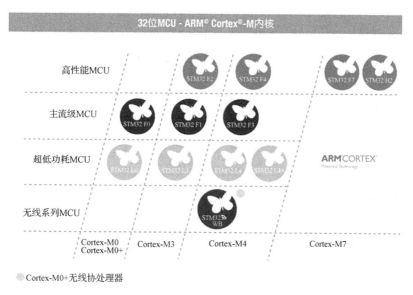

图 0-3 STM32 系列产品分布图

比较常见的 STM32F103 系列属于 F1 系列,基于 Cortex-M3 内核,属于低端产品,价格低廉,在性能上可直接与传统 MCU 进行竞争。另一个常见的系列为 STM32F407 系列,属于 F4 系列,基于 Cortex-M4 内核,性能较强,接口丰富,属于中端产品,有较强的运算处理能力。由于内核均采用了 Cortex,所以它们的编程方法基本都是一样的。学会了 F1 系列的编程,同样也就学会了 F4 系列的编程,反之亦然。

0.4　如何选择 STM32

　　STM32 系列产品丰富。当我们设计产品时应根据产品性能、引脚数量、使用环境、成本等的需求选择相应的微处理器。STM32/8 部分芯片特性如表0-1 所示。图0-4 是 STM32/8 官方的详细命名规定。以 STM32F103RCT6 为例说明，它是 STM32 的 103 基础型，有 64 个引脚、256KB 的 Flash，采用 QFP 封装，工作温度为 −40℃～85℃，如表0-2 表示。由于产品十分丰富，选型应多参考官方数据手册。

表 0-1　STM32/8 部分芯片特性

CPU 位数	内　核	系　列	描　　述
32	Cortex-M0	STM32-F0	入门级
		STM32-L0	低功耗
	Cortex-M3	STM32-F1	基础型，主频 72MHz
		STM32-F2	高性能
		STM32-L1	低功耗
	Cortex-M4	STM32-F3	高性能，主频 180MHz
		STM32-F4	高性能，主频 180MHz
		STM32-L4	低功耗
	Cortex-M7	STM32-F7	高性能
8	超级版 6502	STM8S	标准系列
		STM8AF	标准系列的汽车应用设计
		STM8AL	低功耗的汽车应用设计
		STM8L	低功耗

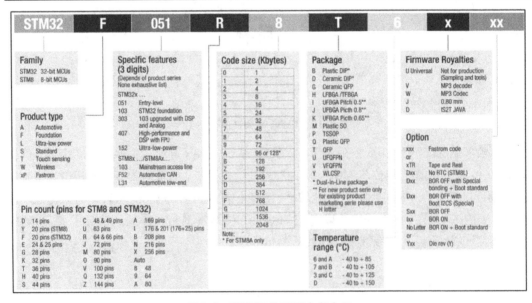

图 0-4　STM32/8 系列命名含义

表 0-2   STM32F103RCT6 命名说明

–	STM32	F	103	R	C	T	6
家族	STM32 表示 32bit 的 MCU						
产品类型	F 表示基础型						
具体特性	基础型						
引脚数目	R 表示 64Pin。其他常用的有：C 表示 48Pin，V 表示 100Pin，Z 表示 144Pin，B 表示 208Pin，N 表示 216Pin						
Flash 大小	C 表示 256KB，其他常用的有：B 表示 128KB，E 表示 512KB，I 表示 2048KB						
封装	T 表示 QFP 封装，这是最常用的封装方式						
温度	6 表示温度等级为 A，工作温度为 −40℃ ~85℃						

0.5   STM32 开发板

　　和学习单片机一样，所有的程序都需要下载到 MCU 进行验证。学习单片机时可以使用 Protues 软件仿真，也可以使用单片机开发板进行实体下载验证。嵌入式学习也一样。目前支持软件仿真的 ARM 产品很少。即使是最新版的 Protues 8.7，对 ARM 产品的支持也非常有限，因此我们必须使用开发板进行学习。STM32 的开发板很多，尤其是 F1 与 F4 系列，有最小系统，也有扩展齐全、接口丰富的开发板。图 0-5 所示的 F103 系列开发板，价格从十几元到几百元不等。用户可以根据实际情况选择，建议选择配备常用接口，比如串行口、SWD/JTAG 接口（JLINK）、液晶、按键、LED 等，如果预算足够，可以选择自带外设的开发板，这样使用起来更方便些。

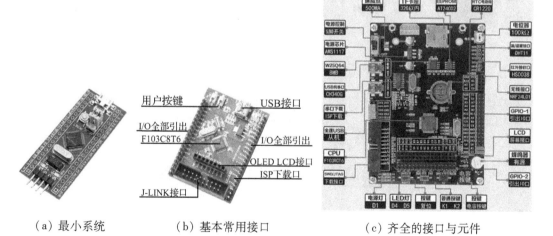

（a）最小系统　　　（b）基本常用接口　　　（c）齐全的接口与元件
图 0-5   各类 STM32F103 开发板

　　市场上尽管有各种开发板，但是硬件内核都是一样的，因此不影响我们学习。需要了解的是,STM32 可以通过计算机串行口使用 ISP 方式下载程序。图 0-5(a)所示的最小系统只有 ISP 接口,这一点与 STC 的单片机一样,比较烦琐,速度也比较慢。STM32 还可以采用 SWD/JTAG 方式下载,速度比 ISP 要快很多,而且可以使用开发软件的同步仿真调试功能,非常适合我们学习 STM32。对于初学者而言,不建议使用 ISP 方式,而建议采用 SWD/JTAG 方式,购买开发板时应选择带 SWD/JTAG 接口的,如图 0-5(b)和图 0-5(c)所示。往往 SWD 与 JTAG 接口都集成到一个接口上,各个厂家都采用统一的引脚封装,以提高兼容性。使用者不论是采用 SWD 还是采用 JTAG,都可以直接插上去使用。但是使用 SWD/JTAG 时必须另外购买仿真器。这里介绍几种常见的 SWD 仿真器。

(1) J-LINK。J-LINK 是德国 SEGGER 公司推出的基于 JTAG 的仿真器,如图 0-6(a)所示。它完成了从软件到硬件的转换工作。J-LINK 是一个通用的开发工具,可以用于 Keil、IAR、ADS 等平台,支持大部分 ARM,兼容性好。

(2) U-LINK。U-LINK 是 ARM/Keil 公司推出的仿真器。U-LINK/U-LINK2 可以配合 Keil 软件实现仿真功能,增加了串行调试(SWD)支持,如图 0-6(b)所示。U-LINK 支持大部分 ARM 产品。但要注意的是,U-LINK 是 Keil 公司开发的仿真器,专用于 Keil 平台上,在 ADS、IAR 平台上不能使用。

(3) ST-LINK。ST-LINK 是专门针对 ST 公司 STM8 和 STM32 系列芯片的仿真器,如图 0-6(c)所示。ST-LINK/V2 使用的是 SWIM 标准接口和 SWD/JTAG 标准接口。同样地,ST-LINK 只能用于 ST 公司的微处理器,但能用于 Keil、IAR、ADS 等平台上。

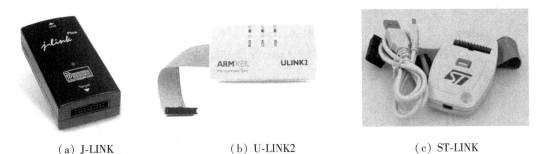

(a) J-LINK   (b) U-LINK2   (c) ST-LINK

图 0-6   三种基于 SWD/JTAG 接口的仿真器

本教材采用的开发平台是 Keil MDK 5.24 与 STM32F407,因此,读者采购以上三种仿真器中的任意一种都可以进行仿真与程序下载。

0.6   STM32 的内核与片上外设

STM32 的内核采用的是 Cortex-M4 内核,由 ARM 公司授权,剩下的存储器与片上外设,比如 GPIO、USART、I2C 等全部由 ST 公司设计,因此,无论是 F1 系列还是 F4 系列,都是由 ST 公司生产的 ARM 内核的 SoC,其框架图如图 0-7 所示。

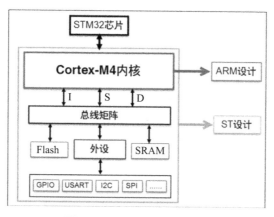

图 0-7   STM32 内部框架图

STM32 的内核、存储器与片上外设通过一个总线矩阵进行管理与访问,主系统由 32 位多层 AHB(高级高性能总线)总线矩阵构成,比如 STM32F407 中主控总线有 8 条(S0 ~ S7),被控总线有 7 条(M0 ~ M6),如图 0-8 所示。总线之间交叉的时候若有圆圈,则表示可以通信;若没有圆圈,则表示不可以通信。借助总线矩阵,可以实现主控总线到被控总线的访问,这样使得系统即使在多个高速外设同时运行期间,也可以实现并发访问和高效运行。

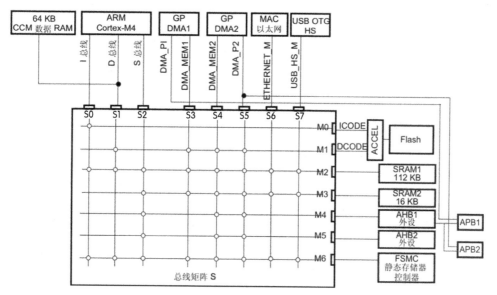

图 0-8   STM32F407 的总线矩阵

0.7   存储器映射

计算机对所有设备的管理都是通过地址进行操作的。每个设备都具有自己唯一的地址,但每一个设备只是一个元件,本身不具备地址信息,它们的地址由芯片厂商分配。给存储器分配地址的过程,称为存储器映射。

如图 0-9 所示,被控总线连接的是 Flash、RAM 和片上外设。这些存储器与外设的功能部件共同排列在一个 4GB 的地址空间内。如何分配这些设备与 4GB 的地址空间呢? 在这 4GB 的地址空间中,ARM 已经粗略地平均分成了 8 个块,每个块为 512MB,每个块也都规定了用途,如图 0-9 所示。当然,并不是所有地址都会用完,那些未分配给片上存储器和外设的所有存储区域均被视为"预留区"。

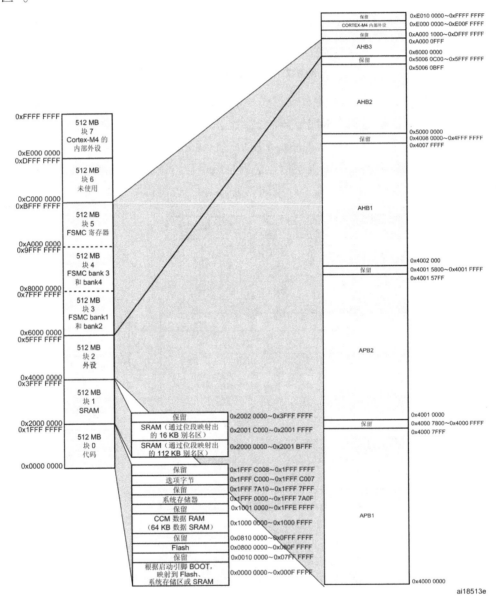

图 0-9 STM32F4 的寄存器映射分布

这里简要地把 8 个块映射的内容列成表 0-3。在这 8 个块里面有 3 个块是最重要的:

Block0 用来设计成映射内部 Flash；Block1 用来设计成映射内部 SRAM；Block2 用来设计成映射片上外设。这 3 个块正好是存储设备与片上外设的地址，是用户编写程序的核心部分。

表 0-3   4GB 地址空间映射内容及范围

	用　途	地址范围
Block0（块 0）	代码	0x0000 0000 ~ 0x1FFF FFFF（512MB）
Block1（块 1）	SRAM	0x2000 0000 ~ 0x3FFF FFFF（512MB）
Block2（块 2）	外设	0x4000 0000 ~ 0x5FFF FFFF（512MB）
Block3（块 3）	FSMC 的 bank1 ~ bank2	0x6000 0000 ~ 0x7FFF FFFF（512MB）
Block4（块 4）	FSMC 的 bank3 ~ bank4	0x8000 0000 ~ 0x9FFF FFFF（512MB）
Block5（块 5）	FSMC 寄存器	0xA000 0000 ~ 0xBFFF FFFF（512MB）
Block6（块 6）	未使用	0xC000 0000 ~ 0xDFFF FFFF（512MB）
Block7（块 7）	Cortex-M4 内部外设	0xE000 0000 ~ 0xFFFF FFFF（512MB）

（1）Block0。Block0 主要用于设计片内的 Flash 存储程序代码，相当于单片机的 ROM、计算机的硬盘。F4 系列片内 Flash 最大的是 1MB，STM32F407ZGT 内置的 Flash 也是 1MB。受成本限制，这个级别的处理器不会内置很大容量的 Flash，而这个块有 512MB 容量的地址，因此很多地址都是预留的，其分布如表 0-4 所示。0x0800 0000 ~ 0x080F FFFF 是 STM32F407ZGT 内置 Flash 所使用的地址范围，正好是 1MB。这段地址是程序下载所存放的位置。

表 0-4   Block0 的地址分布

	用途说明	地址范围
Block0	预留	0x1FFF C008 ~ 0x1FFF FFFF
	选项字节：用于配置读写保护、BOR 级别、软件/硬件看门狗以及器件处于待机或停止模式下的复位。当芯片不小心被锁住之后，我们可以从 RAM 里面启动来修改与这部分相应的寄存器位	0x1FFF C000 ~ 0x1FFF C007
	预留	0x1FFF 7A10 ~ 0x1FFF 7FFF
	系统存储器 + OTP：系统存储器里面存放的是 ST 公司出厂时烧写好的 isp 自举程序，用户无法改动。串口下载的时候需要用到这部分程序。OTP 区域，其中 512 个字节只能写一次，用于存储用户数据，额外的 16 个字节用于锁定对应的 OTP 数据块	0x1FFF 0000 ~ 0x1FFF 7A0F
	预留	0x1001 0000 ~ 0x1FFE FFFF
	CCM 数据 RAM：64KB，CPU 直接通过 D 总线读取，不用经过总线矩阵，属于高速的 RAM	0x1000 0000 ~ 0x1000 FFFF
	预留	0x0810 0000 ~ 0x0FFF FFFF
	Flash：存放下载的程序代码	0x0800 0000 ~ 0x080F FFFF
	预留	0x0010 0000 ~ 0x07FF FFFF
	取决于 BOOT 引脚，为 Flash、系统存储器、SRAM 的别名	0x0000 0000 ~ 0x000F FFFF

（2）Block1。Block1 用于设计片内的 SRAM，相当于计算机的内存。F407 内部 SRAM 的大小为 128KB，其中 SRAM1 为 112KB，SRAM2 为 16KB。Block1 的地址分布具体见表0-5。

表 0-5　Block1 的地址分布

	用途说明	地址范围
Block1	预留	0x2002 0000 ~ 0x3FFF FFFF
	SRAM2 16KB	0x2001 C000 ~ 0x2001 FFFF
	SRAM1 112KB	0x2000 0000 ~ 0x2001 BFFF

（3）Block2。Block2 用于片上的外设。根据外设的总线速度不同，Block2 被分成了 APB 和 AHB 两部分，其中 APB 又被分为 APB1 和 APB2，AHB 又被分为 AHB1 和 AHB2，具体见表0-6。另外，AHB 还包含一个 AHB3。Block3/Block4/Block5 用于 AHB3，不属于片上外设，AHB3 包含的 3 个 Block 用于扩展外部存储器，如 SRAM、NOR Flash 和 NAND Flash 等。

表 0-6　Block2 的地址分布

	用途说明	地址范围
Block2	APB1 总线外设	0x4000 0000 ~ 0x4000 7FFF
	预留	0x4000 7800 ~ 0x4000 FFFF
	APB2 总线外设	0x4001 0000 ~ 0x4001 57FF
	预留	0x4001 5800 ~ 0x4001 FFFF
	AHB1 总线外设	0x4002 0000 ~ 0x4007 FFFF
	预留	0x4008 0000 ~ 0x4FFF FFFF
	AHB2 总线外设	0x5000 0000 ~ 0x5006 0BFF
	预留	0x5006 0C00 ~ 0x5FFF FFFF

很多读者对 AHB 与 APB 的概念很模糊，因此这里对它们再作一些说明。

AHB（Advanced High Performance Bus，高级高性能总线）可以认为是一种"系统总线"，主要用于高性能模块（如 CPU、DMA 和 DSP 等）之间的连接。

APB（Advanced Peripheral Bus）是一种外围总线，主要用于低带宽的周边外设之间的连接，如 UART、SPI 等外设接口。APB 总线架构不像 AHB 支持多个主模块，在 APB 里面唯一的主模块就是 APB 桥。APB 桥再往下，APB2 负责 A/D、I/O、高级 TIM、串口 1，APB1 负责 D/A、USB、SPI、I2C、CAN、串口 2345、普通 TIM。

有了寄存器映射，所有的设备都有唯一的地址与之对应。要操作这些设备，只需访问其地址即可。在访问地址时，有一个技巧是记住基地址，使用相对设备的偏移量进行访问，对总线亦是如此。表 0-7 是从 APB1 开始的基地址与其他总线偏移地址的对应关系。

表 0-7　总线基地址

总线名称	总线基地址	相对外设基地址的偏移
APB1	0x4000 0000	0x0
APB2	0x4001 0000	0x0001 0000
AHB1	0x4002 0000	0x0002 0000
AHB2	0x5000 0000	0x1000 0000
AHB3	0x6000 0000	已不属于片上外设

C 语言的指针很容易通过基地址 + 偏移量这样的计算进行组织运算,从而可以有效地进行访问。

项目 1 开发环境的建立

1.1 Keil 的配置

学习 51 系列单片机的时候,大部分人都使用过 Keil 公司的 C51。Keil 是最早开发使用 C 语言对 51 系列单片机编程的公司之一,在中国很受电子工程师的欢迎,因此本书采用 Keil 的产品作为 STM32 的开发平台。

Keil 公司本身有许多产品,对 51 系列单片机开发使用较多的是 μVision2 或 μVision3,从 μVision4 开始支持 ARM,读者可以进入 www.keil.com 查看最新版本的信息。本教材需要安装的版本至少是 Keil μVision5 以上,读者可以查看自己的版本是否满足要求。查看的方法是:单击菜单栏上的"Help",然后单击"about μVision",可以查看版本号,如图 1-1 所示。

图 1-1 查看 Keil μVision 版本

读者可以到 Keil 公司主页下载最新版本,官方已经归档为 MDK-Arm,MDK 全文为 Microcontroller Development Kit,即微处理器开发包,后面的 Keil μVision5 我们称为 MDK5,其中 MDK5 版本的下载地址为 http://www.keil.com/mdk5/。

要安装 MDK-Arm5,只需一直选择默认安装即可,这里不再阐述。但是 MDK5 版本与老版本不同,其本身缺乏处理器库,因此 MDK5 安装完毕后还要添加处理器库,可以到 Keil 官方网站下载器件软件包,网址为 http://www.keil.com/dd2/Pack/。找到 STM32 系列芯片,如图 1-2 所示,选择 STM32F1 和 STM32F4 系列下载,下载的文件扩展名为 *.pack,如 Keil.STM32F1xx_DFP.2.2.0.pack。直接双击下载好的器件包文件即可安装,一直默认单击"下一步"按钮即可完成安装。若要检查是否已经正确安装文件,只需打开 MDK5 主界面,单击"Pack Installer"查看,如图 1-3 所示。

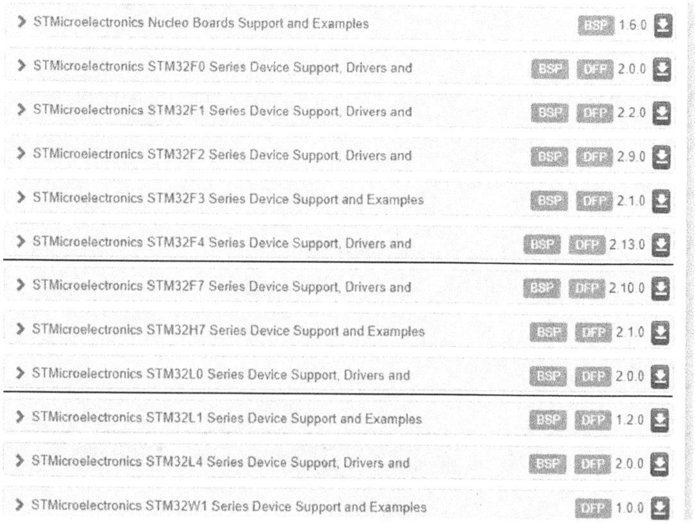

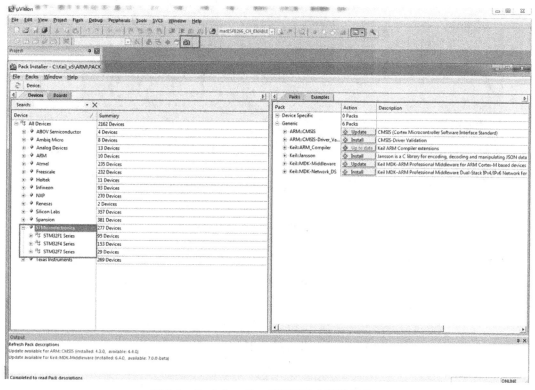

图 1-2　下载 STM32 系列器件包

图 1-3　Pack Installer 界面显示安装的器件包

进入 Pack Installer 界面,可以看到我们安装的器件包以及其他的器件的列表。这些器件包都可以在线下载或者更新。

到此为止,Keil MDK5 的 STM32F1 和 STM32F4 的开发环境准备完毕。

1.2　开发板的准备

前面的章节已经提到学习嵌入式必须配合开发板,建议使用外设齐全和带 SWD/JTAG 的 STM32F1 或 STM32F4 的开发板。本教材采用的是野火电子的 STM32F407 开发板。开发板分为核心板(最小系统)和扩展板(扩展的外围器件与接口),如图 1-4 所示,使用时将核心板插入扩展板即可。附录中介绍了其电路原理图。开发板具备兼容的 20Pin 的 SWD/JTAG 接口,可以连接 J-LINK、U-LINK 与 ST-LINK。读者也可以使用其他带 SWD/JTAG 接口的 F4 开发板,只需修改教材例程中相应的 I/O 即可;如果使用的是 STM32F1 开发板,只需在建立工程时选择 F1 系列即可。

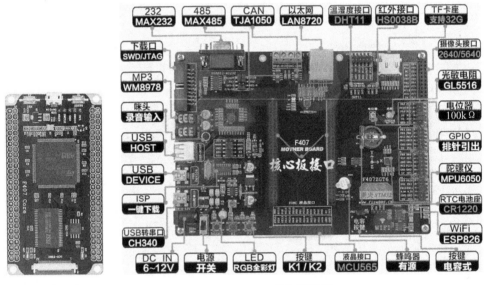

（a）核心板　　　　　　　　　　（b）扩展板

图 1-4　STM32 的核心板与扩展板

本教材的仿真器使用 ST-LINK。使用 ST-LINK 之前必须安装驱动。在浏览器中输入驱动地址 https://www.st.com/zh/development-tools/st-link-v2.html # sw-tools-scroll 并打开,下载 STSW-LINK009,如图 1-5 所示。解压后按系统配置单击安装文件。若为 64 位系统,单击 dpinst_amd64.exe 进行安装;若为 32 位系统,单击 dpinst_x86.exe 进行安装。安装完毕后在 USB 口插入 ST-LINK 仿真器,观察指示灯。指示灯的信息如下:

LED 闪烁红色:第一次将 ST-LINK 插到 USB 口。

LED 呈红色:PC 与 ST-LINK/V2 之间的通信被建立。

LED 闪烁绿色/红色:目标和 PC 之间正在交换数据。

LED 呈绿色:最后的通信已经成功。

LED 呈橙色:ST-LINK/V2 与目标通信失败。

工具和软件

开发工具硬件

SOFTWARE DEVELOPMENT TOOLS

型号	▲ 制造商	Description
ST-LINK-SERVER	ST	ST-LINK server software module
STM32CubeProg	ST	STM32CubeProgrammer software for programming STM32 products
STSW-LINK004	ST	STM32 ST-LINK utility
STSW-LINK007	ST	ST-LINK, ST-LINK/V2, ST-LINK/V2-1 firmware upgrade
STSW-LINK009	ST	ST-LINK, ST-LINK/V2, ST-LINK/V2-1 USB driver signed for Windows7, Windows8, Windows10

图1-5 官网下载ST-LINK驱动(STSW-LINK009)

1.3 连接开发板

当驱动安装完毕后可以连接开发板,连接ST-LINK的20Pin插头到开发板的SWD/JTAG上,如图1-6所示。给开发板上电(大部分开发板都可以从USB口取电作为电源),观察电源指示灯是否亮。

图1-6 开发板的连接

1.4 编写并下载第一个程序

为了"打通"开发平台与开发板之间的联系,检验开发环境是否正常,我们先编写一个非常简单的程序,并将之下载到开发板,以此作为一个引子。

首先,打开MDK5,进入到主界面,如图1-7所示。再单击"Project"菜单,选择"New

μVision Project"命令。

图 1-7   新建项目

其次,选择存放文档的位置以及文件名,如图 1-8 所示,比如保存在一个名称为"1"的文件夹中,将项目名命名为"1",单击"确定"按钮。

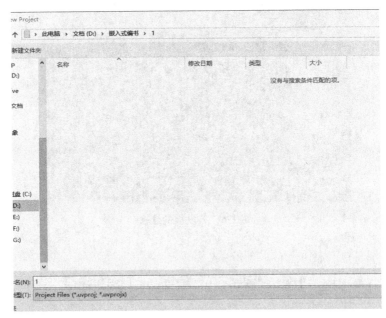

图 1-8   建立项目文件

再次,进入器件(MCU)的选择。本教材使用的开发板是 STM32F407ZGT6,因此执行"STM32F4 Series"→"STM32F407"→"STM32F407ZG"→"STM32F407ZGTx"命令,如图 1-9

所示,单击"OK"按钮。

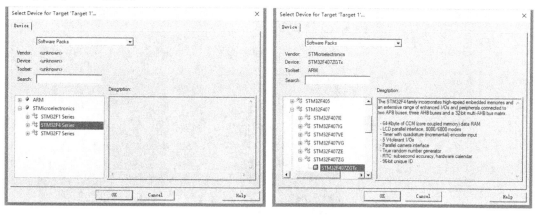

图1-9　选择相应的微处理器

最后,屏幕上出现如图1-10所示的运行环境管理界面。该界面显示了运行环境的一些信息。在安装了器件包后,很多配置文件Keil已经做好,程序员只需勾选相应的硬件配置即可,相当方便,这也是Keil与各大ARM核心厂家密切合作的结果。我们在这里只需勾选"CMSIS"的"CORE"和"Device"的"Startup"(这一点很容易理解,即程序包含最基本的内核与处理器的初始化两大要素),单击"OK"按钮,这时,程序的基本框架已经搭建完成。查看文档结构,如图1-11所示,展开"Target 1",可以看到CMSIS和Device,这是运行环境勾选后自动生成的配置文件。展开"Device",可以看到两个文件startup_stm32f407xx.s与system_stm32f4xx.c,这是STM32启动需要的初始化配置。读者可以双击打开这两个文件,查看里面的内容,但不要修改。后面的工作则是书写最重要的*.c文件。

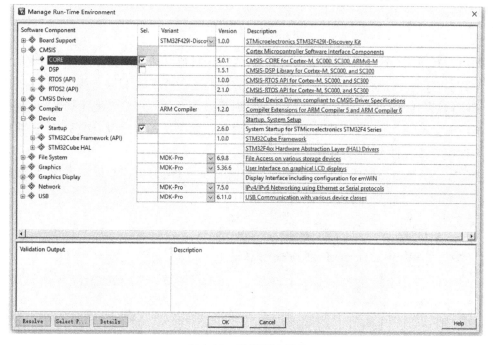

图1-10　运行环境管理

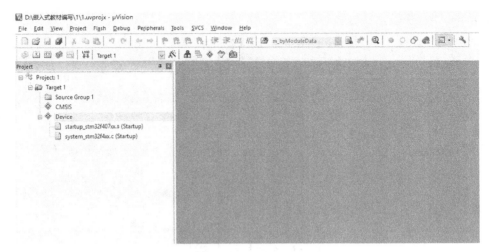

图 1-11　运行环境勾选后自动建立的文档

为了规范项目文件管理,用户编写的文档一般放到 User 文件夹中,所以我们在项目的文件夹下新建一个名为 User 的文件夹,在 User 文件夹下建立关键的 main. c 文件。

书写 *. c 文件有两种方法:一种是使用文本编辑器在外部进行文本编辑;另一种是使用 Keil 系统自带的文本编辑器进行编辑。外部编辑器建议使用 Notepad + + ,它是一款非常有特色的编辑器开源软件,可以免费使用,支持绝大部分编程语言。当然 Keil 自带的编辑器也非常方便,本教材使用 Keil 自带的编辑器。

建立 *. c 文件,首先单击"File"→"New"菜单命令,让系统新建一个 Text1 文件,在文本编辑区输入程序,比如输入:

```
int main( )
{

}
```

如图 1-12 所示,这时的文本一直呈黑色,说明编辑器无法识别这是一个 C 文件,它仅仅是个文本而已。再执行"File"→"Save As"命令,将它另存到项目文件夹下的 User 文件夹中,并命名为"main. c",单击"保存"按钮,此时可以观察到程序已经变为彩色,说明编辑器已经认出这是一个 C 文件,可以识别程序的语句。如果发现程序没有变颜色,说明保存时并未保存为 C 文件,要重新保存。

建议在一开始就将新建的空文本文件另存为 *. c 文件,因为若不是 *. c 文件,编辑器无法辨认语句,也无法使用其强大的编辑功能。

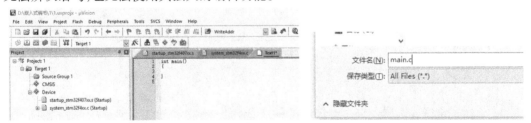

图 1-12　编写并保存 main. c 文件

　　文件保存完毕后只说明编辑好了一个程序,但是并未被加入我们的项目当中,此时还需将 main.c 加入项目当中。双击"Source Group 1",在出现的选择文件窗口中选择刚刚保存的 main.c 添加,这时 main.c 已被加入项目中,如图 1-13 所示,"Source Group 1"下多了一个 main.c 文件。一定要确保编写的 C 文件加入项目中,这一点很容易被初学者疏忽。

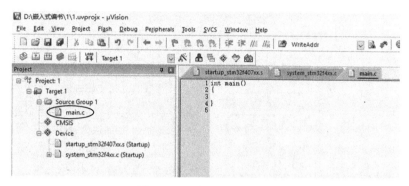

图 1-13　添加 main.c 文件

　　此时,一个最简单项目的配置与程序已经完成,接下来我们要完成项目的编译,产生可以下载到微处理器的固件。在编译前需要配置一下编译环境,单击"Options for Target"按钮(魔术棒),如图 1-14 所示(或者在 Project 栏右击"Target 1",也可以弹出选项),进入选项配置界面,如图 1-15 所示。

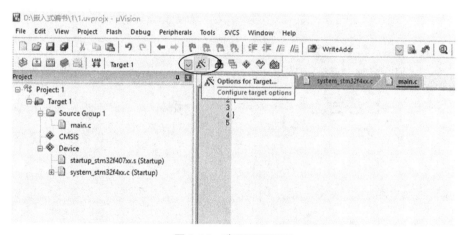

图 1-14　选项配置界面

　　选项配置界面中的项目较多,左边第一个是"Device"选项卡,也就是处理器选择项。如果想变更处理器,可以在这一项中重新选择。选择"Target"选项卡,勾选"Use MicroLIB",如图 1-15 所示,以便在日后编写串口驱动的时候可以使用 printf 函数。

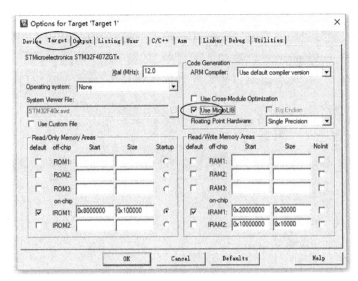

图 1-15　"Target"选项卡

选择"Output"选项卡,勾选"Create HEX File"(图 1-16),即产生十六进制文件。此文件为 ISP 的下载文件,也就是单片机的机器码文件。当我们使用 ISP 方式下载程序时必须勾选此项,如果以 SWD/JTAG 方式下载,勾不勾选都没有影响。

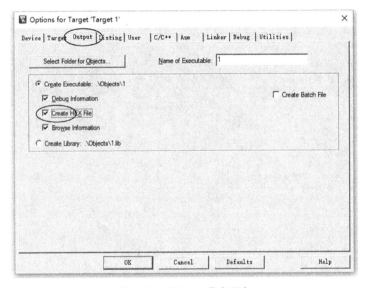

图 1-16　"Output"选项卡

选择"Debug"选项卡,选中"Use"单选按钮,再在下拉列表框中选择"ST-Link Debugger",如图 1-17 所示。单击右边的"Settings"按钮,进入 Debugger 的设置项,如图 1-18所示,可看到 ST-LINK 的信息,包括序列号以及版本号。如果驱动未安装好,或者仿真器未连接好,这些信息将无法显示。

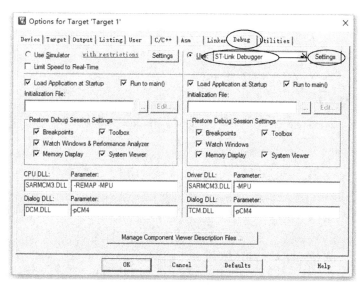

图 1-17　"Debug"选项卡

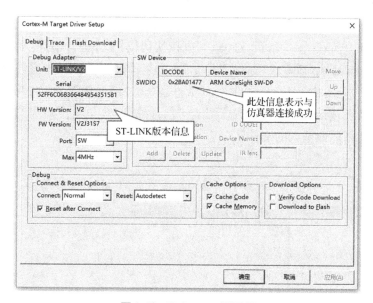

图 1-18　Debugger 设置项

　　单击"Flash Download"选项卡,可以查看使用仿真器进行程序下载的选项,如图 1-19 所示。这里显示的是下载对象的 Flash 大小以及烧录的一些设置,比如开发板的 STM32F4xx 芯片,配置的 Flash 容量为 1MB。这里注意不要选择"Erase Full Chip",因为若勾选,下载时会把整个 Flash 删除,非常耗时。可以勾选"Reset and Run",这样在下载完程序后,使系统自动复位运行程序,而无须按下 Reset 键来重启。

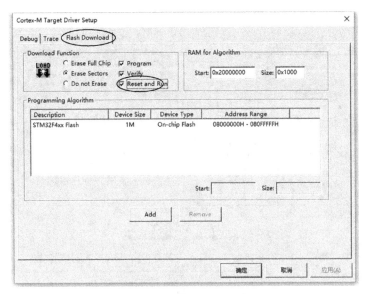

图 1-19   "Flash Download"选项卡

单击"确定"按钮完成设置,回到主界面进行编译,单击 Built 图标,如图 1-20 所示,或者在菜单栏选择"Project"→"Build Target",或按快捷键【F7】进行编译。编译完成后观察下方的"Build Output"小窗口,如图 1-20 所示,查看编译过程信息。若代码中出现 0Errors,说明编译成功,并且生成了 1. axf 文件。axf 文件是 ARM 芯片使用的文件格式,它除了包含 bin 机器代码外,还包括输出给调试器的调试信息,如每行 C 语言所对应的源文件行号等,这也是仿真器使用的最基本的文件。

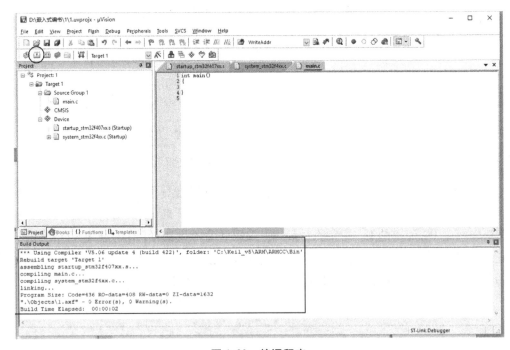

图 1-20   编译程序

当编译成功后,最后一步工作是下载程序到开发板。如果采用 ISP 方式,需要接入串口,连接开发板的 ISP 引脚,再用 ISP 下载软件,载入 HEX 文件,下载到嵌入式系统,这里就不再详细阐述了。若使用仿真器,只需单击"Download"按钮,如图 1-21 所示,即可自动下载程序,下载完毕后可以看到下载信息。

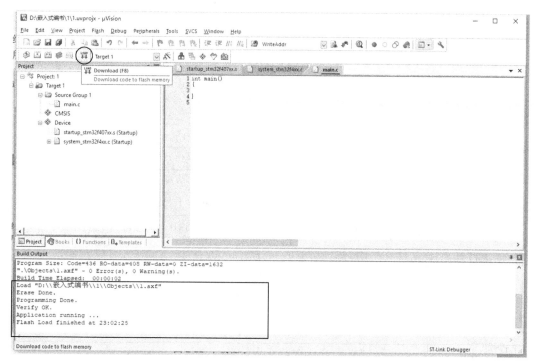

图 1-21　下载程序

这是一个最简单的程序,从项目建立到下载完成的步骤与其他项目都基本一样。细心的读者可以发现,开发板没有任何反应。原因很简单,从 main.c 的程序看,里面的内容仅仅是一个空的 main 函数,并没有任何语句,因此 CPU 在上电初始化之后,没有进行任何操作。这里只是为了让读者调试仿真器与开发板的连接,学会使用仿真器进行下载程序,了解如何编写 STM32 的项目程序。

1.5　工程文件

观察工程文件所在文件夹,可以看到除了新建的 1.uvprojx 和 main.c 外,系统自动生成了几个文件夹,如图 1-22 所示,其作用如表 1-1 所示。

名称	修改日期	类型	大小
DebugConfig	2018/8/25 23:49	文件夹	
Listings	2018/8/26 0:15	文件夹	
Objects	2018/8/26 22:49	文件夹	
RTE	2018/8/26 20:43	文件夹	
1.uvoptx	2018/8/26 23:10	UVOPTX 文件	7 KB
1.uvprojx	2018/8/26 23:10	μVision5 Project	16 KB
main.c	2018/8/26 20:53	C 文件	1 KB

图 1-22　项目文件下的文件与目录

表 1-1　工程文件目录

名　称	作　用
DebugConfig	存放在线调试配置文件
Listings	存放编译器编译时产生的 C、汇编、链接的列表清单
Objects	存放编译产生的调试信息、hex 文件、预览信息、封装库等
RTE	存放运行环境文件、在新建项目时根据选择的芯片与环境配置产生的文件

依次打开 RTE 文件夹→Device 文件夹→STM32F407ZGTx 文件夹,可以看到两个重要的文件,即 startup_stm32f407xx.s 与 system_stm32f4xx.c 文件,也可以在 Keil 的项目管理器中打开这两个文件,单击"Device"展开,如图 1-23 所示。

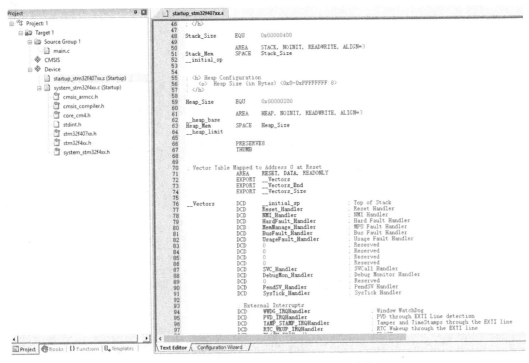

图 1-23　查看 startup_stm32f407xx.s 文件

startup_stm32f407xx.s 文件是 STM32 芯片的启动文件,它采用 Cortex-M4 汇编语言编写

好了基本程序,如图 1-23 所示。当 STM32 芯片上电启动时,首先会执行这里的汇编程序,从而建立起 C 语言的运行环境。这个文件由 ST 公司提供。不同的 CPU 对应的配置不一样,所以程序员在开始建立工程时要对照相应的型号,一般不要修改这个文件,但可以打开了解一下。

文件一开始定义了许多向量表,例如:

```
Reset_Handler    PROC
                 EXPORT    Reset_Handler              [WEAK]
                 IMPORT    SystemInit
                 IMPORT    _ _main
                         LDR   R0, = SystemInit
                         BLX   R0
                         LDR   R0, =_ _main
                         BX    R0
                         ENDP
```

PROC 是子程序定义伪指令,相当于 C 语言里定义一个函数,函数名为 Reset_Handler。

EXPORT 表示 Reset_Handler 这个子程序可供其他模块调用,相当于 C 语言的函数声明。关键字[WEAK]表示弱定义,如果编译器发现别处定义了同名的函数,则在链接时用别处的地址进行链接,如果其他地方没有定义,编译器也不报错,意味着级别最弱。

IMPORT 说明 SystemInit 和_ _main 这两个标号在其他文件中,在链接的时候需要到其他文件中去寻找,相当于 C 语言中从其他文件引入函数声明,以便后面对外部函数进行调用。

SystemInit 需要另外添加,用来初始化 STM32 芯片的时钟,一般包括初始化 AHB、APB 等各总线的时钟,需要经过一系列的配置,STM32 才能达到稳定运行的状态。SystemInit 这个函数在 system_stm32f4xx.c 文件中。

_ _main 与 C 语言中的 main 函数不是一个概念。当编译器编译时,只要遇到这个标号就会定义这个函数。该函数的主要功能是负责初始化栈、堆,配置系统环境,最后跳转到用户自定义的 main 函数。

"LDR R0, = SystemInit"的意思是把 SystemInit 的地址加载到寄存器 R0。

BLX 将程序跳转到 R0 中的地址执行程序,即执行 SystemInit 函数的内容。

同理,"LDR R0, =_ _main"是把_ _main 的地址加载到寄存器 R0,接着执行_ _main 函数。

ENDP 代表子程序的结束。

这段代码不需要深究指令语法等,只需了解:编译时需要一个 SystemInit 函数,需要一个主函数,即"int main(void)"。STM32 上电后会执行 SystemInit 函数,最后执行编写的 main 函数。

system_stm32f4xx.c 包含有几个头文件,双击可展开查看,如图 1-24 所示。先在 system _stm32f4xx.c 中找到 SystemInit() 函数。这个函数对系统的时钟做初始化设置,尤其是对 RCC 的设置,紧接着有 SystemCoreClockUpdate() 函数、SystemInit_ExtMemCtl() 函数等,这些

函数都是对设备时钟的设置,以达到系统的配置要求。关于时钟问题,在后面的章节中再继续深入学习。

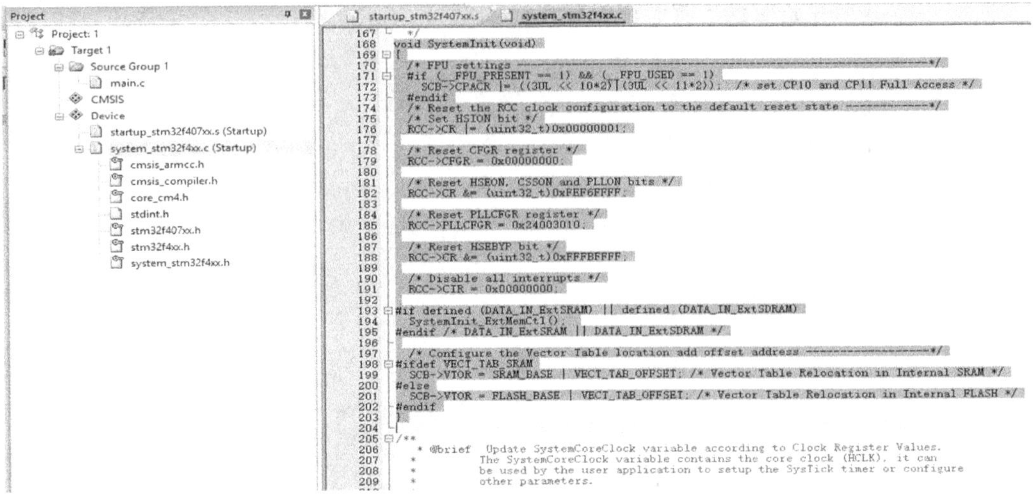

图 1-24　system_stm32f4xx.c 文件

stm407xx.h 头文件相当于 C51 当中的 reg51.h 文件,它负责定义单片机所用变量、寄存器名字与寄存器地址,这样在使用寄存器时无须记忆大量的地址,只需记住相应定义的名称即可。比如打开 stm407xx.h 后,可以找到"#define FLASH_BASE 0x08000000U"这一行,如图 1-25 所示,很明显这里定义了 Flash 的基地址是 0x08000000,这与表 0-2 是对应的。

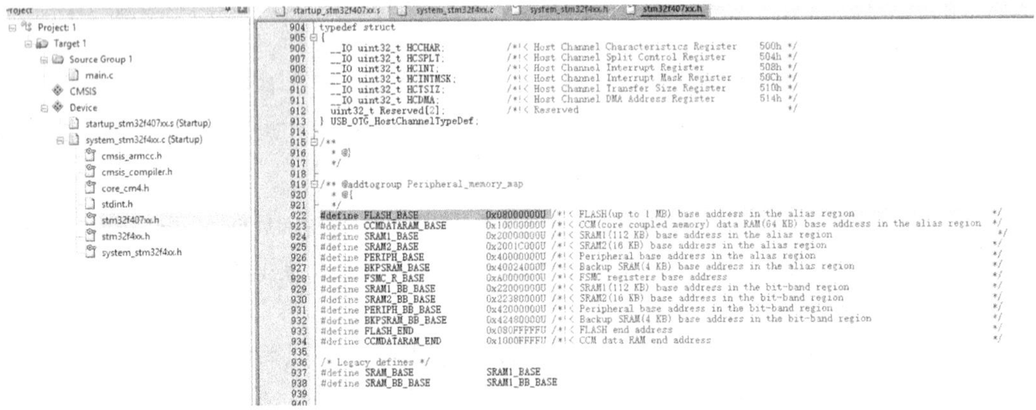

图 1-25　stm407xx.h 文件

到此为止,开发环境已建立完成,我们对文件结构也有了一定的了解。

1.6　小　结

本项目通过一个"空"的程序,使读者掌握 Keil MDK5 的开发流程。后面的项目开发的步骤与本项目基本一致。

项目 2　点亮 LED

2.1　STM32F407 的 GPIO

　　STM32 的 GPIO(通用输入/输出端口的简称)被分为很多组,与 51 系列单片机的 I/O 口类似(51 系列单片机是 8 个引脚一组,共 4 组,分别是 P0、P1、P2 和 P3)。但 STM32 是 16 个引脚一组。由于 STM32 的型号非常多,引脚数量也不尽相同,因此分组的数量也不同。以开发板使用的 STM32F407ZGT6 为例,它具有 144 个引脚,其中包含了 114 个 GPIO,共分为 8 组,分别是 PA,PB,…,PH(PH 口只有 2 个引脚),而且每个 GPIO 引脚都具有复用的第二功能,有些甚至有第三、第四功能。从引脚数量与功能上看,STM32 远远比传统单片机要复杂得多。图 2-1 是 GPIO 的结构图(截自 STM32 官方手册)。

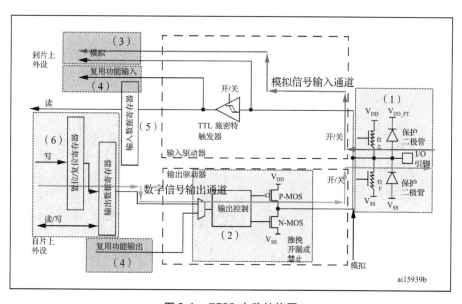

图 2-1　GPIO 电路结构图

　　要学会使用 STM32 的 GPIO,必须要掌握它的工作原理。其简要的工作流程:由处理器发出读指令(包括输入类的复用指令),打开输入驱动器开关,同时关闭输出驱动器开关;由处理器发出写指令(包括输出类的复用指令),打开输出驱动器开关,同时关闭输入驱动器开关。

因此,使用 GPIO 时首先必须设置 GPIO 的属性,是作为输入使用还是作为输出使用;其次,确定它是否使用复用功能,如输入类的 A/D 转换、外部中断等,输出类的 PWM 输出、定时器输出等,还有接口类的 UART、SPI、IIC、LCD 等接口。而这些功能必须要在 GPIO 的控制寄存器中进行设置,设置完毕后信号传递的线路会根据控制寄存器的设置进行配置。比如设置了 PA0 为 A/D 转换的复用功能,则信号的传递方向沿图 2-1 所示的模拟信号输入通道方向;如果将 PA0 设置成普通的输出功能,信号的传递方向沿图 2-1 所示的数字信号输出通道方向。

2.1.1　保护二极管及上拉、下拉电阻

引脚端的上下两个二极管可以防止引脚外部有过高或过低的电压输入,当引脚电压高于 VDD_FT 时,上方的二极管导通;当引脚电压低于 VSS 时,下方的二极管导通。因此,引脚端的电压过高或者过低(负电压),电流都不会引入芯片,从而保护芯片不被烧坏。但应注意,这个保护并不是无限制的,若电压过大,也会烧坏二极管,从而失去保护作用。

引脚端上拉、下拉电阻可以通过位控制打开或者关闭。由于芯片采用 MOS 结构,若引脚悬空,会出现不确定状态;若设置上拉与下拉电阻,可以避免 GPIO 悬空的不确定状态。比如 GPIO 作为数字输入用途时,将上拉电阻打开,下拉电阻关闭(即开路),如图 2-2 所示。当按钮松开时,引脚的状态是高电平;当按钮被按下时,电压被拉低,变为低电平。如果打开下拉电阻,关闭上拉电阻,则状态相反。

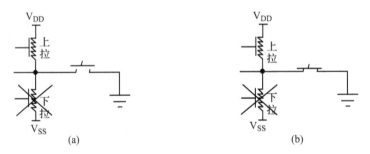

图 2-2　打开上拉电阻、关闭下拉电阻时的端口状态

由此可得出结论:打开上拉电阻,关闭下拉电阻,默认端口电压为高电平;关闭上拉电阻,打开下拉电阻,默认端口电压为低电平;关闭上拉电阻与下拉电阻,端口悬空,这种情况应尽量避免,模拟输入时除外。

2.1.2　互补结构的 P-MOS 和 N-MOS

一对上下互补结构的 P-MOS 与 N-MOS 位于输出驱动模块,使 GPIO 具有了"推挽输出"和"开漏输出"两种模式。

推挽输出与模拟电子技术的推挽电路的原理类似,当输出为高电平时,P-MOS 导通,N-MOS管截止;当输出为低电平时,P-MOS 管截止,N-MOS 管导通。如图 2-3 所示,P-MOS管负责拉电流,N-MOS 管负责灌电流。由于拉、灌回路不同,电路可以实现较高速的开关输出,推挽输出的低电平为 0V,高电平为 3.3V。

图 2-3　推挽输出的工作原理

开漏输出,指的是上方 P-MOS 一直处于截止状态,即开路状态,与 TTL 电路的集电极开路(OC 门)、CMOS 电路的漏极开路(OD 门)是一个道理,使用时必须外接上拉电阻。因为当电路要输出高电平时,N-MOS 管截止,而 P-MOS 管一直处于开路状态,这时电路的两个输出通道都关闭,无法输出高电平,只有外接了上拉电阻与电源,从外部取电,才能实现高电平的输出;当电路要输出低电平时,N-MOS 管导通,可以实现灌电流,此时电路对外输出低电平。这种开漏结构还能实现"线与"功能,使得多个开漏结构的输出直接并联实现"与"运算。

实际应用中一般使用推挽输出模式。开漏输出一般应用在 I2C、SMBus 通信等需要"线与"功能的总线电路中。

2.1.3　模拟输入

当 GPIO 引脚处于复用状态,作为 ADC 采集电压的输入通道时,在"模拟输入"模式下,模拟信号不经过施密特触发器,如图 2-1 所示。

同时,当 GPIO 处于模拟功能时(包括输入、输出),引脚的上拉、下拉电阻是不起作用的,这个时候即使在寄存器上配置了上拉或下拉模式,也不会影响模拟信号的输入/输出。

2.1.4　复用功能输入与输出

复用是指 STM32 的其他片上外设对 GPIO 引脚进行控制,此时 GPIO 引脚用作该外设功能的一部分,具体的片上外设由 GPIO 的控制寄存器进行配置,配置完毕后数据通道被切换到相应的片上外设。

2.1.5　输入数据寄存器

输入数据寄存器 GPIOx_IDR 是 GPIO 引脚经过上拉、下拉电阻后引入的。它连接到施密特触发器,信号经过触发器后,模拟信号转化为数字信号 0、1,然后存储在输入数据寄存器 GPIOx_IDR 中。读取该寄存器,就可以了解 GPIO 引脚的电平状态。比如 GPIO 连接开关的状态可以由 GPIOx_IDR 的数据获取。

2.1.6　输出数据寄存器

图 2-1 中输出驱动器的互补 MOS 管结构电路的输入信号来自 GPIO 输出数据寄存器 GPIOx_ODR,因此我们通过修改输出数据寄存器的值,就可以修改 GPIO 引脚的输出电平。而置位/复位寄存器 GPIOx_BSRR 可以通过修改输出数据寄存器的值,从而影响电路的输出。

另外,为了降低功耗,STM32 的 GPIO 还可以设置运行速度,根据不同的设计目的选择不同的运行速度,以实现最优的能耗管理。

2.2　GPIO 的工作模式

根据 GPIO 的工作特点,我们可以将其工作模式总结成以下几种。

2.2.1　输入模式(上拉、下拉、浮空)

在输入模式时,施密特触发器打开,输出被禁止。数据寄存器每隔 1 个 AHB1 时钟周期更新一次。利用输入数据寄存器 GPIOx_IDR 读取 I/O 状态。其中 AHB1 的时钟如按默认配置一般为 180MHz(运行速度)。

GPIO 用于输入模式时,可设置为上拉、下拉或浮空模式。

2.2.2　输出模式(推挽、开漏,上拉、下拉、浮空)

在输出模式中,GPIO 可以设置成推挽模式与开漏模式。

在推挽模式时,双 MOS 管以推挽输出方式工作,输出数据寄存器 GPIOx_ODR 可控制 I/O 输出高低电平。在开漏模式时,只有 N-MOS 管工作,输出数据寄存器可控制 I/O 输出高阻态或低电平。输出速度有 2MHz、25MHz、50MHz、100MHz 等选项。此处的输出速度即 I/O 支持的高低电平状态最高切换频率。支持的频率越高,功耗越大。如果功耗要求不严格,把速度设置成最大即可。此时施密特触发器是打开的,即输入可用。我们通过输入数据寄存器 GPIOx_IDR 可读取 I/O 的实际状态。

GPIO 用于输出模式时也可使用上拉、下拉或浮空模式。但此时由于输出模式时引脚电平会受到 ODR 寄存器的影响,而 ODR 寄存器对应引脚的位为 0,即引脚初始化后默认输出低电平,因此在这种情况下,上拉只起到小幅提高输出电流的能力,不会影响引脚的默认状态。

2.2.3　复用功能(推挽、开漏,上拉、下拉、浮空)

在复用功能模式中,输出使能,输出速度可配置,GPIO 可工作在开漏及推挽模式,但是输出信号源于其他外设,输出数据寄存器 GPIOx_ODR 无效;输入可用,利用输入数据寄存器可获取 I/O 实际状态,但一般直接用外设的寄存器来获取该数据信号。

GPIO 用于复用功能时,可使用上拉、下拉或浮空模式。在这种情况下,初始化后引脚默认输出低电平,上拉只起到小幅提高输出电流的能力,但不会影响引脚的默认状态。

2.2.4 模拟输入

模拟输入模式中,双 MOS 管结构被关闭,施密特触发器停用,上拉/下拉被禁止。其他外设通过模拟通道进行输入。

使用 GPIO 之前必须先对它进行设置。设置模式需要用到的寄存器有:设置模式寄存器 GPIOx_MODER(可配置 GPIO 的输入、输出、复用、模拟模式);输出类型寄存器 GPIOx_OTYPER(配置推挽/开漏模式);设置输出速度寄存器 GPIOx_OSPEEDR(可选 2MHz、25MHz、50MHz、100MHz 输出速度);上拉/下拉寄存器 GPIOx_PUPDR(可配置上拉、下拉、浮空模式),各寄存器的具体参数值见表 2-1。

表 2-1 配置 GPIO 的模式

模式寄存器的 MODER 位[0:1]	输出类型寄存器的 OTYPER 位	输出速度寄存器的 OSPEEDR 位	上/下拉寄存器的 PUPDR 位[0:1]
01—输出模式	0—推挽模式 1—开漏模式	00—速度 2MHz 01—速度 25MHz 10—速度 50MHz 11—速度 100MHz	00—无上拉/下拉 01—上拉 10—下拉 11—保留
10—复用模式			
00—输入模式	不可用	不可用	
11—模拟功能	不可用	不可用	00—无上拉/下拉 01—保留 10—保留 11—保留

2.3 配置 GPIO 的寄存器分布

前面提到 STM32F407ZGT6 有 114 个 GPIO,分为 8 组,分别是 PA,PB,…,PH 口,那么它们映射的物理地址是多少呢?编程前必须弄清楚它们挂在哪个总线上,映射的地址是多少。图 2-4 是STM32F4xx 的结构框图。从框图可以看出,GPIO 都挂在了 AHB1 上,从表 0-6 可找到 AHB1 的地址范围是 0x4002 0000~0x4007 FFFF,而 8 组 GPIO 对应的基地址与偏移量如表 2-2 所示。

表 2-2 8 组 GPIO 对应的地址分布

外设名称	外设基地址	相对 AHB1 总线的地址偏移
GPIOA	0x4002 0000	0x0
GPIOB	0x4002 0400	0x0000 0400
GPIOC	0x4002 0800	0x0000 0800
GPIOD	0x4002 0C00	0x0000 0C00

续表

外设名称	外设基地址	相对 AHB1 总线的地址偏移
GPIOE	0x4002 1000	0x0000 1000
GPIOF	0x4002 1400	0x0000 1400
GPIOG	0x4002 1800	0x0000 1800
GPIOH	0x4002 1C00	0x0000 1C00

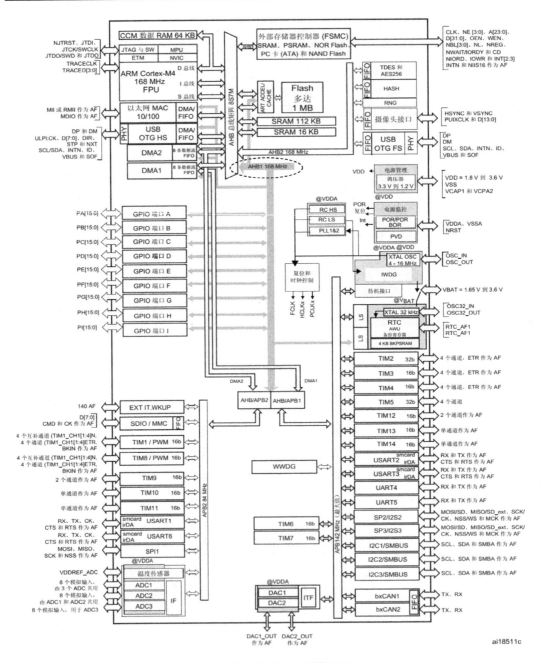

图 2-4　STM32F4xx 总线框架图

有两个值得注意的地方:GPIOA(PA 口)的基地址对应的正好是 AHB1 的基地址,也就是 AHB1 的第一个设备就是 GPIOA,它们的边沿地址对齐了。GPIOB 与 GPIOA 相隔了 0x400,即和 GPIOA 有关的所有寄存器都在 0x4002 0000 ~ 0x4002 03FF。再观察几组 GPIO 的基地址,它们都相隔 0x400,也就是说,所有的 GPIOx 基地址都可以从 AHB1 推导出来。

除了前面讲到的 4 个设置模式的寄存器外,还有其他需要设置的寄存器,如表 2-3 所示。表中以 GPIOF(PF 口)为例,GPIOF 的基地址是 0x4002 1400,对应的寄存器有 GPIOF_MODER、GPIOF_OTYPER、GPIOF_OSPEEDR、GPIOF_PUPDR、GPIOF_IDR、GPIOF_ODR、GPIOF_BSRR、GPIOF_LCKR、GPIOF_AFRL、GPIOF_AFRH。这么多寄存器,它们之间的偏移量都是 0x04,同样的道理,它们都可以通过固定的偏移量 + 基地址进行推导。

表 2-3　使用 GPIOF 需要设置的相关寄存器

寄存器名称	寄存器地址	相对 GPIOF 基址的偏移
GPIOF_MODER	0x4002 1400	0x00
GPIOF_OTYPER	0x4002 1404	0x04
GPIOF_OSPEEDR	0x4002 1408	0x08
GPIOF_PUPDR	0x4002 140C	0x0C
GPIOF_IDR	0x4002 1410	0x10
GPIOF_ODR	0x4002 1414	0x14
GPIOF_BSRR	0x4002 1418	0x18
GPIOF_LCKR	0x4002 141C	0x1C
GPIOF_AFRL	0x4002 1420	0x20
GPIOF_AFRH	0x4002 1424	0x24

这些寄存器都是 32 位。下面将这 10 个寄存器作简要的说明。

(1) GPIOx_MODER(x = A,B,…,H,下同):端口模式寄存器,如图 2-5 所示。其作用是设置 Px 口工作在输入、输出、复用或模拟模式,具体设置代码如表 2-1 所示。它的复位值比较特殊:PA 口是 0xA800 0000,PB 口是 0x0000 0280,其他端口是 0x0000 0000。

31	30	29	28	27	26	25	24	23	22	21	20	19	18	17	16
MODER15[1:0]		MODER14[1:0]		MODER13[1:0]		MODER12[1:0]		MODER11[1:0]		MODER10[1:0]		MODER9[1:0]		MODER8[1:0]	
rw	rw	rw	rw	rw	rw	rw	rw	rw	rw	rw	rw	rw	rw	rw	rw
15	14	13	12	11	10	9	8	7	6	5	4	3	2	1	0
MODER7[1:0]		MODER6[1:0]		MODER5[1:0]		MODER4[1:0]		MODER3[1:0]		MODER2[1:0]		MODER1[1:0]		MODER0[1:0]	
rw	rw	rw	rw	rw	rw	rw	rw	rw	rw	rw	rw	rw	rw	rw	rw

图 2-5　GPIOx_MODER 寄存器

寄存器的 32 位分为 16 组,每组 2 位,分别对应 Px 口的 16 个引脚,比如 bit1 与 bit0 用于设置 Px0 的工作模式。00 代表输入模式;01 代表通用输出模式;10 代表复用功能模式;11 代表模拟模式。

（2）GPIOx_OTYPER:端口输出类型寄存器。其作用是将 GPIOx 设置为推挽模式或开漏模式,复位值是 0x0000 0000。其中 32 位只使用了低 16 位,高 16 位保留,但必须保持复位值 0x0000,如图 2-6 所示。

31	30	29	28	27	26	25	24	23	22	21	20	19	18	17	16
Reserved															
15	14	13	12	11	10	9	8	7	6	5	4	3	2	1	0
OT15	OT14	OT13	OT12	OT11	OT10	OT9	OT8	OT7	OT6	OT5	OT4	OT3	OT2	OT1	OT0
rw	rw	rw	rw	rw	rw	rw	rw	rw	rw	rw	rw	rw	rw	rw	rw

图 2-6　GPIOx_OTYPER 寄存器

bit0 ~ bit15 分别设置 Px0 ~ Px15 这 16 个引脚的推挽、开漏模式。0 代表输出推挽;1 代表输出开漏。

（3）GPIOx_OSPEEDR:端口输出速度寄存器,用于设置 GPIOx 的工作速度,复位值也比较特殊,PB 口是 0x0000 00C0,其他端口是 0x0000 0000,如图 2-7 所示。

31	30	29	28	27	26	25	24	23	22	21	20	19	18	17	16
OSPEEDR15[1:0]		OSPEEDR14[1:0]		OSPEEDR13[1:0]		OSPEEDR12[1:0]		OSPEEDR11[1:0]		OSPEEDR10[1:0]		OSPEEDR9[1:0]		OSPEEDR8[1:0]	
rw	rw	rw	rw	rw	rw	rw	rw	rw	rw	rw	rw	rw	rw	rw	rw
15	14	13	12	11	10	9	8	7	6	5	4	3	2	1	0
OSPEEDR7[1:0]		OSPEEDR6[1:0]		OSPEEDR5[1:0]		OSPEEDR4[1:0]		OSPEEDR3[1:0]		OSPEEDR2[1:0]		OSPEEDR1[1:0]		OSPEEDR0[1:0]	
rw	rw	rw	rw	rw	rw	rw	rw	rw	rw	rw	rw	rw	rw	rw	rw

图 2-7　GPIOx_OSPEEDR 寄存器

同理,32 位分成 16 组,每组 2 位,对应 16 个引脚设置。00 代表 2MHz(低速);01 代表 25MHz(中速);10 代表 50MHz(快速);11 代表 100MHz(高速,30pF 时)/80MHz(高速,15pF 时)。

（4）GPIOx_PUPDR:端口上拉/下拉寄存器,用于设置引脚端口的上拉/下拉,复位值也比较特殊,PA 口是 0x6400 0000,PB 口是 0x0000 0100,其他端口是 0x0000 0000,如图 2-8所示。

31	30	29	28	27	26	25	24	23	22	21	20	19	18	17	16
PUPDR15[1:0]		PUPDR14[1:0]		PUPDR13[1:0]		PUPDR12[1:0]		PUPDR11[1:0]		PUPDR10[1:0]		PUPDR9[1:0]		PUPDR8[1:0]	
rw	rw	rw	rw	rw	rw	rw	rw	rw	rw	rw	rw	rw	rw	rw	rw
15	14	13	12	11	10	9	8	7	6	5	4	3	2	1	0
PUPDR7[1:0]		PUPDR6[1:0]		PUPDR5[1:0]		PUPDR4[1:0]		PUPDR3[1:0]		PUPDR2[1:0]		PUPDR1[1:0]		PUPDR0[1:0]	
rw	rw	rw	rw	rw	rw	rw	rw	rw	rw	rw	rw	rw	rw	rw	rw

图 2-8　GPIOx_PUPDR 寄存器

32 位分为 16 组,每组 2 位,用于设置对应的 16 个引脚的上拉/下拉。00 代表无上拉/下拉;01 代表上拉;10 代表下拉;11 代表保留。

（5）GPIOx_IDR:输入状态寄存器,其作用是将 Px 口的电平状态保存,供 CPU 访问读取。由于 16 个 GPIO 为一组,因此这个 32 位的寄存器只使用了低 16 位,高 16 位保留,复位值为 0x0000 XXXX(其中 X 表示未定义),如图 2-9 所示。高 16 位虽然保留,但在应用时保持复位值,即 bit16 ~ bit31 全为 0,bit0 ~ bit15 则对应了 Px0 ~ Px15 引脚的输入电平。IDR

寄存器操作时是只读状态。

31	30	29	28	27	26	25	24	23	22	21	20	19	18	17	16
Reserved															
15	14	13	12	11	10	9	8	7	6	5	4	3	2	1	0
IDR15	IDR14	IDR13	IDR12	IDR11	IDR10	IDR9	IDR8	IDR7	IDR6	IDR5	IDR4	IDR3	IDR2	IDR1	IDR0
r	r	r	r	r	r	r	r	r	r	r	r	r	r	r	r

图 2-9　GPIOx_IDR 寄存器

（6）GPIOx_ODR：输出状态寄存器，作用是保存将要输出到 Px 口的数据。CPU 只需将需要输出的数据保存到此寄存器，Px 口即出现相应的电平输出，位数的使用情况和 IDR 一样，只使用了低 16 位，高 16 位保留。复位值为 0x0000 0000。bit16 ~ bit31 应用时保持全 0，bit0 ~ bit15 对应输出的 Px 口的输出电平，如图 2-10 所示。

31	30	29	28	27	26	25	24	23	22	21	20	19	18	17	16
Reserved															
15	14	13	12	11	10	9	8	7	6	5	4	3	2	1	0
ODR15	ODR14	ODR13	ODR12	ODR11	ODR10	ODR9	ODR8	ODR7	ODR6	ODR5	ODR4	ODR3	ODR2	ODR1	ODR0
rw	rw	rw	rw	rw	rw	rw	rw	rw	rw	rw	rw	rw	rw	rw	rw

图 2-10　GPIOx_ODR 寄存器

（7）GPIOx_BSRR：GPIO 端口置位/复位寄存器，复位值为 0x0000 0000，用于对 Px 口 GPIO 个别端口进行置 0 与置 1 操作，其中 R（Reset）代表置 0，S（Set）代表置 1，如图 2-11 所示。使用时，"1"有效，只要在相应位写 1，则寄存器响应。比如 BS5（bit5）= 1，代表 Px 口的 5 脚置 1；又比如 BR7（bit23）= 1，代表 Px 口的 7 脚置 0。若同一个位的 BR 与 BS 同时为 1，则 BS 的优先级更高，即置 1 而不会置 0。

31	30	29	28	27	26	25	24	23	22	21	20	19	18	17	16
BR15	BR14	BR13	BR12	BR11	BR10	BR9	BR8	BR7	BR6	BR5	BR4	BR3	BR2	BR1	BR0
w	w	w	w	w	w	w	w	w	w	w	w	w	w	w	w
15	14	13	12	11	10	9	8	7	6	5	4	3	2	1	0
BS15	BS14	BS13	BS12	BS11	BS10	BS9	BS8	BS7	BS6	BS5	BS4	BS3	BS2	BS1	BS0
w	w	w	w	w	w	w	w	w	w	w	w	w	w	w	w

图 2-11　GPIOx_BSRR 寄存器

（8）GPIOx_LCKR：GPIO 端口配置锁定寄存器，用于锁定 Px 口 GPIO 状态，使之不能改变，复位值为 0x0000 0000。这个锁定可以具体到位，如图 2-12 所示。bit16（LCKK）是 GPIO 锁定总开关，为 1 时，打开锁定功能；为 0 时，则关闭锁定功能。bit0 ~ bit15 则表示是具体锁定哪个引脚，1 表示锁定，0 表示不锁定。

31	30	29	28	27	26	25	24	23	22	21	20	19	18	17	16
Reserved															LCKK
															rw
15	14	13	12	11	10	9	8	7	6	5	4	3	2	1	0
LCK15	LCK14	LCK13	LCK12	LCK11	LCK10	LCK9	LCK8	LCK7	LCK6	LCK5	LCK4	LCK3	LCK2	LCK1	LCK0
rw	rw	rw	rw	rw	rw	rw	rw	rw	rw	rw	rw	rw	rw	rw	rw

图 2-12　GPIOx_LCKR 寄存器

（9）GPIOx_AFRL：复用功能低位寄存器，用于设定 Px 口 GPIO 的复用功能，复位值为 0x0000 0000。GPIOx_AFRL 寄存器针对 Px 口 16 个 GPIO 里的 Px0～Px7 设置复用功能，共 8 个引脚，剩下的 Px8～Px15 的 8 个引脚由 GPIOF_AFRH 控制。

GPIOx_AFRL 里的 32 位分为 8 组，每组 4 位，如图 2-13 所示。每 4 位二进制数可以有 16 个组合，从 0000 到 1111，对应 GPIO 的 16 种复用功能的代号（16 种复用功能不是指所有的引脚都有 16 种复用可用），如图 2-14 所示。0000 代表 AF0，0001 代表 AF1，0010 代表 AF2，…，1111 代表 AF15。比如设置 bit11～bit8 为 0111，即 AF7，则意味着 Px2 使用了 USART 功能。

31	30	29	28	27	26	25	24	23	22	21	20	19	18	17	16
AFRL7[3:0]				AFRL6[3:0]				AFRL5[3:0]				AFRL4[3:0]			
rw	rw	rw	rw	rw	rw	rw	rw	rw	rw	rw	rw	rw	rw	rw	rw
15	14	13	12	11	10	9	8	7	6	5	4	3	2	1	0
AFRL3[3:0]				AFRL2[3:0]				AFRL1[3:0]				AFRL0[3:0]			
rw	rw	rw	rw	rw	rw	rw	rw	rw	rw	rw	rw	rw	rw	rw	rw

图 2-13   GPIOx_AFRL 寄存器

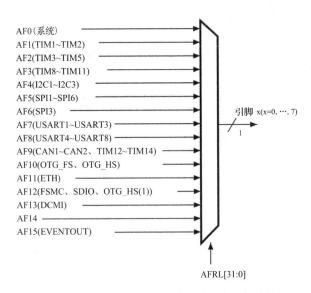

图 2-14   GPIOx_AFRL 对应的 AF 代号与功能

（10）GPIOx_AFRH：复用功能高位寄存器，其作用与 GPIOx_AFRL 类似，负责 Px 口的 Px8～Px15 这 8 个引脚的复用设置。

2.4　GPIO 选择工作模式

开发板上 LED 部分的电路如图 2-15 所示。

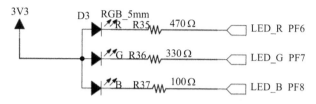

图 2-15　开发板上 LED 部分的电路原理图

板上有三个 LED,分别是红(R)、绿(G)、蓝(B)三种颜色。这三个 LED 共同封装在一个灯珠内,因此看上去好像只有一个 LED。使用三基色(RGB) 的 LED,通过三个 GPIO 控制三个 LED 的亮度,可以得到五颜六色的彩灯 效果。

以红色 LED 为例,它的阴极接在 PF6 上,阳极接在 3.3V 电源上,中间有一个 470Ω 的 限流电阻。若要点亮这个 LED,只需使 PF6 输出 0 即可;若要关闭 LED,只需使 PF6 输出 1 即可。

为了实现 PF6 输出 0,我们要将 PF6 设置成输出模式(01)。可以使用推挽结构(0),选 择最低速度 2M(00),并选择无上拉/下拉(00),如图 2-16 所示。

X	X	X	X	X	X	X	X	X	X	X	X	X	X	X	X
31	30	29	28	27	26	25	24	23	22	21	20	19	18	17	16
MODER15[1:0]		MODER14[1:0]		MODER13[1:0]		MODER12[1:0]		MODER11[1:0]		MODER10[1:0]		MODER9[1:0]		MODER8[1:0]	
rw	rw	rw	rw	rw	rw	rw	rw	rw	rw	rw	rw	rw	rw	rw	rw
15	14	13	12	11	10	9	8	7	6	5	4	3	2	1	0
MODER7[1:0]		MODER6[1:0]		MODER5[1:0]		MODER4[1:0]		MODER3[1:0]		MODER2[1:0]		MODER1[1:0]		MODER0[1:0]	
rw	rw	rw	rw	rw	rw	rw	rw	rw	rw	rw	rw	rw	rw	rw	rw
X	X	0	1	X	X	X	X	X	X	X	X	X	X	X	X

图 2-16　对 MODER6 进行设置

此时若将 GPIOF_MODER 设置为 0x0000 1000,则会影响到其他 15 个引脚的设置,即 剩下的引脚都会变成输入状态(00),显然这是不允许的,其他位原有的数据必须保持不变。 这时可以使用与、或逻辑运算进行处理:一个位要置 1,使用或 1 运算;一个位保留原来数据 不变,使用与 1 运算;一个位要置 0,使用与 0 运算;一个位保留原来数据不变,使用与 1 运 算。分两个步骤:先将 MODER6 两个位归 0,使用 GPIOF_MODER =0xFFFF CFFF & GPIOF _MODER 的运算,使得 MODER6 置 00,其他位保留,可以简写成 GPIOF_MODER & = 0xFFFF CFFF。再设置 MODER6 相应的位,使用或运算,GPIOF_MODER = 0x0000 1000 | GPIOF_MODER,即 GPIOF_MODER | =0x0000 1000。这样就将 MODER6 设置为 01,而使

其他 30 个 bits 保持不变。

为了进一步增加可读性，将 I/O 引脚 6 索引到公式中，把上述两个公式改为

GPIOF_MODER & = ~(0x03<<(2*6));   // 归 0 运算公式
GPIOF_MODER | = (1<<2*6);   // 置位运算公式(0—00,1—01,2—10,3—11),01 为输出

比如要将引脚 13 的模式设置为 10(复用模式)，很容易地将左移数 6 改为 13，置位左移对象改成 2：

GPIOF_MODER & = ~(0x03<<(2*13));   // 归 0 运算公式
GPIOF_MODER | = (2<<2*13);   // 置位运算公式(0—00,1—01,2—10,3—11),10 为复用

使用同样的方法可以对 PF6 的 GPIOF_OTYPER、GPIOF_OSPEEDR、GPIOF_PUPDR 这三个模式寄存器进行设置：

GPIOF_OTYPER & = ~(1<<1*6);   // OTYPER 归 0
GPIOF_OTYPER | = (0<<1*6);   // 设置 OTYPER 为 0,推挽
GPIOF_OSPEEDR & = ~(0x03<<2*6);   // 设置归 0
GPIOF_OSPEEDR | = (0<<2*6);   // 置位运算公式(0—00,1—01,2—10,3—11),设置低
                                     // 速 2MHz
GPIOF_PUPDR & = ~(0x03<<2*6);   // 设置归 0
GPIOF_PUPDR | = (0<<2*6);   // 置位运算公式(0—00,1—01,2—10,3—11),00 设置
                                     // 无上拉/下拉

2.5　输出低电平

在输出模式时，对 BSRR 寄存器和 ODR 寄存器写入参数，都可控制引脚的电平状态。本案例要求的是 PF6 输出低电平，其他引脚不处理，因此使用 BSRR 寄存器控制更为合理。BSRR 寄存器如图 2-11 所示。将相应的 BR6 位设置为 1，PF6 即为低电平，点亮 LED；将相应的 BS6 位设置为 1，PF6 即为高电平，关闭 LED。

同样地，使用或和左移运算完成置位操作：

GPIOF_BSRR | = (1<<16<<6);   // BR6 置 1,输出低电平
GPIOF_BSRR | = (1<<6);   // BS6 置 1,输出高电平

2.6　打开 RCC 时钟

为了使 STM32 更高效地执行程序，总线的时钟默认是关闭的。要使用时钟时必须先打开其所在的总线，需要对 RCC 寄存器进行配置。RCC 即 Reset and Clock Control(复位和时钟控制)，每个外设都有相应的时钟配置寄存器。使用 RCC 时需要对时钟设置使能，将其时钟打开。如图 2-4 所示，GPIOF 所在的总线是 AHB1。要打开 GPIOF 对应的 AHB1 的 RCC 时钟，就要对 RCC_AHB1ENR(外设时钟使能寄存器)寄存器进行设置。

RCC_AHB1ENR 的地址是 0x4002 3830，复位值为 0x0010 0000，其中，Reserved 的 bit31、bit24、bit23、bit17、bit16、bit15、bit14、bit13、bit11、bit10、bit9 为保留位，必须保持复位值，具体如图 2-17 所示。

31	30	29	28	27	26	25	24	23	22	21	20	19	18	17	16
Reserved	OTGHS ULPIEN	OTGHS EN	ETHMA CPTPEN	ETHMA CRXEN	ETHMA CTXEN	ETHMA CEN	Reserved		DMA2EN	DMA1EN	CCMDATA RAMEN	Res.	BKPSR AMEN	Reserved	
	rw	rw	rw	rw	rw	rw			rw	rw	rw		rw		

15	14	13	12	11	10	9	8	7	6	5	4	3	2	1	0
Reserved			CRCEN	Reserved			GPIOIEN	GPIOHEN	GPIOGEN	GPIOFEN	GPIOEEN	GPIODEN	GPIOCEN	GPIOBEN	GPIOAEN
			rw				rw	rw	rw	rw	rw	rw	rw	rw	rw

图 2-17　RCC_AHB1ENR 寄存器

RCC_AHB1ENR 寄存器可以使能所有挂在 AHB1 总线上的外设，包括 USB OTG、以太网、DMA、SRAM 等，其中所有的 GPIO 也包括在内。要使能 GPIOF 的时钟，首先要找到 GPIOF 对应的使能位，在图 2-17 中查找到为 bit5（GPIOFEN）。即当 bit5 为 1 时，打开 GPIOF 的时钟；当 bit5 为 0 时，则关闭 GPIOF 的时钟。有关 STM32 的时钟在后面还要介绍。

同理，为了不影响其他位，语句可以设置如下：

　　RCC_AHB1ENR | = (1<<5)；　// GPIOFEN 置 1（bit5）

2.7　编写程序

由于有了 stm32f4xx.h 头文件，大部分寄存器对应的地址都已预先定义好，但是有些寄存器并未完全定义，比如前面提到的几个模式寄存器，因此它们的地址要预先定义。要使用#define，将相应的地址映射给几个寄存器名称，需要掌握一些 C 语言编程技巧。

比如查阅表 2-3，可以查到 GPIOF_MODER 的地址是 0x4002 1400。要对这个寄存器做好地址映射，如果这样写：#define GPIOF_MODER 0x40021400，GPIOF_MODER 仅仅代表了一个立即数，并不是一个地址。在 C 语言中要把地址引用出来，一般使用指针。指针的表达形式是在常量或者变量前面加 * 号。若要把 0x4002 1400 作为地址，首先要将它转换成指针常量的类型。C 语言强制转换的指令是（unsigned int * ）0x40021400，这时的 0x40021400 已经变为了指针类型。要将这个指针映射给 GPIOF_MODER，则还要使用语句 #define GPIOF_MODER * (unsigned int *)0x40021400，这样在程序中使用 GPIOF_MODER，即等同于使用地址为 0x40021400 的寄存器。

使用上一章建立好的项目文件，在 main.c 文件中编写程序如下：

```
#define GPIOF_MODER      * (unsigned int * )0x40021400
#define GPIOF_OTYPER     * (unsigned int * )0x40021404
#define GPIOF_OSPEEDR    * (unsigned int * )0x40021408
```

```
#define GPIOF_PUPDR        * ( unsigned int * )0x4002140C
#define GPIOF_IDR          * ( unsigned int * )0x40021410
#define GPIOF_ODR          * ( unsigned int * )0x40021414
#define GPIOF_BSRR         * ( unsigned int * )0x40021418
#define GPIOF_LCKR         * ( unsigned int * )0x4002141C
#define GPIOF_AFRL         * ( unsigned int * )0x40021420
#define GPIOF_AFRH         * ( unsigned int * )0x40021424
#define RCC_AHB1ENR        * ( unsigned int * )0x40023830

int main( void)
{
    RCC_AHB1ENR | = (1<<5);            // 开启 GPIOF 的时钟,5 代表 GPIOFEN,见图 2-17
    /* LED 端口初始化 */
    GPIOF_MODER & = ~(0x03<<(2*6));    // 归 0 运算公式
    GPIOF_MODER | = (1<<2*6);          // 置位运算公式(0—00,1—01,2—10,3—11),01
                                       // 为输出

    GPIOF_OTYPER & = ~(1<<1*6);        // OTYPER 归 0
    GPIOF_OTYPER | = (0<<1*6);         // 设置 OTYPER 为 0,推挽
    GPIOF_OSPEEDR & = ~(0x03<<2*6);    // 设置归 0
    GPIOF_OSPEEDR | = (0<<2*6);        // 置位运算公式(0—00,1—01,2—10,3—11),00
                                       // 设置低速 2MHz

    GPIOF_PUPDR & = ~(0x03<<2*6);      // 设置归 0
    GPIOF_PUPDR | = (0<<2*6);          // 置位运算公式(0—00,1—01,2—10,3—11),00
                                       // 设置无上拉/下拉

    GPIOF_BSRR | = (1<<16<<6);         // BR6 置 1,输出低电平
    // GPIOF_BSRR | = (1<<6);          // BS6 置 1,输出高电平
    while(1);
}
```

细心的读者可以发现,使用每个外设时都要去查这么多寄存器的地址,工作量会很大,实际上编程的时候,除了可赋予直接地址外,还有一种利用基地址 + 偏移量的间接方式,因为 STM32 的地址映射非常有规律,寄存器之间的间隔都是一致的,数据手册中都给出了偏移地址,所以只需使用基地址与偏移地址。尝试将#define 部分写成下面的形式:

```
/* 片上外设基地址   */
#define PERIPH_BASE            ((unsigned int)0x40000000)
/* 总线基地址 */
#define AHB1PERIPH_BASE        (PERIPH_BASE +0x00020000)
/* GPIO 外设基地址 */
#define GPIOF_BASE             (AHB1PERIPH_BASE +0x1400)
/* GPIOF 寄存器地址,强制转换成指针 */
#define GPIOF_MODER            * (unsigned int * )( GPIOF_BASE +0x00)
```

```
#define GPIOF_OTYPER          *( unsigned int *)( GPIOF_BASE +0x04)
#define GPIOF_OSPEEDR         *( unsigned int *)( GPIOF_BASE +0x08)
#define GPIOF_PUPDR           *( unsigned int *)( GPIOF_BASE +0x0C)
#define GPIOF_IDR             *( unsigned int *)( GPIOF_BASE +0x10)
#define GPIOF_ODR             *( unsigned int *)( GPIOF_BASE +0x14)
#define GPIOF_BSRR            *( unsigned int *)( GPIOF_BASE +0x18)
#define GPIOF_LCKR            *( unsigned int *)( GPIOF_BASE +0x1C)
#define GPIOF_AFRL            *( unsigned int *)( GPIOF_BASE +0x20)
#define GPIOF_AFRH            *( unsigned int *)( GPIOF_BASE +0x24)
/* RCC 外设基地址 */
#define RCC_BASE              ( AHB1PERIPH_BASE +0x3800)
/* RCC 的 AHB1 时钟使能寄存器地址,强制转换成指针 */
#define RCC_AHB1ENR           *( unsigned int *)( RCC_BASE +0x30)
```

如果换了其他 GPIO 口,可以直接修改 GPIO 的基地址,而不需要再去查每个寄存器的地址,这样可省去很多时间。

2.8　进一步模块化程序

为了进一步提高编程效率,我们还可以使用结构体对地址与操作位进行包装,使得程序更加方便编写。

一般的地址宏定义都放在头文件内,而不是 main.c 文件内,因此我们需要将这些#define 地址移到一个自建的头文件中。首先在 User 文件夹中新建一个头文件,将其命名为 STM32F407ZGT6.h,建立步骤与新建 *.c 文件类似,单击"File"→"New"→"Save As"菜单命令,将之另存为 STM32F407ZGT6.h,将 main.c 里面的#define 宏定义全部剪切到头文件中,如图 2-18 所示。

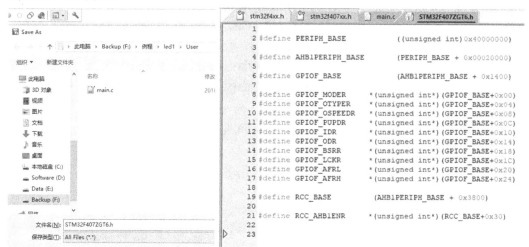

图 2-18　新建 STM32F407ZGT6.h 头文件

此时 main. c 中的地址宏定义已被删除。为了使用这些宏定义,我们在 main. c 的开头要增加一行#include"STM32F407ZGT6. h",如图 2-19 所示,这与 C 语言完全一致。

```
main.c
X    1   #include "STM32F407ZGT6.h"
     2
     3   int main(void)
     4  ┌{
     5       RCC_AHB1ENR |= (1<<5);
     6
     7       GPIOF_MODER &= ~( 0x03<< (2*6));
     8       GPIOF_MODER |= (1<<2*6);
     9       GPIOF_OTYPER &= ~(1<<1*6);
    10       GPIOF_OTYPER |= (0<<1*6);
    11       GPIOF_OSPEEDR &= ~(0x03<<2*6);
    12       GPIOF_OSPEEDR |= (0<<2*6);
    13       GPIOF_PUPDR &= ~(0x03<<2*6);
    14       GPIOF_PUPDR |= (0<<2*6);
    15       GPIOF_BSRR |= (1<<16<<6);
    16       //GPIOF_BSRR |= (1<<6); //BS6?1,?????
    17
    18       while(1);
    19   }
    20  └
```

图 2-19　修改后的 main. c 程序

修改完毕后,该程序实际上与原来的程序并没有任何不同的地方,只是程序更规范了。读者可以编译下载看看其是否与之前程序的运行效果一样。

按原来的宏定义只能使用 GPIOF,这显然是不现实的。为了更方便地使用其他 GPIO,这里建立宏定义结构体,修改 STM32F407ZGT6. h,将原来的程序删除,输入如下程序:

```
/ * 片上外设基地址　 * /
#define PERIPH_BASE              ((unsigned int)0x40000000)
/ * 总线基地址 * /
#define AHB1PERIPH_BASE          (PERIPH_BASE +0x00020000)
/ * GPIO 外设基地址 * /
#define GPIOA_BASE               (AHB1PERIPH_BASE +0x0000)
#define GPIOB_BASE               (AHB1PERIPH_BASE +0x0400)
#define GPIOC_BASE               (AHB1PERIPH_BASE +0x0800)
#define GPIOD_BASE               (AHB1PERIPH_BASE +0x0C00)
#define GPIOE_BASE               (AHB1PERIPH_BASE +0x1000)
#define GPIOF_BASE               (AHB1PERIPH_BASE +0x1400)
#define GPIOG_BASE               (AHB1PERIPH_BASE +0x1800)
#define GPIOH_BASE               (AHB1PERIPH_BASE +0x1C00)
/ * RCC 外设基地址 * /
#define RCC_BASE                 (AHB1PERIPH_BASE +0x3800)

/ * volatile 表示易变的变量,防止编译器优化 * /
#define  _ _IO   volatile
typedef unsigned int uint32_t;
typedef unsigned short uint16_t;
```

/＊GPIO 寄存器列表＊/

```
typedef struct
{
    _ _IO  uint32_t MODER;              // GPIO 模式寄存器地址(偏移:0x00)
    _ _IO  uint32_t OTYPER;             // GPIO 输出类型寄存器地址(偏移:0x04)
    _ _IO  uint32_t OSPEEDR;            // GPIO 输出速度寄存器地址(偏移:0x08)
    _ _IO  uint32_t PUPDR;              // GPIO 上拉/下拉寄存器地址(偏移:0x0C)
    _ _IO  uint32_t IDR;                // GPIO 输入数据寄存器地址(偏移:0x10)
    _ _IO  uint32_t ODR;                // GPIO 输出数据寄存器地址(偏移:0x14)
    _ _IO  uint16_t BSRRL;              // GPIO 置位/复位寄存器低 16 位部分地址(偏移:0x18)
    _ _IO  uint16_t BSRRH;              // GPIO 置位/复位寄存器高 16 位部分地址(偏移:0x1A)
    _ _IO  uint32_t LCKR;               // GPIO 配置锁定寄存器地址(偏移:0x1C)
    _ _IO  uint32_t AFR[2];             // GPIO 复用功能配置寄存器地址(偏移:0x20—0x24)
} GPIO_TypeDef;
```

/＊定义 GPIOA～GPIOH 寄存器结构体指针＊/

```
#define GPIOA               ((GPIO_TypeDef *) GPIOA_BASE)
#define GPIOB               ((GPIO_TypeDef *) GPIOB_BASE)
#define GPIOC               ((GPIO_TypeDef *) GPIOC_BASE)
#define GPIOD               ((GPIO_TypeDef *) GPIOD_BASE)
#define GPIOE               ((GPIO_TypeDef *) GPIOE_BASE)
#define GPIOF               ((GPIO_TypeDef *) GPIOF_BASE)
#define GPIOG               ((GPIO_TypeDef *) GPIOG_BASE)
#define GPIOH               ((GPIO_TypeDef *) GPIOH_BASE)
```

/＊定义 RCC 外设寄存器结构体指针＊/

```
#define RCC                 ((RCC_TypeDef *) RCC_BASE)
```

/＊GPIO 引脚号定义＊/

```
#define Pin_0           0
#define Pin_1           1
#define Pin_2           2
#define Pin_3           3
#define Pin_4           4
#define Pin_5           5
#define Pin_6           6
#define Pin_7           7
#define Pin_8           8
#define Pin_9           9
#define Pin_10          10
```

```
#define Pin_11          11
#define Pin_12          12
#define Pin_13          13
#define Pin_14          14
#define Pin_15          15
```

这里首先说明 volatile。在 C 语言里,volatile 影响编译器编译的结果。volatile 指出变量是随时可能发生变化的。与 volatile 变量有关的运算不要进行编译优化,以免出错。由之前的#define宏定义,__IO uint32_t MODER 相当于 volatile unsigned int MODER,意思是定义一个 32 位的变量 MODER,而 volatile 告诉编译器 MODER 是随时可能发生变化的。每次使用 MODER 的时候必须从 MODER 的地址中读取,而不要去优化,因为若优化了,有可能 MODER 的地址会被优化,这样会造成地址变动。

另一个关键知识点是结构体。上述代码将 GPIO 的几个寄存器"打包"成了结构体。所谓结构体,就是将一些已知的数据类型放在一起来定义的一种数据类型。但结构体并没有创造出新的数据类型,它只是将一些相同或者不同数据类型的对象组织起来变成一个整体而已。

比如建立一个学生档案,它有姓名、性别、年龄三个表格,档案袋则可以认为是一个结构体,姓名、性别、出生年月这三项是其成员。这三个成员的数据类型不同,而且毫无关系,但是它们被组织在了档案袋这个结构体下,例如:

```
typedef struct
{
    姓名;
    性别;
    年龄;
}档案;
```

与使用变量一样,如果要装入张三档案,就需要先定义张三的档案袋(相当于做一个档案袋且里面放了三张表格)。其定义方法与定义变量类似。例如,"档案张三"。

有了档案袋,我们还要填写里面的三张表格,定义方法为"结构体名.成员"。例如:

张三.姓名 = 张三;张三.性别 = 男;张三.年龄 = 20;

例如:

```
typedef struct
{    char name[10];
     char sex;
     int age;
}FILE;
```

这个过程定义好了一个结构体,叫作 FILE。结构体成员有数组、字符型变量和整型变量。建立一个结构体本身并不占用内存,只有具体定义了对象之后才开辟内存。

现在要使用 Tom 和 Ben 两个同学的结构体,必须先定义:

```
FILE Tom,Ben;
```

这样相当于建立两个结构体,一个结构体是 Tom,另一个结构体是 Ben,它们都有三个成员,并且为这两个结构体创建了内存空间,而且结构与大小一样。

要对 Tom 同学输入名字信息:Tom. name = Tommy;。

要对 Tom 同学的性别输入信息:Tom. sex = F;。

要对 Tom 同学的年龄输入信息:Tom. age = 20;。

这样处理数据非常有条理,相当方便,程序可读性很高,而且可以将不同类型的数据组织在一起,而数组则做不到这一点。

如果使用结构体的指针,则语法变成结构体指针变量→成员名即 ps→name(ps 代表指针)。

使用时可以使用结构体的名称,也可以使用地址指针。

回到程序中,对结构体 GPIO_TypeDef 进行解读。这段代码相当于建立了一个名为 GPIO_TypeDef 的结构体。可以看到,结构体内有 32 位与 16 位长度的寄存器名称,如果定义了一个这样的结构体。会在内存开辟相应的内存空间,这些内存地址是连续的,读者可以观察注释部分的偏移量,它与首地址的偏移量正好是这些变量的长度。比如 MODER 的类型是 unsigned int,长度是 4 个字节,它的下一个变量 OTYPER 与首地址之间的偏移量刚好是 0x04。再比如变量 BSRRH,它前面有 6 个 4 字节的 unsigned int 变量,有 1 个双字节的 unsigned short 变量,一共是 26 个字节,偏移量 0x1A 对应的十进制数正好是 26。

经过对结构体的处理,只要把 GPIOx 的首地址指向结构体的首地址,各个 GPIO 的控制寄存器就自动对齐了,而无须一个一个去手动映射寄存器地址。例如:

```
#define GPIOA    ((GPIO_TypeDef * )GPIOA_BASE)
```

这段代码的含义是定义一个结构体 GPIOA,而且将 GPIOA_BASE 这个首地址指向结构体 GPIOA 的首地址。这里的 GPIOA 不仅仅是结构体的名字,也是结构体的指针,因为之前有#define GPIOA(GPIO_TypeDef *)GPIOA_BASE,已经将 GPIOA 定义成指针型变量了。

这时 main. c 可以写成下面的形式:

```
#include" STM32F407ZGT6. h"
#define RCC_AHB1ENR    * ( unsigned int * )0x40023830
int main( void)
{
    /* 开启 GPIOF 时钟,使用外设时都要先开启它的时钟*/
    RCC_AHB1ENR | = (1<<5);                    // 5 代表 GPIOFEN,见图 2-17

    /* LED 端口初始化*/
    GPIOF-> MODER& = ~ (0x03<< (2 * Pin_6));  // 此时不再使用 6,而改用 Pin_6,以方便阅读
    GPIOF-> MODER | = (1<<2 * Pin_6);
    GPIOF-> OTYPER & = ~ (1<<1 * Pin_6);
    GPIOF-> OTYPER | = (0<<1 * Pin_6);
    GPIOF-> OSPEEDR & = ~ (0x03<<2 * Pin_6);
    GPIOF-> OSPEEDR | = (0<<2 * Pin_6);
```

```
GPIOF-> PUPDR & = ~ (0x03<<2 * Pin_6);
GPIOF-> PUPDR | = (0<<2 * Pin_6);

/ * GPIO 输出 */
GPIOF-> BSRRH | = (1<< Pin_6);                      // BR6 置 1,输出低电平
// GPIOF-> BSRRL | = (1<< Pin_6);                   // BS6 置 1,输出高电平
while(1);
}
```

编译成功后下载观察,该程序的运行效果与之前的程序运行效果完全一致,将 LED 点亮了。
若要实现闪烁效果,可以加入延时函数,修改程序如下:

```
#include" STM32F407ZGT6. h"
#define RCC_AHB1ENR    * (unsigned int * )0x40023830

/ * 延时函数 */
void Delay( )
{
    uint32_t x;
    for( x = 0;x < 0xfffff;x ++ );
}

int main( void)
{
    / * 开启 GPIOF 时钟,使用外设时都要先开启它的时钟 */
    RCC_AHB1ENR | = (1<<5);                          // 5 代表 GPIOFEN,见图 2-17

    / * LED 端口初始化 */
    GPIOF-> MODER & = ~ (0x03<< (2 * Pin_6));
    GPIOF-> MODER | = (1<<2 * Pin_6);
    GPIOF-> OTYPER & = ~ (1<<1 * Pin_6);
    GPIOF-> OTYPER | = (0<<1 * Pin_6);
    GPIOF-> OSPEEDR & = ~ (0x03<<2 * Pin_6);
    GPIOF-> OSPEEDR | = (0<<2 * Pin_6);
    GPIOF-> PUPDR & = ~ (0x03<<2 * Pin_6);
    GPIOF-> PUPDR | = (0<<2 * Pin_6);

    / * GPIO 输出 */
    while(1)
    {
        GPIOF-> BSRRH | = (1<< Pin_6);               // BR6 置 1,输出低电平
        Delay( );
```

```
      GPIOF-> BSRRL | = (1<< Pin_6);                    // BS6 置 1,输出高电平
      Delay();
   }
}
```

此时的红色 LED 已经可以闪烁了,如果想控制 PF7 引脚上面的绿色 LED 灯,只需要把 Pin_6 改成 Pin_7 即可。

```
#include" STM32F407ZGT6. h"
#define RCC_AHB1ENR    * (unsigned int * )0x40023830

/ * 延时函数 * /
void Delay( )
{
    uint32_t x;
    for( x = 0;x < 0xfffff;x ++ );
}


int main( void)
{
    / * 开启 GPIOF 时钟,使用外设时都要先开启它的时钟 * /
    RCC_AHB1ENR | = (1<< 5);                            // 5 代表 GPIOFEN,见图 2-17

    / * LED 端口初始化,将 Pin_6 改为 Pin_7 * /
    GPIOF-> MODER & = ~ ( 0x03<< ( 2 * Pin_7));
    GPIOF-> MODER | = (1<< 2 * Pin_7);
    GPIOF-> OTYPER & = ~ (1<< 1 * Pin_7);
    GPIOF-> OTYPER | = (0<< 1 * Pin_7);
    GPIOF-> OSPEEDR & = ~ ( 0x03<< 2 * Pin_7);
    GPIOF-> OSPEEDR | = (0<< 2 * Pin_7);
    GPIOF-> PUPDR & = ~ ( 0x03<< 2 * Pin_7);
    GPIOF-> PUPDR | = (0<< 2 * Pin_7);

    / * GPIO 输出 * /
    while(1)
    {
      GPIOF-> BSRRH | = (1<< Pin_7);                    // BR7 置 1,输出低电平
      Delay();
      GPIOF-> BSRRL | = (1<< Pin_7);                    // BS7 置 1,输出高电平
      Delay();
    }
}
```

进一步地,如果想控制另一个 GPIO,那么也非常简单,比如使用 **PA3** 这个引脚输出闪烁效果,将程序修改如下:

```
#include" STM32F407ZGT6. h"
#define RCC_AHB1ENR    * ( unsigned int * )0x40023830


/ * 延时函数 * /
void Delay( )
{
    uint32_t x;
    for( x = 0;x < 0xfffff;x ++ );
}


int main( void)
{
    / * 开启 GPIOA 时钟,使用外设时都要先开启它的时钟 * /
    RCC_AHB1ENR | = (1<<0) ;              // 0—GPIOAEN;1—GPIOBEN;2—GPIOCEN;3—
                                          // GPIODEN 等,见图 2-17
    / * LED 端口初始化 * /
    GPIOA-> MODER & = ~ (0x03<< (2 * Pin_3) ) ;
    GPIOA-> MODER | = (1<<2 * Pin_3) ;
    GPIOF-> OTYPER & = ~ (1<< 1 * Pin_3) ;
    GPIOF-> OTYPER | = (0<< 1 * Pin_3) ;
    GPIOF-> OSPEEDR & = ~ (0x03<< 2 * Pin_3) ;
    GPIOF-> OSPEEDR | = (0<< 2 * Pin_3) ;
    GPIOF-> PUPDR & = ~ (0x03<< 2 * Pin_3) ;
    GPIOF-> PUPDR | = (0<< 2 * Pin_3) ;
    / * GPIO 输出 * /
    while(1)
    {
      GPIOF-> BSRRH | = (1<< Pin_3) ;     // BR3 置 1,输出低电平
      Delay( );
      GPIOF-> BSRRL | = (1<< Pin_3) ;     // BS3 置 1,输出高电平
      Delay( );
    }
}
```

2.9　小　结

与 51 系列单片机相比,STM32 的寄存器要复杂得多。要使用 GPIO,必须要配置几个配置寄存器,并且初始化后才能控制其输出高低电平。而且 STM32 的总线与外设地址非常复杂,采取以往 51 系列单片机的编程方法非常困难。为了解决这个问题,ST 公司推出了固件库来减轻开发人员编写代码的工作量。

项目 3

初识 STM32 固件库

经过封装后,程序的模块化程度大大地提高了,而这只是很小的一个动作,还有很多地方可以继续优化、封装。事实上,几千个寄存器,如果没有优化封装,使用起来是非常困难的,不具备实用性。为了方便电子工程师使用 STM32,ST 发布了基于 STM32 的固件库。通过固件库,使用者可以非常方便地使用 STM32 处理器。

3.1 获取 STM32 固件库

STM32 的固件库可以在 ST 的官方网站免费下载,也可以在其他镜像服务器中找到。其中 F4 系列的固件库目前的版本为 1.80,下载地址为 https://www. st. com/content/st_com/en/products/embedded-software/mcus-embedded-software/stm32-embedded-software/stm32-standard-peripheral-libraries/stsw-stm32065. html。

下载压缩包并解压后,可以看到文件有四个文件夹与三个文件,如图 3-1 所示。

名称 ^	修改日期	类型	大小
_htmresc	2016/11/10 18:32	文件夹	
Libraries	2016/11/10 18:33	文件夹	
Project	2016/11/10 18:34	文件夹	
Utilities	2016/11/10 18:34	文件夹	
MCD-ST Liberty SW License Agreeme...	2016/11/5 1:32	Foxit Reader PD...	18 KB
Release_Notes.html	2016/11/9 2:34	QQBrowser HT...	129 KB
stm32f4xx_dsp_stdperiph_lib_um.chm	2016/11/8 23:33	编译的 HTML 帮	36,138 KB

图 3-1   STM32F4 固件库文件

三个文件:最重要的是 stm32f4xx_dsp_stdperiph_lib_um. chm,它是固件库使用帮助文件,其他两个是授权同意书与版本文件。

四个文件夹:Libraries 文件夹下是驱动库的源代码及启动文件;Project 文件夹下是用驱动库写的例子和工程模板;Utilities 文件夹包含了基于 ST 官方实验板的例程以及第三方软件库,如 emwin 图形软件库、fatfs 文件系统;_htmresc 文件夹下是 logo 图片文件。

3.1.1　Libraries 文件夹

文件繁多,很难一一介绍。一个基本的 STM32F4 程序的文件列表如表 3-1 所示。

表 3-1　STM32F4 基本的固件库文件

启动文件	startup_stm32f40xx. s	汇编的启动文件
外设相关	stm32f4xx. h	外设寄存器定义,完成寄存器映射
	stm32f4xx_conf. h	用于 STM32F4 系列不同型号的配置
	system_stm32f4xx. h	用于系统初始化
	system_stm32f4xx. c	配置系统时钟
	stm32f4xx_xx. h	外设固件库头文件(根据具体应用选择 xx)
	stm32f4xx_xx. c	外设固件库文件(根据具体应用选择 xx)
	misc. h	跟中断相关的固件库
	misc. c	
内核相关	core_cm4. h	内核寄存器定义
用户相关	main. c	main 函数存在的地方
中断相关	stm32f4xx_it. h	用户编写的中断服务函数都放在这里
	stm32f4xx_it. c	

下面对这些文件进行说明。

1. startup_stm32f40xx.s

startup_stm32f40xx. s 所在路径:\Libraries\CMSIS\Device\ST\STM32F4xx\Source\Templates。这个目录下,还有很多文件夹,如 ARM、gcc_ride7、iar 等。这些文件夹下包含了对应编译平台的汇编启动文件。实际使用时要根据编译平台来选择。我们使用的 MDK 启动文件在 ARM 文件夹中。如果使用其他型号的芯片,要在此处选择对应的启动文件,在之前建立的 LED 点亮例程中已经介绍了这个文件,它的作用是给 STM32 初始化。例如,STM32F446 型号使用 startup_stm32f446xx. s 文件。

2. stm32f4xx.h

stm32f4xx. h 所在路径:\Libraries\CMSIS\Device\ST\STM32F4xx\Include。这个文件非常重要,它是一个 STM32 芯片底层相关的文件,包含了 STM32 中所有的外设寄存器地址和结构体类型定义。使用到 STM32 标准库的地方都要包含这个头文件,之前项目 2 的例程中对寄存器地址的定义和封装与这个文件的作用一样。

3. system_stm32f4xx.h

system_stm32f4xx. h 所在路径:\Libraries\CMSIS\Device\ST\STM32F4xx\Include。这个文件用于系统初始化与时钟更新。

4. system_stm32f4xx.c

system_stm32f4xx. c 所在路径:\Libraries\CMSIS\Device\ST\STM32F4xx\Source\Templates。这个文件包含了 STM32 芯片上电后初始化系统时钟、扩展外部存储器用的函

数,比如 SystemInit 函数。该文件与 system_stm32f4xx.h 相对应。

5. misc.h

misc.h 所在路径:\Libraries\STM32F4xx_StdPeriph_Driver\inc。这个文件用于系统设置中断向量相关的头文件。

6. misc.c

misc.c 所在路径:\Libraries\STM32F4xx_StdPeriph_Driver\src。这个文件用于系统设置中断向量相关的源文件。

7. core_cm4.h

core_cm4.h 所在路径:\Libraries\CMSIS\Include。这个文件用于内核外设接入层的头文件。不同内核要对应不同的文件。比如 STM32F4 系列使用的是 Cortex-M4 的内核,对应的是 Core_cm4.h 文件;而 STM32F1 系列使用的是 Cortex-M3 的内核,对应的是 core_cm3.h 文件。

8. main.c

main.c 一般由用户自行添加在 User 文件夹内。它是用户自己编写的主程序,包括 main 函数。

用户在建立自己的项目时,需要将以上文件拷贝到自己的项目中。

除了上述的文件外,还有一个很重要的文件夹是\Libraries\STM32F4xx_StdPeriph_Driver,意思是标准外设驱动,即 STM32 的很多设备的驱动都可以在这里找到,不用自己编写。它有两个文件夹,一个是 inc,代表头文件,即 *.h;一个是 src,代表源文件,即 *.c。两者的文件内容基本一一对应,比如,misc.c 对应 misc.h,stm32f4xx_gpio.c 对应 stm32f4xx_gpio.h 等,如图 3-2 所示。misc.c 与 misc.h 用于系统中断向量初始化驱动文件,stm32f4xx_xxx.c 与 stm32f4xx_xxx.h 都是具体的外设驱动文件,比如要点亮 LED,可以找到与 gpio 相关的驱动:stm32f4xx_gpio.c 与 stm32f4xx_gpio.h。在 stm32f4xx_gpio.c 文件里,GPIO 的基本操作都被封装成了函数,可以直接调用。

图 3-2　STM32F4xx_StdPeriph_Driver 文件夹的 src 与 inc 文件夹内容

3.1.2　Project 文件夹

在固件库文件夹下,打开 Project 文件夹,可以看到 STM32F4xx_StdPeriph_Examples 和 STM32F4xx_StdPeriph_Templates 两个文件夹。从字面可以知道,Examples 文件夹内都是案例。打开它,可以看到如图 3-3 所示的内容,有 ADC、CAN、GPIO、USART 等文件夹。这些都是 ST 为用户建立好的工程案例,很有借鉴意义。今后学习的很多案例都会参考这些例程。

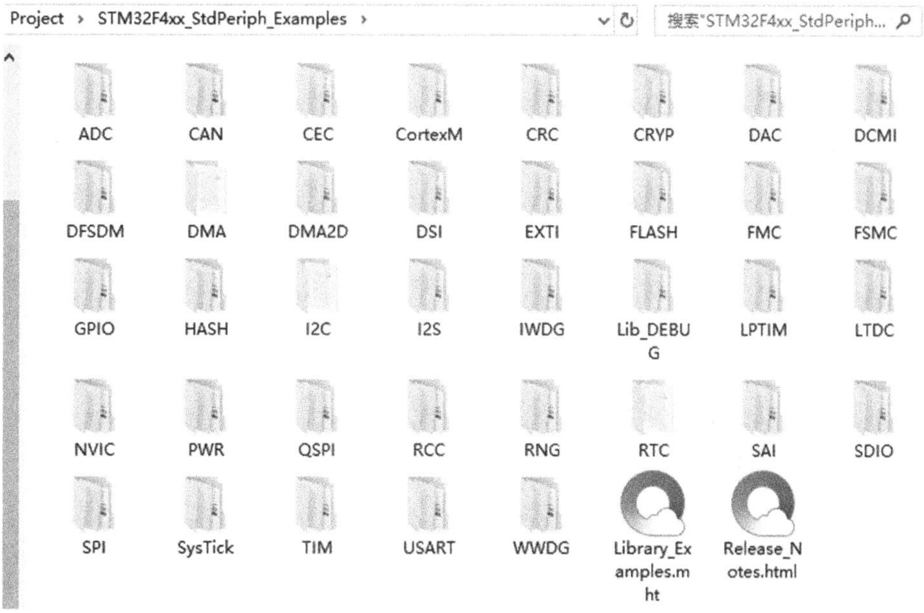

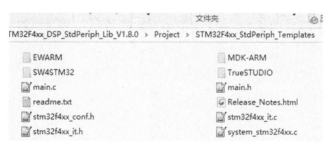

图 3-3　Examples 文件夹内的内容

再看 STM32F4xx_StdPeriph_Templates 文件夹。顾名思义,该文件夹即是模板的意思。此文件夹下有几个建立固件库需要的模板文件:stm32f4xx_it. c、stm32f4xx_it. h、stm32f4xx_conf. h,如图 3-4 所示。

文件夹	
'M32F4xx_DSP_StdPeriph_Lib_V1.8.0 › Project › STM32F4xx_StdPeriph_Templates	
EWARM	MDK-ARM
SW4STM32	TrueSTUDIO
main.c	main.h
readme.txt	Release_Notes.html
stm32f4xx_conf.h	stm32f4xx_it.c
stm32f4xx_it.h	system_stm32f4xx.c

图 3-4　模板文件夹

stm32f4xx_conf.h:这个文件包含在 stm32f4xx.h 文件中。ST 标准库支持所有 STM32F4 型号的芯片,但有的型号芯片外设功能比较多。通过这个配置文件,我们可根据芯片型号来增减固件库的外设文件。打开 stm32f4xx_conf. h 文件,找到以下代码:

```
#if defined(STM32F427_437xx)
#include" stm32f4xx_cryp. h"
#include" stm32f4xx_hash. h"
#include" stm32f4xx_rng. h"
#include" stm32f4xx_can. h"
#include" stm32f4xx_dac. h"
#include" stm32f4xx_dcmi. h"
#include" stm32f4xx_dma2d. h"
#include" stm32f4xx_fmc. h"
#include" stm32f4xx_sai. h"
#endif/ * STM32F427_437xx * /

#if defined(STM32F40_41xxx)
#include" stm32f4xx_cryp. h"
#include" stm32f4xx_hash. h"
#include" stm32f4xx_rng. h"
#include" stm32f4xx_can. h"
#include" stm32f4xx_dac. h"
#include" stm32f4xx_dcmi. h"
#include" stm32f4xx_fsmc. h"
#endif/ * STM32F40_41xxx * /
```

从上述代码可以得知,F4 系列的型号繁多,性能也不尽相同,所包含的外设也不同,比如 F427_F437 系列比 F40_41 系列多了 sai(串行音频接口)、dma2d(2D 加速),F427_F437 有比 fsmc 更先进的 fmc 接口。因此,有了这个配置文件,相当于对不同 F4 系列选择了不同的硬件配置。

stm32f4xx_it. c:用于 STM32 中断系统。这个文件已经定义了一些系统异常(特殊中断)的接口。其他普通中断服务函数由我们自己添加,具体的使用方法在中断章节会介绍。

stm32f4xx_it. h:与 stm32f4xx_it. c 对应的头文件。

图 3-5 是固件库文件的基本架构,它简单地描述了各个文件之间的关系。

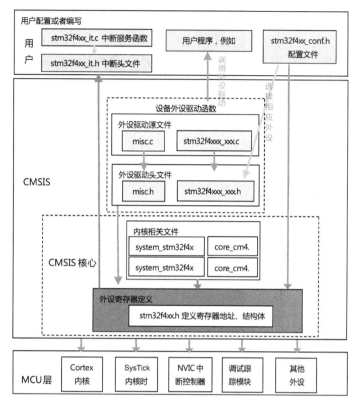

图 3-5 固件库文件的基本架构

3.2 使用固件库建立一个工程模板

3.2.1 文件结构

首先按固件库项目模板建立一个框架,新建一个文件夹,比如命名为 FL_Template,再此文件夹下建立以下 5 个文件夹,如表 3-2 所示。然后在 Libraries 文件夹内拷贝固件库相应的文件,比如在图 3-5 中标注的 stm32f4xx_conf.h、stm32f4xx_it.h、stm32f4xx_it.c。具体添加拷贝的文件如表 3-3 所示。

表 3-2 固件库项目文件模板

文件夹名称	作 用
Libraries	存放的是库文件
Listing	存放编译器编译时产生的 C、汇编、链接的列表清单
Output	存放编译产生的调试信息、hex 文件、预览信息、封装库等
Project	用来存放工程
User	用户编写的驱动文件

表 3-3 需要往文件夹中添加的文件

文件夹名称	添加的文件
Libraries	CMSIS 文件夹:此文件夹里是跟 CM4 内核有关的库文件。这个文件夹不需要新建,只需拷贝即可。在固件库文件目录\Libaries\中找到 CMSIS 文件夹并拷贝过来。由于目前没有使用到 DSP、RTOS 等,可以把其他内容删除,只剩下 Device 和 Include 两个最基本的文件夹,当然也可以保留
	STM32F4xx_StdPeriph_Driver 文件夹:此文件夹里是 STM32 外设库文件,不需要新建,在固件库目录\Libaries\中找到 STM32F4xx_StdPeriph_Driver 文件夹并拷贝到此,无须改动
Listing	暂时为空,不用添加
Output	暂时为空,不用添加
Project	暂时为空,不用添加
User	stm32f4xx_conf. h、stm32f4xx_it. h、stm32f4xx_it. c 文件:这 3 个文件不需要新建,只需拷贝即可。在固件库目录\Project\STM32F4xx_StdPeriph_Templates\中找到并拷贝到 User 下
	main. c 文件:用户编写的 C 文件,要新建一个文本文件,另存为 main. c

拷贝完这些文件,建立好文件模板后,文件结构如图 3-6 所示。但这里还需进行一些修改。首先删除一些不相关的文件,比如在 CMSIS 文件夹下,只保留 Device 和 Include 两个文件夹,删除其他的文件夹。再继续打开\FL_Template\Libraries\CMSIS\Device\ST\STM32F4xx\Source\Templates。里面包含好几个文件夹,arm 文件夹代表 Keil 编译器,gcc_ride7 文件夹代表 Linux 的 gcc 编译器,iar 代表 IAR 编译器等。这里只保留 arm 文件夹和 system_stm32f4xx. c,剩下的全部删除,如图 3-7 所示。

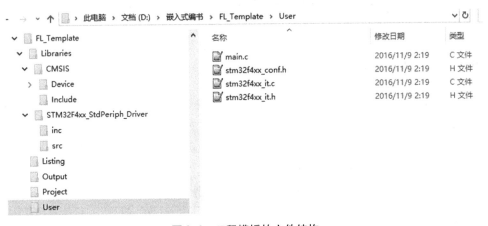

图 3-6 工程模板的文件结构

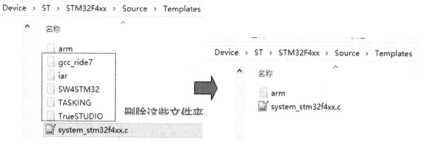

图 3-7   删除多余的编译器文件夹

3.2.2   修改文件

首先打开 stm32f4xx_it.c 文件并查看,找到"#include " main.h " ",如图 3-8 所示,因为拷贝和新建的文档都没有 main.h 文件,所以将该行删除。

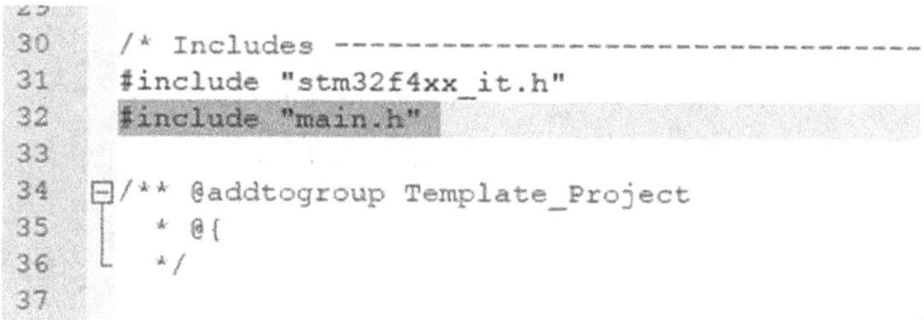

```
29
30        /* Includes ----------------------------------
31        #include "stm32f4xx_it.h"
32        #include "main.h"
33
34      /** @addtogroup Template_Project
35         * @{
36         */
37
```

图 3-8   删除#include"main.h"

再继续向下找到 void SysTick_Handler(void)的中断函数,将 TimingDelay_Decrement()函数删除,如图 3-9 所示。这是因为模板例程里用到了 SysTick 滴答定时器的中断,并且使用了 TimingDelay_Decrement()函数进行递减计数,建立模板并不需要这个功能,而且 TimingDelay_Decrement()函数还要另外编写,否则编译器会报错。

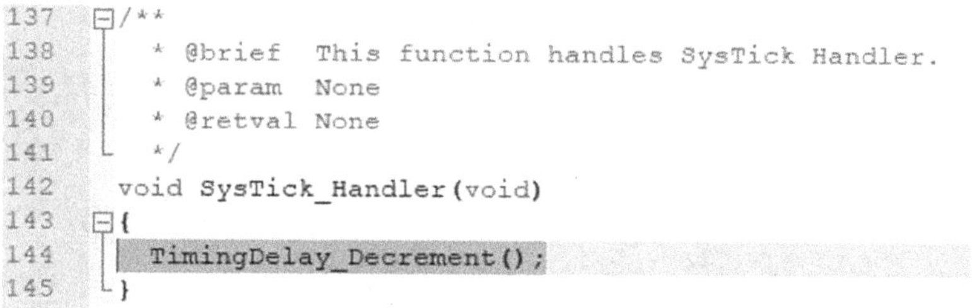

```
137      /**
138         * @brief   This function handles SysTick Handler.
139         * @param   None
140         * @retval  None
141         */
142      void SysTick_Handler(void)
143      {
144          TimingDelay_Decrement();
145      }
```

图 3-9   删除 TimingDelay_Decrement( )函数

建立空的用户程序模板,编辑 main.c。由于 main.c 是新建文件,现为空白,因此我们在编辑区输入如下代码:

```
#include" stm32f4xx.h"

int main(void)
{
```

```
    /*在这里添加你自己的程序*/
    while(1);
}
```

很明显这段代码的目的是将 main 函数建立好,等待添加程序。

3.2.3　构建 Keil 项目文件

1. 建立项目文件

将固件库的工程模板的文件制作完成后,接着建立 Keil 项目模板,在 Keil 下新建一个项目文件,另存到工程 \ FL_Template \ Project 目录下,并命名为 FL_Template,选择芯片 STM32F407ZGTx,这时进入运行环境的选择栏。与之前不同的是,这里须取消选择运行环境,如图 3-10 所示。这是因为使用了固件库的工程模板,相当于已经建立好了运行环境,如果再使用系统的运行环境,会发生冲突。

2. 建立组

建立好的 Keil 项目目前还是空的,要像建立文件夹一样建立相应的文件结构。在 Target1 下默认只有一个 Source Group1 组,这里要建立与新建文件夹类似的组。具体做法:右击 Target1 图标,在弹出的快捷菜单中单击"Add Group",添加组(默认组名为 New Group),选择该组并右击,可以修改组名。添加几个组,并分别命名为 STARTUP、CMSIS、STM32F4xx_StdPeriph_Driver、User,如图 3-11 所示。组结构的含义分别是启动、内核、外设与用户编程,再下一步是将刚才准备好的文件一一加入各个组中。

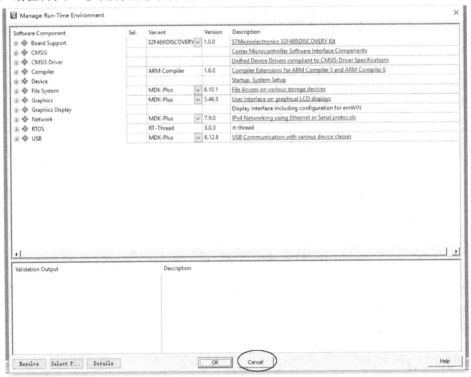

图 3-10　取消选择运行环境

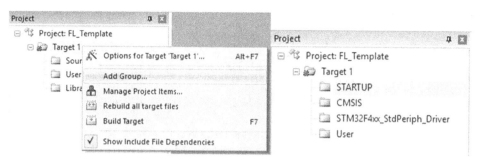

图 3-11 在 **Target 1** 下添加组

首先,添加 STARTUP 组文件。双击 STARTUP 组,会看到添加文件提示(这里添加之前复制好的文件),在路径 \FL_Template \Libraries \CMSIS \Device \ST \STM32F4xx \Source \Templates\arm 下找到 startup_stm32f40xx. s,在"文件类型"下拉列表中选择"All files(*. *)"或"Asm Source file(*. s * ; *. src; *. a *)",如图 3-12 所示,单击"Add"按钮即可。

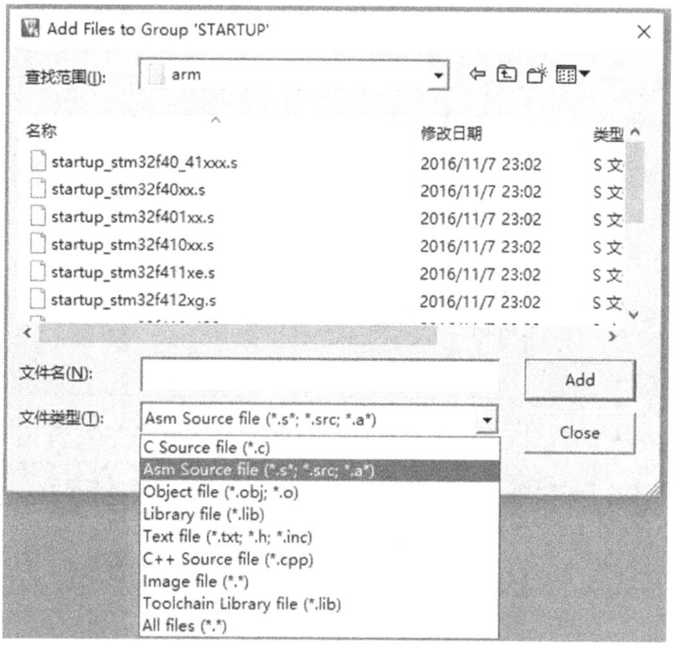

图 3-12 在 **STARTUP** 下加入 **startup_stm32f40xx. s** 文件

其次,添加 CMSIS 组文件。在文件所在的路径 \FL_Template \Libraries \CMSIS \Device \ST\STM32F4xx \Source \Templates 下找到 system_stm32f4xx. c 文件,单击"Add"按钮即可。

再次,添加 STM32F4xx_StdPeriph_Driver 组文件(这里添加的是标准外设驱动,驱动文件比较多)。在路径 \FL_Template \Libraries \STM32F4xx_StdPeriph_Driver \src 下选中所有的文件并添加到组中(可按快捷键【Ctrl】+【A】键全选)。

最后,添加 User 组文件。在 \FL_Template \User 目录下找到 main. c 和 stm32f4xx_it. c 文件并添加。

添加文件完毕,可以看到组文件下都有相应的文件。单击加号后,可以看到包含的文件,如图 3-13 所示。

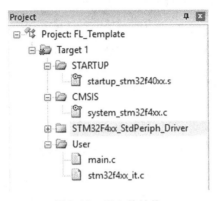

图 3-13　组文件结构

3. 设置编译环境

组文件添加完成后,下一步是设置编译环境。比如很多头文件放在了不同文件夹内,编译时要使用这些头文件,必须要先找到它们。在"Option for Target"(魔术棒)选项卡中进行编译环境的设置:

(1) 设置 Include Paths。

① 单击"Option for Target"按钮,进入 Target 1 选项,选择"C/C++"选项卡,可单击"Include Paths"栏右边的▣按钮,如图 3-14 所示,添加头文件路径。

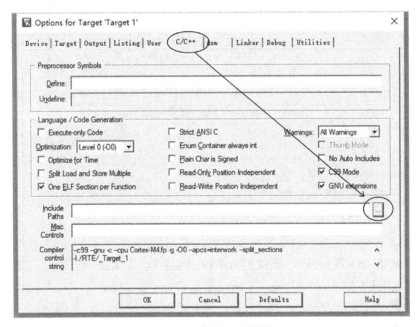

图 3-14　配置头文件路径

② 进入添加头文件路径界面,单击"New"(Insert),会在栏下方多出一条路径栏,单击右边的▣按钮(图 3-15),选择包含头文件的路径"\FL_Template\User""\FL_Template\

Libraries\CMSIS\Include"（图 3-16）。

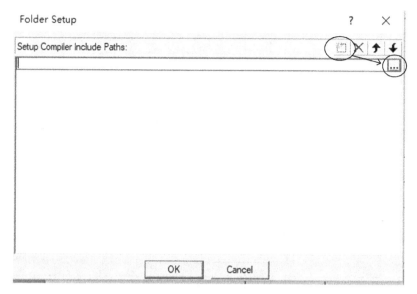

图 3-15 添加头文件路径

图 3-16 配置好的头文件路径

（2）添加宏。

继续添加两个宏，用于头文件中的配置（编译器需要根据这些宏定义来决定使用哪些配置）。在"C/C++"选项卡下，如图 3-17 所示，在"Define"栏中输入"USE_STDPERIPH_DRIVER,STM32F40_41xxx,"，将每个宏用逗号隔开。USE_STDPERIPH_DRIVER 是为了让stm32f4xx.h 包含 stm32f4xx_conf.h 这个头文件；STM32F40_41xxx 是指使用的芯片是STM32F407/417 型号的芯片。

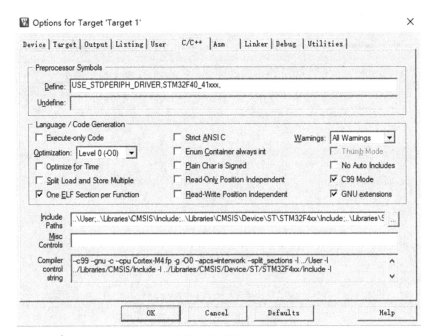

图 3-17　添加宏

（3）勾选"Use MicroLIB"。

选择"Target"选项卡，勾选"Use MicroLIB"，如图 3-18 所示。

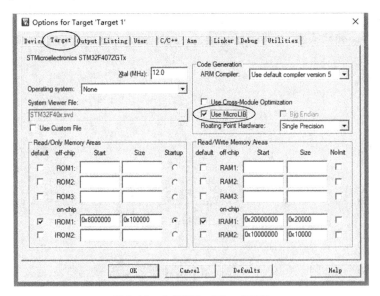

图 3-18　勾选"Use MicroLIB"

（4）屏蔽不参与编译文件。

下一步是将不需要的外设驱动设置为不参加编译。STM32F4 系列有相当多的型号，各种型号之间的外设存在着差异，而固件库具备 F4 全系列芯片的驱动，因此编译时应对不具备的驱动进行排除，比如 STM32F407 只有 FSMC，而固件库中提供了 FMC 与 FSMC 驱动，如果同时编译,编译器会提示出错,因此 FMC 要屏蔽。相应 STM32F407 缺失的还有 dma2d 和 ltdc,这些驱动也要屏蔽。具体步骤如图 3-19 所示,先点开 STM32F4xx_StdPeriph_Driver 组,找到对应的驱动文件,比如 dma2d 对应 stm32f4xx_dma2d.c,单击右键,弹出文件选项,取消选中 "Include in Target Build",单击"OK"按钮完成设置。注意还要屏蔽 stm32f4xx_fmc.c 与 stm32f4xx_ltdc.c。

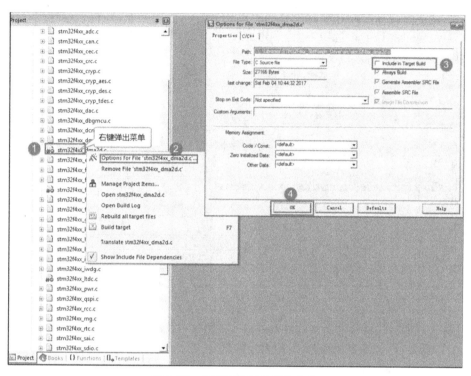

图 3-19　屏蔽不需要的驱动文件

到此为止,STM32F407 的固件库工程模板已制作完毕。读者可以对项目进行编译。由于驱动文件较多,第一次编译时间较长,但一般能顺利通过。将此模板保存好,在今后的工程中都可以直接拷贝,只需在模板的基础上添加代码即可。

3.3　使用固件库模板编程点亮 LED

这里使用固件库工程模板进行编程,达到点亮 LED 的目的。首先复制 FL_Template 文件夹,粘贴后另存为 FL_LED,即 LED 的固件库的项目。使用这个工程模板,在 \FL_LED\ Project 目录下,将工程文件改名为 FL_LED。

为了更好地规范工程结构,在 User 文件夹下新建一个文件夹,并命名为 LED,在之后的编程中将所有对 LED 操作的程序均存在此目录下。针对 LED 驱动,新建 led.c 与 led.h (与官方固件库一致,驱动文件与头文件的名字一样)。今后书写程序也应该按照这样的文件结构:一个文件夹对应一个外设,而文件夹内有驱动的 *.c 文件与相对应的 *.h

文件。

新建 *.c 与 *.h 文件的方法与前面的步骤一样,只需单击新建文件,并在 User 文件夹下另存为 led.c,再新建文件,在 User 文件夹下另存为 led.h。当然新建好的文件是空的,在 Keil 的项目栏双击 User 组,将 led.c 文件添加到 Keil 的项目的 User 组内,完成文件的添加,如图 3-20 所示。

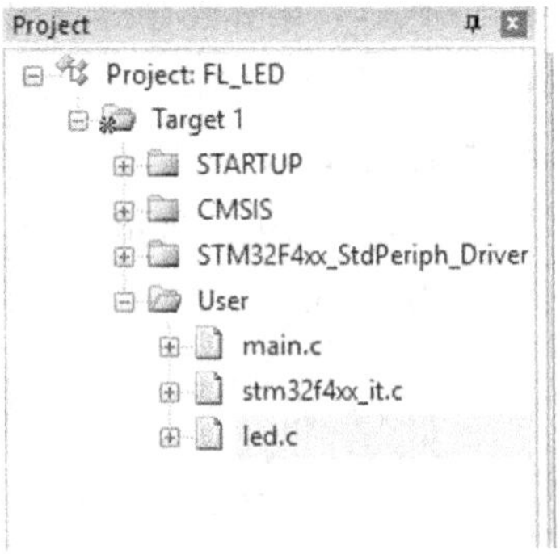

在"Options for Target"选项中,将 LED 的目录添加到编译环境中,如图 3-21 所示。

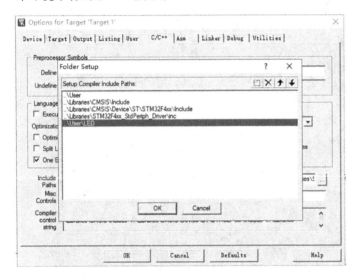

图 3-20 添加 led.c 到 User 组

图 3-21 在包含路径中添加 LED 目录

3.3.1 编写 led.h

首先建立 led.h。该文件应包含 GPIO 对应的资源,书写头文件如下:

```
#ifndef_LED_H
#define_LED_H
#include" stm32f4xx. h"
void LED_GPIO_Config( void) ;
#endif   /END of * _LED_H */
```

开头两行和最后一行是常规头文件的格式,#ifndef、#define 和#endif 都是宏伪指令。这个格式用于防止该头文件被重复引用。被重复引用是指一个头文件在同一个 *.c文件中被包含了多次,这种错误常常是由于 include 嵌套造成的。比如:在 a.c 文件中有"#include"a.h"",而此时 b.c 文件也导入"#include"a.h"",此时 a.h 文件会被重复引用,导致 a.h 的内容被重复定义,而 C 语言是不允许重复定义的,这时编译器会报错。

为了避免出现这个问题,可以使用上述例程中的宏#ifndef/#define/#endif 进行条件编译。具体的含义如下:

  #ifndef A_H // 英文含义是"if not define a.h",即如果不存在 a.h 为判断条件

```
#define A_H       // 条件成立,则引入 a.h,以下内容为 a.h 的内容
…                 // 头文件内容
#endif            // 条件不成立,即若已经存在 a.h,则不需要引入
```

这样使用时,只要 a.h 被某个 *.c 文件引用过,如果另一个 *.c 文件再次引用a.h,编译器根据条件,就不会去寻找 a.h 文件,而是直接跳过,从而避免了重复引用。

建议使用#ifndef/#define/#endif 进行头文件的书写。

中间的两行则是头文件内容:"#include" stm32f4xx.h" ",意思是包含 stm32f4xx.h 头文件。这个头文件的含义是外设寄存器定义,完成寄存器映射,其中包含了驱动 LED 与 GPIO 相关的寄存器。

"void LED_GPIO_Config(void);"的含义是定义一个 LED_GPIO_Config() 函数,完成 GPIO 初始化,该函数在 led.c 内编写。

3.3.2　建立 led.c 文件

新建的 led.c 文件用于驱动 GPIO 引脚来点亮或者熄灭 LED。按照 GPIO 使用的步骤,必须先初始化 GPIO。初始化步骤如图 3-22 所示。

图 3-22　GPIO 初始化步骤

因为使用了固件库,初始化的大部分代码已经由 ST 完成,用户无须再编写复杂的驱动代码,只需调用固件库中的函数。使用固件库函数的方法有两种:一种方法是查看固件库代码,另一种方法是使用固件库帮助文件。

1. 查看固件库代码

读者通过查看固件库代码,可以很清楚地知道固件库是如何封装各个结构体、如何构成函数的,但其缺点是阅读量比较大。作为初学者,应该学会查看代码,在分析代码的过程中结合帮助文件进行学习。

固件库包含了 STM32 的外设驱动,比如 GPIO、ADC、SPI、I2C 等。这些驱动都放到了工程模板的 STM32F4xx_StdPeriph_Driver 组中。需要使用外设时,在组中找到相应的" *.c"文件,即可查看外设的驱动函数。

以点亮 LED 为例,要使 PF6 输出低电平,确定要使用外设 GPIO,因此在外设驱动组里找到 stm32f4xx_gpio.c,如图 3-23 所示。将其打开,可以查看代码。如果要使用 AD 转换器转换模拟电压,这时就要使用外设 ADC,意味着要使用 ADC 的驱动,于是打开 stm32f4xx_adc.c 进行查看,以此类推。

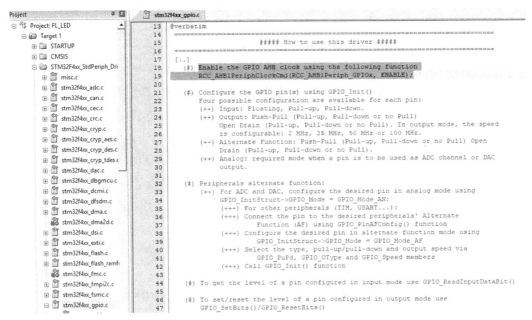

图 3-23　查看 stm32f4xx_gpio.c 代码

每一个驱动文件的开头都有帮助说明。查阅这些帮助说明,可以快速地了解该驱动的作用,快速索引到相关函数的作用。

(1) 打开总线时钟。

按 GPIO 初始化步骤,首先打开相应总线的时钟 RCC,从帮助说明 How to use 的第一行可看到使能 GPIO AHB Clock。使用函数 RCC_AHB1PeriphClockCmd(RCC_AHB1Periph_GPIOx,ENABLE)进行设置。要找到这个函数可以用鼠标选择函数名,然后单击右键,在弹出的快捷菜单中选择"Go To Definition Of 'RCC_AHB1PeriphClockCmd'",如图 3-24 所示。单引号内为需要寻找的函数名,单击之后,系统会跳转到该函数所在位置。查找函数都可以使用这个方法,如图3-25所示。

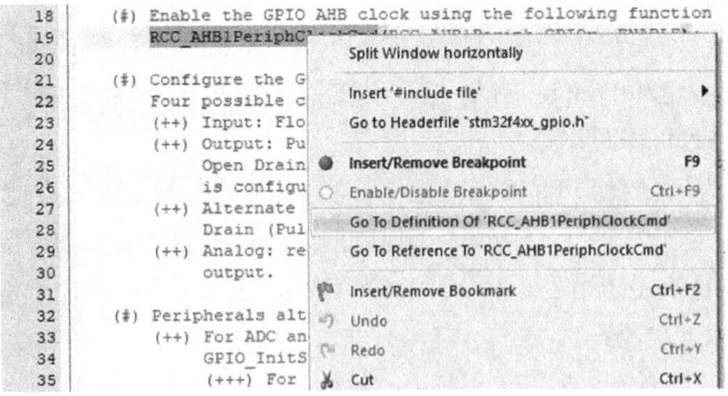

图 3-24　查找 RCC_AHB1PeriphClockCmd 函数

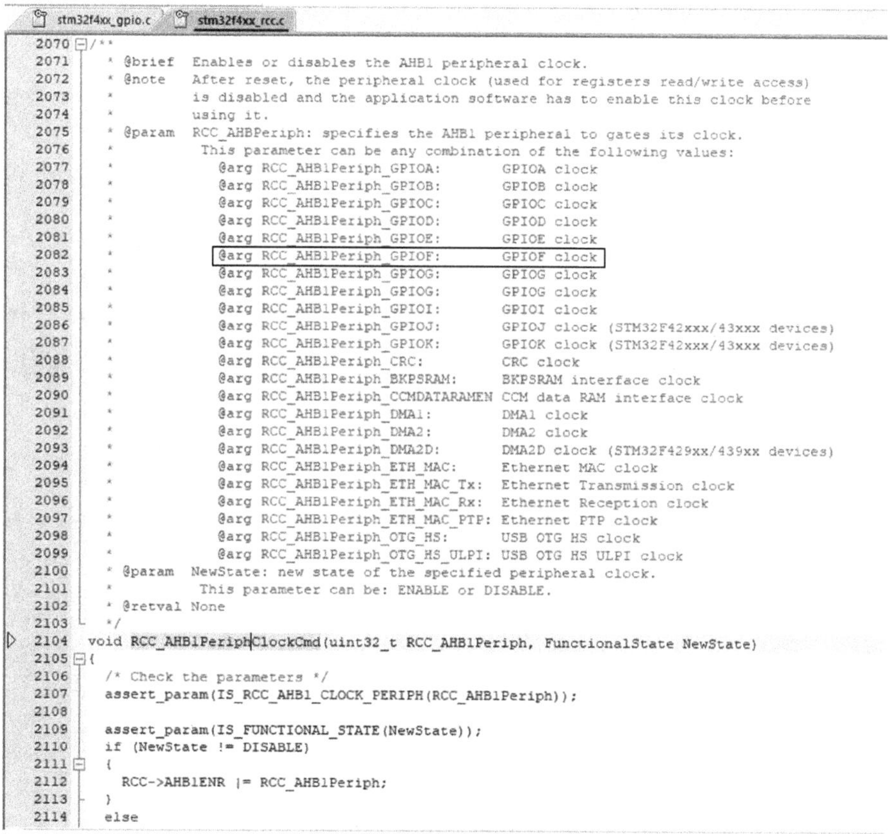

```
stm32f4xx_gpio.c    stm32f4xx_rcc.c
/**
  * @brief  Enables or disables the AHB1 peripheral clock.
  * @note   After reset, the peripheral clock (used for registers read/write access)
  *         is disabled and the application software has to enable this clock before
  *         using it.
  * @param  RCC_AHBPeriph: specifies the AHB1 peripheral to gates its clock.
  *          This parameter can be any combination of the following values:
  *            @arg RCC_AHB1Periph_GPIOA:       GPIOA clock
  *            @arg RCC_AHB1Periph_GPIOB:       GPIOB clock
  *            @arg RCC_AHB1Periph_GPIOC:       GPIOC clock
  *            @arg RCC_AHB1Periph_GPIOD:       GPIOD clock
  *            @arg RCC_AHB1Periph_GPIOE:       GPIOE clock
  *            @arg RCC_AHB1Periph_GPIOF:       GPIOF clock
  *            @arg RCC_AHB1Periph_GPIOG:       GPIOG clock
  *            @arg RCC_AHB1Periph_GPIOG:       GPIOG clock
  *            @arg RCC_AHB1Periph_GPIOI:       GPIOI clock
  *            @arg RCC_AHB1Periph_GPIOJ:       GPIOJ clock (STM32F42xxx/43xxx devices)
  *            @arg RCC_AHB1Periph_GPIOK:       GPIOK clock (STM32F42xxx/43xxx devices)
  *            @arg RCC_AHB1Periph_CRC:         CRC clock
  *            @arg RCC_AHB1Periph_BKPSRAM:     BKPSRAM interface clock
  *            @arg RCC_AHB1Periph_CCMDATARAMEN CCM data RAM interface clock
  *            @arg RCC_AHB1Periph_DMA1:        DMA1 clock
  *            @arg RCC_AHB1Periph_DMA2:        DMA2 clock
  *            @arg RCC_AHB1Periph_DMA2D:       DMA2D clock (STM32F429xx/439xx devices)
  *            @arg RCC_AHB1Periph_ETH_MAC:     Ethernet MAC clock
  *            @arg RCC_AHB1Periph_ETH_MAC_Tx:  Ethernet Transmission clock
  *            @arg RCC_AHB1Periph_ETH_MAC_Rx:  Ethernet Reception clock
  *            @arg RCC_AHB1Periph_ETH_MAC_PTP: Ethernet PTP clock
  *            @arg RCC_AHB1Periph_OTG_HS:      USB OTG HS clock
  *            @arg RCC_AHB1Periph_OTG_HS_ULPI: USB OTG HS ULPI clock
  * @param  NewState: new state of the specified peripheral clock.
  *          This parameter can be: ENABLE or DISABLE.
  * @retval None
  */
void RCC_AHB1PeriphClockCmd(uint32_t RCC_AHB1Periph, FunctionalState NewState)
{
  /* Check the parameters */
  assert_param(IS_RCC_AHB1_CLOCK_PERIPH(RCC_AHB1Periph));

  assert_param(IS_FUNCTIONAL_STATE(NewState));
  if (NewState != DISABLE)
  {
    RCC->AHB1ENR |= RCC_AHB1Periph;
  }
  else
```

图3-25 RCC_AHB1PeriphClockCmd函数

跳转到RCC_AHB1PeriphClockCmd函数,读者会发现该函数在stm32f4xx_rcc.c文件内,在函数前有函数的说明,包括用途brief、注意note、形参param和返回值retval。通过阅读,从@ brief可以得知该函数用于开启和关闭AHB1外设时钟,@ note提示复位后时钟默认是关闭的,要使用AHB1外设必须先打开时钟。要重点掌握@ param形参和@ retval返回值。该函数有两个形参,无返回值。第一个形参是外设的RCC寄存器地址,固件库不需要用户去记忆寄存器地址,因固件库已经将地址与寄存器名字映射完毕,用户只需填写寄存器名字即可。用户在@ arg中可查看参数说明。固件库把所有的AHB1外设的RCC寄存器名字都罗列出来了,比如GPIOF的RCC寄存器名称是RCC_AHB1Periph_GPIOF。第二个形参可取ENABLE和DISABLE两个值,顾名思义,打开时钟时填写参数ENABLE,关闭时钟时填写参数DISABLE。

要打开GPIOF时钟,则编写函数如下:

```
RCC_AHB1PeriphClockCmd(RCC_AHB1Periph_GPIOF,ENABLE);
```

(2) 定义GPIO初始化结构体。

继续回到帮助说明的第二项,可看到GPIO配置的说明:

(#)Configure the GPIO pin(s)using GPIO_Init()

即使用GPIO_Init()函数配置GPIO。用前面所述的方法可以找到GPIO_Init()函数,并查看其说明,如图 3-26 所示。

```
/**
 * @brief  Initializes the GPIOx peripheral according to the specified parameters in the GPIO_InitStruct.
 * @param  GPIOx: where x can be (A..K) to select the GPIO peripheral for STM32F405xx/407xx and STM32F415xx/417xx devices
 *               x can be (A..I) to select the GPIO peripheral for STM32F42xxx/43xxx devices.
 *               x can be (A, B, C, D and H) to select the GPIO peripheral for STM32F401xx devices.
 * @param  GPIO_InitStruct: pointer to a GPIO_InitTypeDef structure that contains
 *               the configuration information for the specified GPIO peripheral.
 * @retval None
 */
void GPIO_Init(GPIO_TypeDef* GPIOx, GPIO_InitTypeDef* GPIO_InitStruct)
```

图 3-26　GPIO_Init( )函数

由说明可知,GPIO_Init( )函数有两个形参:结构体类型的 GPIOx 与结构体类型的 GPIO_InitStruct。这两个形参都是地址的形式。这两个结构体定义分别是 GPIO_TypeDef 与 GPIO_InitTypeDef。用前面的方法通过右键找到这两个结构体定义,它们分别在 stm32f4xx. h 与 stm32f4xx_gpio. h 文件内,如图 3-27 所示。

```
        stm32f4xx_gpio.c   stm32f4xx_rcc.c   stm32f4xx_gpio.h   stm32f4xx.h
1471  typedef struct
1472  {
1473    __IO uint32_t MODER;     /*!< GPIO port mode register,              Address offset: 0x00      */
1474    __IO uint32_t OTYPER;    /*!< GPIO port output type register,       Address offset: 0x04      */
1475    __IO uint32_t OSPEEDR;   /*!< GPIO port output speed register,      Address offset: 0x08      */
1476    __IO uint32_t PUPDR;     /*!< GPIO port pull-up/pull-down register, Address offset: 0x0C      */
1477    __IO uint32_t IDR;       /*!< GPIO port input data register,        Address offset: 0x10      */
1478    __IO uint32_t ODR;       /*!< GPIO port output data register,       Address offset: 0x14      */
1479    __IO uint16_t BSRRL;     /*!< GPIO port bit set/reset low register, Address offset: 0x18      */
1480    __IO uint16_t BSRRH;     /*!< GPIO port bit set/reset high register, Address offset: 0x1A      */
1481    __IO uint32_t LCKR;      /*!< GPIO port configuration lock register, Address offset: 0x1C      */
1482    __IO uint32_t AFR[2];    /*!< GPIO alternate function registers,    Address offset: 0x20-0x24 */
1483  } GPIO_TypeDef;
```

```
        stm32f4xx_gpio.c   stm32f4xx_rcc.c   stm32f4xx_gpio.h   stm32f4xx.h
132   typedef struct
133   {
134     uint32_t GPIO_Pin;              /*!< Specifies the GPIO pins to be configured.
135                                         This parameter can be any value of @ref GPIO_pins_define */
136
137     GPIOMode_TypeDef GPIO_Mode;     /*!< Specifies the operating mode for the selected pins.
138                                         This parameter can be a value of @ref GPIOMode_TypeDef */
139
140     GPIOSpeed_TypeDef GPIO_Speed;   /*!< Specifies the speed for the selected pins.
141                                         This parameter can be a value of @ref GPIOSpeed_TypeDef */
142
143     GPIOOType_TypeDef GPIO_OType;   /*!< Specifies the operating output type for the selected pins.
144                                         This parameter can be a value of @ref GPIOOType_TypeDef */
145
146     GPIOPuPd_TypeDef GPIO_PuPd;     /*!< Specifies the operating Pull-up/Pull down for the selected pins.
147                                         This parameter can be a value of @ref GPIOPuPd_TypeDef */
148   } GPIO_InitTypeDef;
149
```

图 3-27　GPIO_TypeDef 与 GPIO_InitTypeDef 结构体

GPIO_TypeDef 在项目二中已经使用过,该结构体的作用是将 GPIO 的几个寄存器组织 起来。在 stm32f4xx. h 文件中,使用查找功能,按【Ctrl】+【F】键,可查找到 GPIO_TypeDef。 可以找到对 GPIOF 基地址的映射,GPIOF 已经是 PF 口寄存器结构体的首地址了,这一步 骤固件库已经做好了,用户只需填入对应的外设名。图 3-28 列出的就是#define 的外设名 称,第一个形参只需填入 GPIOx,x 代表的是 A,B,C,…,F,H。

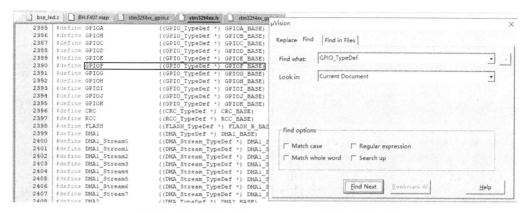

图 3-28　固件库使用 GPIO_TypeDef 对外设地址映射

GPIO_InitTypeDef 结构体成员分别对应引脚、工作模式、速度、输出类型与上、下拉这些设置。这些设置用的结构体成员需要用户赋值,因此下面对使用的 GPIO 进行结构体定义:

GPIO_InitTypeDef GPIO_InitStruct;

此时结构体 GPIO_InitStruct 定义完成,成员有 GPIO_Pin、GPIO_Mode、GPIO_Speed、GPIO_OType、GPIO_PuPd,这几个成员就是在项目二中介绍的 GPIO 的寄存器设置。

(3)配置 GPIO 结构体成员。

对结构体成员赋值完毕就完成了对 GPIO 的工作模式的设置:

GPIO_InitStruct. GPIO_Pin = GPIO_Pin_6;

GPIO_InitStruct. GPIO_Mode = GPIO_Mode_OUT;

GPIO_InitStruct. GPIO_OType = GPIO_OType_PP;

GPIO_InitStruct. GPIO_Speed = GPIO_Low_Speed;

GPIO_InitStruct. GPIO_PuPd = GPIO_PuPd_UP;

为了更好地编写程序,赋值时并不需要使用二进制数或者十六进制数,因为固件库已经将二进制数宏定义成英文单词了,这样使用起来非常方便。具体这些英文单词的定义在 stm32f4xx_gpio. h 文件内。比如 GPIO_Mode_OUT,使用查找功能可搜索到“GPIO_Mode_OUT =0x01;”这条语句(图 3-29)。根据图2-5的描述,01 正是通用输出模式。其他英文单词的含义都以类似的方法进行定义或者赋值,与数据手册的二进制配置含义一致。

```
stm32f4xx_gpio.h   led.h   led.c   stm32f4xx_gpio.c
65    typedef enum
66  □ {
67      GPIO_Mode_IN   = 0x00, /*!< GPIO Input Mode */
68      GPIO_Mode_OUT  = 0x01, /*!< GPIO Output Mode */
69      GPIO_Mode_AF   = 0x02, /*!< GPIO Alternate function Mode */
70      GPIO_Mode_AN   = 0x03  /*!< GPIO Analog Mode */
71  }GPIOMode_TypeDef;
72  #define IS_GPIO_MODE(MODE) (((MODE) == GPIO_Mode_IN) || ((MODE) == GPIO_Mode_OUT) || \
73                               ((MODE) == GPIO_Mode_AF)|| ((MODE) == GPIO_Mode_AN))
74
```

图 3-29　GPIO_Mode_OUT 的赋值

(4)初始化 GPIO。

固件库处理 GPIO 初始化的函数是 GPIO_Init( )函数,在 stm32f4xx_gpio. c 文件中可以查找到,如图 3-30 所示。

```
32f4xx_gpio.h    led.h    led.c*    stm32f4xx_gpio.c
/**
 * @brief  Initializes the GPIOx peripheral according to the specified parameters in the GPIO_InitStruct.
 * @param  GPIOx: where x can be (A..K) to select the GPIO peripheral for STM32F405xx/407xx and STM32F415x
 *                x can be (A..I) to select the GPIO peripheral for STM32F42xxx/43xxx devices.
 *                x can be (A, B, C, D and H) to select the GPIO peripheral for STM32F401xx devices.
 * @param  GPIO_InitStruct: pointer to a GPIO_InitTypeDef structure that contains
 *                the configuration information for the specified GPIO peripheral.
 * @retval None
 */
void GPIO_Init(GPIO_TypeDef* GPIOx, GPIO_InitTypeDef* GPIO_InitStruct)
{
  uint32_t pinpos = 0x00, pos = 0x00 , currentpin = 0x00;

  /* Check the parameters */
  assert_param(IS_GPIO_ALL_PERIPH(GPIOx));
  assert_param(IS_GPIO_PIN(GPIO_InitStruct->GPIO_Pin));
  assert_param(IS_GPIO_MODE(GPIO_InitStruct->GPIO_Mode));
  assert_param(IS_GPIO_PUPD(GPIO_InitStruct->GPIO_PuPd));

  /* -------------------------- Configure the port pins ---------------- */
  /*-- GPIO Mode Configuration --*/
  for (pinpos = 0x00; pinpos < 0x10; pinpos++)
  {
    pos = ((uint32_t)0x01) << pinpos;
    /* Get the port pins position */
    currentpin = (GPIO_InitStruct->GPIO_Pin) & pos;

    if (currentpin == pos)
```

图 3-30　GPIO_Init( ) 函数

从函数说明可以看出,该函数用于 GPIO 初始化。它有两个形参:第一个形参是 GPIOx,x 可以是 A,B,…,K;第二个形参是 GPIO_InitStruct 结构体的首地址。具体函数的实现与项目二类似,这里不再阐述。

由于 LED 接在 PF6 引脚,结构体已经定义好,因此编写初始化函数如下:

GPIO_Init(GPIOF,&GPIO_InitStruct) ;

至此,GPIO 初始化完毕。

2. 完成 led.c 文件

led.c 文件完成的任务是做好 GPIO 初始化。最后的文件如下:

```
#include" led. h"
void LED_GPIO_Config( void)
{
    RCC_AHB1PeriphClockCmd( RCC_AHB1Periph_GPIOF,ENABLE) ;   // 开启 GPIOF 时钟
    GPIO_InitTypeDef    GPIO_InitStruct ;                     // 定义 GPIO_InitStruct 初
                                                             // 始化结构体
    GPIO_InitStruct. GPIO_Pin = GPIO_Pin_6 ;                  // 结构体成员引脚指定 Pin6
    GPIO_InitStruct. GPIO_Mode = GPIO_Mode_OUT ;              // 设置为通用输出模式
    GPIO_InitStruct. GPIO_OType = GPIO_OType_PP ;             // 设置为推挽模式
    GPIO_InitStruct. GPIO_Speed = GPIO_Low_Speed ;           // 设置为低速模式
    GPIO_InitStruct. GPIO_PuPd = GPIO_PuPd_NOPULL ;          // 设置为无上拉/下拉
    GPIO_Init( GPIOF,&GPIO_InitStruct) ;                      // 执行 GPIO 初始化函数
}
```

3.3.3　编写 main.c

准备好 LED 文件夹下的 led.c 与 led.h 后,LED 的初始化函数就已经完成。在主函数

中可以使用初始化函数 LED_GPIO_Config( )完成 GPIO 的初始化工作。主函数如下:

```
#include" stm32f4xx. h"

#include" led. h"

int main( void)
{
    LED_GPIO_Config( );
    GPIO_ResetBits( GPIOF, GPIO_Pin_6);          // PF6 Reset Bit
    while(1);
}
```

主函数要包含最基本的 stm32f4xx. h 头文件以及 led. h 头文件,可以直接使用 LED_GPIO_Config( )函数。细心的读者可以发现,stm32f4xx. h 头文件在 led. h 内已经包含过一次,这就是在建立 led. h 文件时一开头要使用#ifndef_LED_H/#define_LED_H/#endif 条件编译的原因,如果不使用,stm32f4xx. h 会被引用两次,导致重复引用,编译出错。

由于 LED 是低电平点亮,主函数的任务很简单,即要使 PF6(GPIOF 的 Pin6)输出逻辑 0。首先调用 LED_GPIO_Config( )函数,对 GPIO 进行初始化。然后使 GPIOF 的 Pin6 置 0。前面的章节已经介绍使用传统方法编程,可以使用 ODR、BSRR 寄存器赋值实现,但过程非常烦琐。由于使用了固件库,并不需要像项目二中的那样使用移位运算实现。固件库已经包含了许多对 GPIO 操作的函数。使用这些函数只需填入两个形参。这些函数都在 stm32f4xx_gpio. c 文件内。在这个文件中,读者可以看到"#####GPIO Read and Write#####",如图 3-31 所示,这一部分都是 GPIO 读写的驱动函数。

图 3-31　GPIO 读写函数

翻阅这段代码,可以发现驱动 GPIO 的函数有:

● GPIOx 按字节(8 位)读输入函数:uint8_t GPIO_ReadInputDataBit(GPIO_TypeDef * GPIOx, uint16_t GPIO_Pin)。

● GPIOx 读输入函数(16 位,即整个端口):uint16_t GPIO_ReadInputData(GPIO_TypeDef * GPIOx)。

● GPIOx 按字节(8 位)读输出函数:uint8_t GPIO_ReadOutputDataBit(GPIO_TypeDef *

GPIOx,uint16_t GPIO_Pin)。

- GPIOx 读输出函数(16 位,即整个端口):uint16_t GPIO_ReadOutputData(GPIO_TypeDef * GPIOx)。
- GPIOx Pinx 置 1 函数:void GPIO_SetBits(GPIO_TypeDef * GPIOx,uint16_t GPIO_Pin)。
- GPIOx Pinx 置 0 函数:void GPIO_ResetBits(GPIO_TypeDef * GPIOx,uint16_t GPIO_Pin)。
- GPIOx Pinx 写位(写 0 或 1)函数:void GPIO_WriteBit(GPIO_TypeDef * GPIOx,uint16_t GPIO_Pin,BitAction BitVal)。
- GPIOx 写(整个端口写)函数:void GPIO_Write(GPIO_TypeDef * GPIOx,uint16_t PortVal)。
- GPIOx Pinx 输出取反函数:void GPIO_ToggleBits(GPIO_TypeDef * GPIOx,uint16_t GPIO_Pin)。

点亮 LED,即使输出为 0,可以使用 Pinx 位置 0 函数:

GPIO_ResetBits(GPIO_TypeDef * GPIOx,uint16_t GPIO_Pin)

选中该函数并右击,查看此函数:

```
void GPIO_ResetBits( GPIO_TypeDef * GPIOx,uint16_t GPIO_Pin)
{
    / * Check the parameters * /
    assert_param(IS_GPIO_ALL_PERIPH(GPIOx));
    assert_param(IS_GPIO_PIN(GPIO_Pin));
    GPIOx-> BSRRH = GPIO_Pin;
}
```

第一个形参 GPIO_TypeDef * GPIOx 是指 GPIOx 的映射地址,形参 uint16_t GPIO_Pin 是 Pinx(x = 0,1,2,…,15)具体第几脚。GPIOx 的映射已经在 stm32f4xx. h 文件中做好,如图 3-28 所示。LED 所接的端口为 PF 口,即 GPIOF,所以这个形参为 GPIOF。

对于第二个形参,我们先看函数的最后一行。"GPIOx-> BSRRH = GPIO_Pin;"意味着要对 BSRRH 进行赋值。BSRR 寄存器的具体含义可查阅项目二中的图 2-11。要使得 GPIOF 的 Pin6 输出 0,将 BSRR 的高 16 位写入 0x0040 即可,因此这个形参应该是 0x0040。如果每次置 0,都要这样查阅图 2-11,将是非常麻烦的。为了更方便编程,固件库已经将 0x0040 定义为 GPIO_Pin_6。要使其他引脚置 0,也是同样道理,可以在 stm32f4xx_gpio. h 中查阅,如图 3-32 所示,但实际上,用户只需要知道 Pinx 就可以了。

```
150   /* Exported constants -------------------------------------
151
152   /** @defgroup GPIO_Exported_Constants
153     * @{
154     */
155
156   /** @defgroup GPIO_pins_define
157     * @{
158     */
159   #define GPIO_Pin_0       ((uint16_t)0x0001)  /* Pin 0 selected */
160   #define GPIO_Pin_1       ((uint16_t)0x0002)  /* Pin 1 selected */
161   #define GPIO_Pin_2       ((uint16_t)0x0004)  /* Pin 2 selected */
162   #define GPIO_Pin_3       ((uint16_t)0x0008)  /* Pin 3 selected */
163   #define GPIO_Pin_4       ((uint16_t)0x0010)  /* Pin 4 selected */
164   #define GPIO_Pin_5       ((uint16_t)0x0020)  /* Pin 5 selected */
165   #define GPIO_Pin_6       ((uint16_t)0x0040)  /* Pin 6 selected */
166   #define GPIO_Pin_7       ((uint16_t)0x0080)  /* Pin 7 selected */
167   #define GPIO_Pin_8       ((uint16_t)0x0100)  /* Pin 8 selected */
168   #define GPIO_Pin_9       ((uint16_t)0x0200)  /* Pin 9 selected */
169   #define GPIO_Pin_10      ((uint16_t)0x0400)  /* Pin 10 selected */
170   #define GPIO_Pin_11      ((uint16_t)0x0800)  /* Pin 11 selected */
171   #define GPIO_Pin_12      ((uint16_t)0x1000)  /* Pin 12 selected */
172   #define GPIO_Pin_13      ((uint16_t)0x2000)  /* Pin 13 selected */
173   #define GPIO_Pin_14      ((uint16_t)0x4000)  /* Pin 14 selected */
174   #define GPIO_Pin_15      ((uint16_t)0x8000)  /* Pin 15 selected */
175   #define GPIO_Pin_All     ((uint16_t)0xFFFF)  /* All pins selected */
```

图 3-32　GPIO_Pinx 的定义

因此,要使 PF6 置 0,即 GPIOF 的 Pin6 置 0,编写函数如下:

GPIO_ResetBits(GPIOF,GPIO_Pin_6);

使用一个非常简单明了的函数就完成了使 PF6 输出低电平的任务。最后编译整个工程。编译成功后,将工程下载到开发板,就可以看到红色 LED 点亮了。

3.4　进一步使用固件库使 LED 闪烁

要使 LED 闪烁红色,可在主函数前定义一个软件延时函数,然后在主循环中让 PF6 置 0 后延时约 0.5 s,再让 PF6 置 1 后延时约 0.5 s,反复循环。

使用固件库的 GPIOx Pinx 置 0 函数可以点亮 LED,当然也可以使用 GPIOx Pinx 置 1 函数来熄灭 LED。GPIOx Pinx 置 1 函数如下:

GPIO_SetBits(GPIO_TypeDef * GPIOx,uint16_t GPIO_Pin)

置 1 函数的形参与置 0 函数的形参完全一样,那么是否可以依葫芦画瓢来使 GPIOF 的 Pin6 置 1 呢? 答案是肯定的。

实现 PF6 置 1:

GPIO_SetBits(GPIOF,GPIO_Pin_6);

对 main.c 主函数做如下修改:

```
#include" stm32f4xx. h"
#include" led. h"
/ ****** 软件延时 ****** /
void Delay( uint32_t count)
```

```
    {
        for ( ;count! = 0;count -- );
    }


    int main( void)
    {
        LED_GPIO_Config( );
        while(1)
        {
          GPIO_ResetBits( GPIOF,GPIO_Pin_6 );      // PF6 Reset Bit
          Delay( 0xffffff );
          GPIO_SetBits( GPIOF,GPIO_Pin_6 );          // PF6 Set Bit
          Delay( 0xffffff );
        }
    }
```

将程序编译成功后下载到开发板,可以看到红色 LED 在闪烁。使用固件库时,还有其他方法实现闪烁,比如 GPIO 驱动函数中有一个 GPIOx 的 Pinx 输出取反的函数 GPIO_ToggleBits(GPIO_TypeDef * GPIOx,uint16_t GPIO_Pin),形参与置 0 函数一样:

```
    GPIO_ToggleBits( GPIOF,GPIO_Pin_6 );
```

对主循环做如下修改:

```
while(1)
    {
        GPIO_ToggleBits( GPIOF,GPIO_Pin_6 );
        Delay( 0xffffff );
    }
```

编译成功后,可以观察到结果与开发板输出结果一样。由此可以看到,使用固件库编程非常方便,效率很高。

3.5　固件库帮助文件简介

使用固件库也可以查阅固件库的帮助文件。打开 stm32f4xx_dsp_stdperiph_lib_um.chm 文件,在主界面可以看到几个模块的选项,如图 3-33 所示。帮助文件与固件库源代码的说明类似,只不过其界面更友善,更容易索引与查阅。

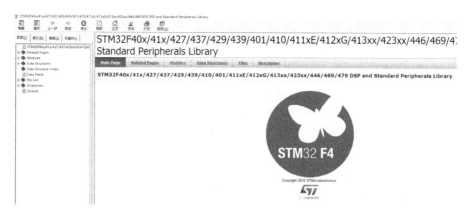

图 3-33　固件库帮助文件首页

首页有五个主要模块:Related Pages、Modules、Data Structures、Files 和 Directories。有两种查看内容的方法,一是直接单击主页上的链接,二是单击左边的目录栏。

比如查阅 GPIO 相关的内容,可以直接单击"Modules",进入 Modules 页面,如图 3-34所示。

图 3-34　Modules 页面内容

Modules 页面主要是 STM32F4 外设驱动模块。单击"Modules"后,向下翻找到 GPIO。GPIO 部分包含了 GPIO 驱动的信息,有引脚定义、第二功能、驱动函数,如图 3-35 所示。

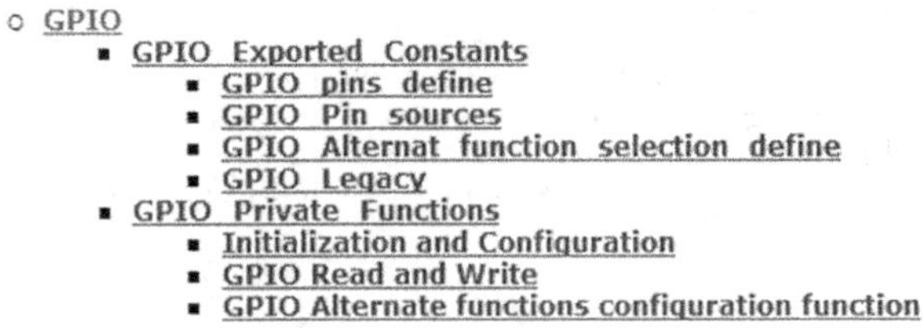
GPIO
GPIO Exported Constants
GPIO pins define
GPIO Pin sources
GPIO Alternat function selection define
GPIO Legacy
GPIO Private Functions
Initialization and Configuration
GPIO Read and Write
GPIO Alternate functions configuration function

图 3-35　GPIO 模块内容

单击“GPIO”，直接进入 GPIO 外设驱动相关页面，如图 3-36 所示。

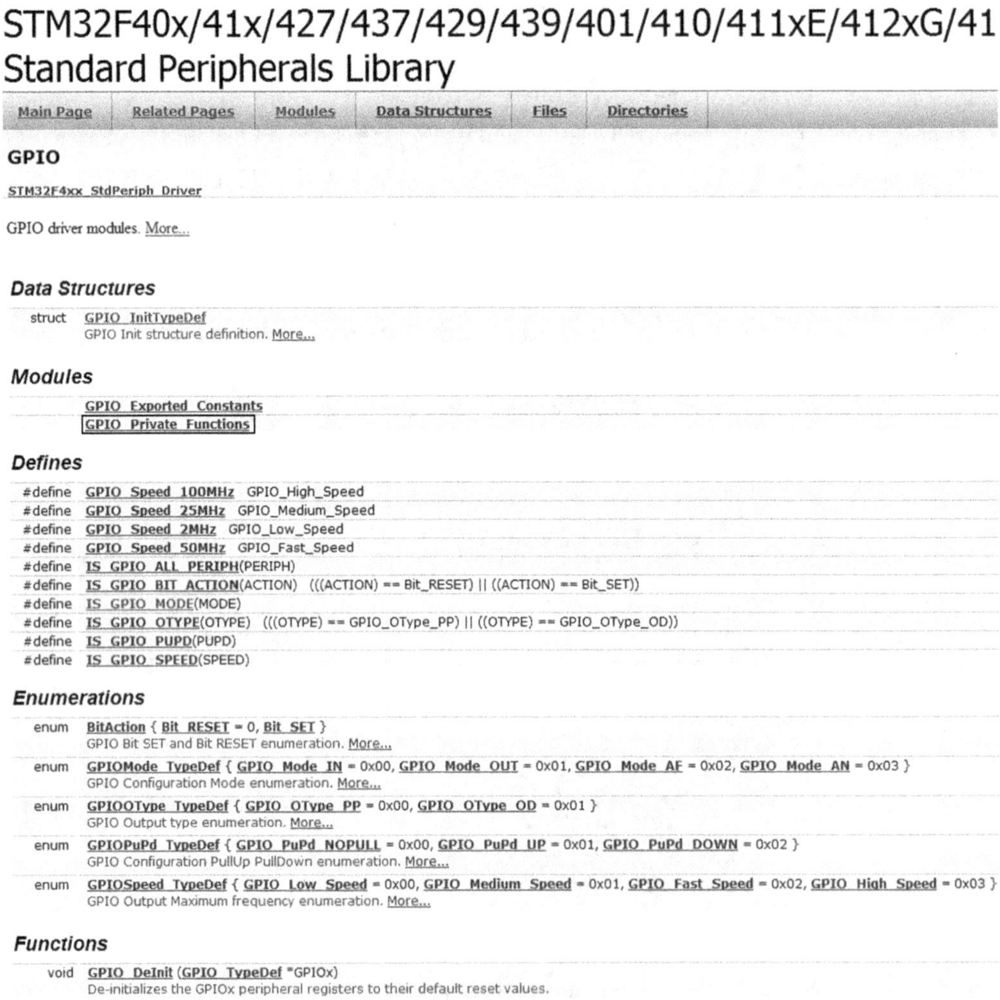
STM32F40x/41x/427/437/429/439/401/410/411xE/412xG/41
Standard Peripherals Library
Main Page
Related Pages
Modules
Data Structures
Files
Directories
GPIO
STM32F4xx StdPeriph Driver
GPIO driver modules. More...
Data Structures
struct GPIO_InitTypeDef
GPIO Init structure definition. More...
Modules
GPIO Exported Constants
GPIO Private Functions
Defines
#define GPIO_Speed_100MHz GPIO_High_Speed
#define GPIO_Speed_25MHz GPIO_Medium_Speed
#define GPIO_Speed_2MHz GPIO_Low_Speed
#define GPIO_Speed_50MHz GPIO_Fast_Speed
#define IS_GPIO_ALL_PERIPH(PERIPH)
#define IS_GPIO_BIT_ACTION(ACTION) (((ACTION) == Bit_RESET) || ((ACTION) == Bit_SET))
#define IS_GPIO_MODE(MODE)
#define IS_GPIO_OTYPE(OTYPE) (((OTYPE) == GPIO_OType_PP) || ((OTYPE) == GPIO_OType_OD))
#define IS_GPIO_PUPD(PUPD)
#define IS_GPIO_SPEED(SPEED)
Enumerations
enum BitAction { Bit_RESET = 0, Bit_SET }
GPIO Bit SET and Bit RESET enumeration. More...
enum GPIOMode_TypeDef { GPIO_Mode_IN = 0x00, GPIO_Mode_OUT = 0x01, GPIO_Mode_AF = 0x02, GPIO_Mode_AN = 0x03 }
GPIO Configuration Mode enumeration. More...
enum GPIOOType_TypeDef { GPIO_OType_PP = 0x00, GPIO_OType_OD = 0x01 }
GPIO Output type enumeration. More...
enum GPIOPuPd_TypeDef { GPIO_PuPd_NOPULL = 0x00, GPIO_PuPd_UP = 0x01, GPIO_PuPd_DOWN = 0x02 }
GPIO Configuration PullUp PullDown enumeration. More...
enum GPIOSpeed_TypeDef { GPIO_Low_Speed = 0x00, GPIO_Medium_Speed = 0x01, GPIO_Fast_Speed = 0x02, GPIO_High_Speed = 0x03 }
GPIO Output Maximum frequency enumeration. More...
Functions
void GPIO_DeInit (GPIO_TypeDef *GPIOx)
De-initializes the GPIOx peripheral registers to their default reset values.

图 3-36　GPIO 驱动界面

这里可以索引到 GPIO 相关的数据结构、模块、定义、函数等，比如要查阅 GPIO 的私有函数，单击“GPIO_Private_Functions”，则进入 GPIO 的私有函数界面，如图 3-37 所示，内容包括 GPIO 初始化、GPIO 的读与写、GPIO 第二功能设置。私有函数基本包括了 GPIO 使用的函数。比如想查看 GPIO 读与写函数，单击“GPIO Read and Write”，进入“GPIO Read and

Write"界面,如图 3-38 所示。

在"GPIO Read and Write"界面中可以使用的读与写函数与之前查看的源代码一样,只不过使用帮助文件的界面更亲切,比如要使用 GPIO_WriteBit 函数,可直接单击查看,如图 3-39所示。

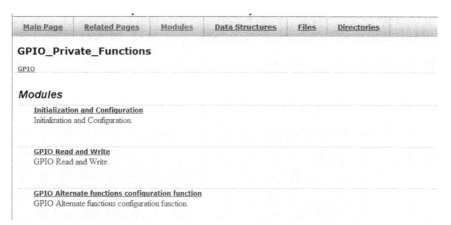

图 3-37　"GPIO_Private_Functions"界面

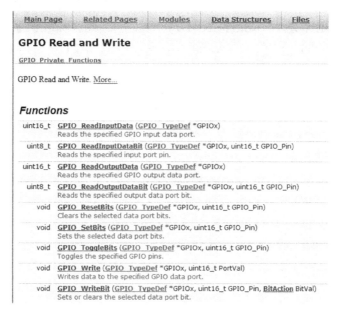

图 3-38　"GPIO Read and Write"界面

```
void GPIO_WriteBit ( GPIO_TypeDef *   GPIOx,
                     uint16_t          GPIO_Pin,
                     BitAction         BitVal
                   )
```

Sets or clears the selected data port bit.

Parameters:
  GPIOx,:   where x can be (A..K) to select the GPIO peripheral for STM32F405xx/407xx and STM32F415xx/417xx devices x can be (A..I) to select the GPIO peripheral for S
             peripheral for STM32F401xx devices.
  GPIO_Pin,: specifies the port bit to be written. This parameter can be one of GPIO_Pin_x where x can be (0..15).
  BitVal,:   specifies the value to be written to the selected bit. This parameter can be one of the BitAction enum values:

      • Bit_RESET: to clear the port pin
      • Bit_SET: to set the port pin

Return values:
  None

Definition at line 455 of file stm32f4xx_gpio.c.

References assert_param, Bit_RESET, GPIO_TypeDef::BSRRH, GPIO_TypeDef::BSRRL, IS_GET_GPIO_PIN, IS_GPIO_ALL_PERIPH, and IS_GPIO_BIT_ACTION

Referenced by SC_Reset().
```

**图 3-39　GPIO_WriteBit 函数说明**

void GPIO_WriteBit( GPIO_TypeDef ∗ GPIOx, uint16_t GPIO_Pin, BitAction BitVal) 为函数定义, 其中三个形参在下面有说明帮助。使用函数时, 不必关心函数具体怎么实现, 只需掌握形参说明即可。查看帮助说明: 第一个形参 GPIOx, 只需根据实际情况填入具体对应的 A, B, C, …的口; 第二个形参 GPIO_Pin, 根据实际情况填入引脚编号, 比如第 6 脚就填入 GPIO_Pin_6, 在图 3-32 中有编号定义; 第三个形参 BitVal, 字面含义是位值, 根据后面的说明, 可填入 Bit_RESET(置 0)与 Bit_SET(置 1)。

根据帮助说明, 也可使用 GPIO_WriteBit( )函数写 0 与写 1 来实现 LED 点亮与熄灭。对 main. c 主函数做如下修改:

```
#include" stm32f4xx. h"
#include" led. h"
/ ∗∗∗∗∗∗软件延时∗∗∗∗∗∗/
void Delay(uint32_t count)
{
    for (;count! =0;count --);
}

int main(void)
{
    LED_GPIO_Config( );
    while(1)
    {
      GPIO_WriteBit(GPIOF,GPIO_Pin_6,Bit_RESET);   // PF6 Reset Bit
      Delay(0xffffff);
      GPIO_WriteBit(GPIOF,GPIO_Pin_6,Bit_SET);   // PF6 Reset Bit
      Delay(0xffffff);
    }
}
```
```

3.6　小　结

　　固件库是 ST 公司提供的 STM32 驱动库,集成了内核与外设的驱动函数。通过固件库,开发人员不需要编写复杂的程序,只需做一些简单的结构体赋值,调用相应的函数即可使用内核与外设,极大地提高了开发效率。

使用按键控制 LED

项目 4

GPIO 除了作为输出外,还能作为输入。本项目使用固件库,利用开发板的板载按键,对 LED 灯进行控制。本项目要实现的功能:按下按键 1,红色 LED 状态切换;按下按键 2,绿色 LED 状态切换。

4.1 GPIO 作为输入的设置

要使用按键,首先应查看硬件的电路原理图,找出按键被按下与未被按下时的 I/O 口上的电平状态。秉火 F407 开发板上的按键原理图如图 4-1 所示。其中,按键连接的是 PC13 和 PA0 两个引脚。从电路图上看,当按键松开时,引脚上的电压是低电平;当按键被按下时,引脚上的电压是高电平。

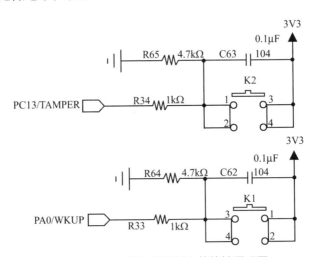

图 4-1 秉火 F407 开发板上的按键原理图

与 GPIO 作为输出时一样,当其作为输入时,也要对其进行初始化处理。处理过程与输出配置一样,需要打开相应的 GPIO 时钟,配置相应引脚的 MODER、PUPDR 寄存器,而用于设置输出类型与速度的 OTYPER、OSPEEDR 则不需要配置,具体可查阅表 2-1。

GPIO 作为输入时,初始化结构 GPIO_InitStruct 的 MODER 与 PUPDR 应配置为

```
GPIO_InitStruct. GPIO_Mode = GPIO_Mode_IN;          // 配置为输入模式
GPIO_InitStruct. GPIO_PuPd = GPIO_PuPd_NOPULL;       // 配置为既不上拉,也不下拉
```

4.2　使用固件库函数操作按键输入

关于 GPIO 读写的操作函数有 9 个,如图 3-38 所示。GPIO 作为输入时,CPU 通过读取 GPIO 的输入寄存器 IDR 来获得输入信息。关于读操作的函数有:

- GPIOx 按字节(8 位)读输入函数:uint8_t GPIO_ReadInputDataBit(GPIO_TypeDef * GPIOx, uint16_t GPIO_Pin)。
- GPIOx 读输入函数(16 位,即整个端口):uint16_t GPIO_ReadInputData(GPIO_TypeDef * GPIOx)。
- GPIOx 按字节(8 位)读输出函数:uint8_t GPIO_ReadOutputDataBit(GPIO_TypeDef * GPIOx, uint16_t GPIO_Pin)。
- GPIOx 读输出函数(16 位,即整个端口):uint16_t GPIO_ReadOutputData(GPIO_TypeDef * GPIOx)。

这 4 个读操作函数分为两类。一类是读 GPIO 输出状态函数:GPIO_ReadOutputDataBit 和 GPIO_ReadOutputData,此时 GPIO 处于输出状态。另一类是读 GPIO 输入状态函数:GPIO_ReadInputDataBit 和 GPIO_ReadInputData,此时 GPIO 处于输入状态。

要获得按键的输入状态,则选择读 GPIO 输入状态的函数。这两个函数一个是用于读取某个引脚(位)的函数 GPIO_ReadInputDataBit,另一个是用于读取整组 GPIO(双字节)的函数 GPIO_ReadInputData。

按键接在 PA0 和 PC13 引脚上,因此编程时应使用 GPIO_ReadInputDataBit 函数。这个函数在 stm32f4xx_gpio. c 内可以找到,如图 4-2 所示。

对函数代码进行分析可知,读取引脚的输入逻辑是通过读取 IDR 寄存器实现的,通过与运算得到相应的位,结果用一个 8 位变量 bitsatus 作为返回值。注意,逻辑上读取的一个引脚的状态应该是一位二进制数,但该函数返回值是无符号字符型。因此,若输入低电平,则返回 0x00;若输入高电平,则返回 0x01。

例如,要读取 PA0 的输入状态并赋值给变量 b(b 已经预先定义好),首先初始化 GPIOA(包括打开时钟、设置 MODER 和 PUPDR 寄存器),然后使用输入位读取函数进行赋值。程序如下:

```
uint8_t b;
……                        // GPIO 初始化程序
b = GPIO_ReadInputDataBit( GPIOA, GPIO_Pin_0);
```

b 的数值即代表 PA0 的输入电平状态,b = 0x00 表示输入低电平,b = 0x01 表示输入高电平。

```
/**
  * @brief  Reads the specified input port pin.
  * @param  GPIOx: where x can be (A..K) to select the GPIO peripheral :
  *                x can be (A..I) to select the GPIO peripheral
  *                x can be (A, B, C, D and H) to select the GPIO
  * @param  GPIO_Pin: specifies the port bit to read.
  *                This parameter can be GPIO_Pin_x where x can be (0..15).
  * @retval The input port pin value.
  */
uint8_t GPIO_ReadInputDataBit(GPIO_TypeDef* GPIOx, uint16_t GPIO_Pin)
{
  uint8_t bitstatus = 0x00;

  /* Check the parameters */
  assert_param(IS_GPIO_ALL_PERIPH(GPIOx));
  assert_param(IS_GET_GPIO_PIN(GPIO_Pin));

  if ((GPIOx->IDR & GPIO_Pin) != (uint32_t)Bit_RESET)
  {
    bitstatus = (uint8_t)Bit_SET;
  }
  else
  {
    bitstatus = (uint8_t)Bit_RESET;
  }
  return bitstatus;
}
```

图 4-2   **GPIO_ReadInputDataBit 函数**

4.3   建立按键控制 LED 的工程

由于需要使用 LED,因此可以继续使用上个项目做好的 FL_LED 的点亮 LED 工程,将其直接复制到 FL_LED 文件夹中,并将文件夹名更改为 FL_KEY,将项目名称 FL_LED.uvprojx 改为 FL_Key.uvprojx,在 User 目录下增加一个 Key 文件夹,用于存放驱动程序文件。在 Key 文件夹内添加空白的 key.c 与 key.h 文件。建立好 Key 文件夹后还必须在目标选项(魔术棒)处添加 Key 的路径,在 User 组中添加 key.c 文件,如图 4-3 所示。

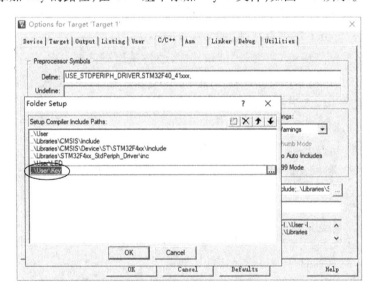

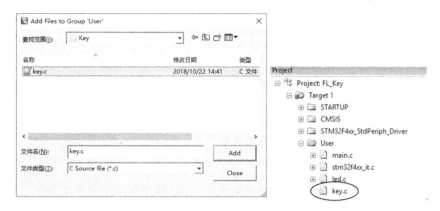

图 4-3　往工程项目中添加编译路径与 key. c 文件

4.3.1　LED 驱动

同样是 LED 的文件夹,同样是 led. h 和 led. c,由于使用了 PF7 驱动绿色 LED,原 led. c 中只有 PF6 的初始化程序,因此还需在 led. c 中加入 PF7 的初始化程序。其原理与 GPIO 初始化的原理一致。修改后的程序代码如下:

```
#include"led. h"

void LED_GPIO_Config( void)
{
    /*第一步:开启 GPIO 时钟*/                 //都是 GPIOF,只需打开一次
    RCC_AHB1PeriphClockCmd( RCC_AHB1Periph_GPIOF,ENABLE);
    /*第二步:定义一个 GPIO 初始化结构体*/
    GPIO_InitTypeDef GPIO_InitStruct;
    /*第三步:配置 GPIO 初始化结构体的成员*/
    GPIO_InitStruct. GPIO_Pin = GPIO_Pin_6;
    GPIO_InitStruct. GPIO_Mode = GPIO_Mode_OUT;
    GPIO_InitStruct. GPIO_OType = GPIO_OType_PP;
    GPIO_InitStruct. GPIO_Speed = GPIO_Low_Speed;
    GPIO_InitStruct. GPIO_PuPd = GPIO_PuPd_NOPULL;
    /*第四步:调用 GPIO 初始化函数,把配置好的结构体的成员的参数写入寄存器*/
    GPIO_Init( GPIOF,&GPIO_InitStruct);        //完成 PF6 的初始化
    /*由于 PF7 与 PF6 的配置一样,因此无须再对 GPIO_InitStruct 结构体的成员重复赋值设置*/
    GPIO_InitStruct. GPIO_Pin = GPIO_Pin_7;       //将 GPIO_Pin 改为 Pin_7
    GPIO_Init( GPIOF,&GPIO_InitStruct);         //再一次初始化函数,完成 PF7 的初始化
}
```

程序首先对 PF6 进行初始化。由于 PF7 的输出配置与 PF6 完全一样,初始化结构体的成员的赋值也是一样的,因此没有必要再重复对结构体的成员进行赋值,只需把成员 GPIO_InitStruct. GPIO_Pin 赋值为 GPIO_Pin_7,然后执行一次初始化函数即可。

4.3.2 Key 驱动

key.h 文件的代码与 led.h 类似,首先是条件编译伪指令,之后是 GPIO 的初始化函数与按键扫描函数的声明。程序代码如下:

```
#ifndef_KEY_H
#define_KEY_H
#include" stm32f4xx. h"
#define KEY_ON 1
#define KEY_OFF 0
void Delay( uint32_t count) ;
void KEY_GPIO_Config( void) ;
uint8_t KEY_Scan( GPIO_TypeDef * GPIOx , uint16_t GPIO_Pin) ;
#endif   / * _KEY_H * /
```

按键驱动代码在 key.c 文件内编写,与 key.h 相呼应,首先是按键的初始化函数,之后是按键扫描函数。程序代码如下:

```
#include" bsp_key. h"


void Delay( uint32_t count)
{
    for( ;count! =0 ;count -- ) ;
}


void KEY_GPIO_Config( void)
{
    / * 第一步:开启 GPIO 时钟 * /
    RCC _AHB1PeriphClockCmd( RCC_AHB1Periph_GPIOA ｜ RCC_AHB1Periph_GPIOC , ENABLE) ;
    / * 第二步:定义一个 GPIO 初始化结构体 * /
    GPIO_InitTypeDef GPIO_InitStruct;
    / * 第三步:配置 GPIO 初始化结构体的成员 * /
    GPIO_InitStruct. GPIO_Pin = GPIO_Pin_0 ;
    GPIO_InitStruct. GPIO_Mode = GPIO_Mode_IN ;
    GPIO_InitStruct. GPIO_PuPd = GPIO_PuPd_NOPULL ;
    / * 第四步:调用 GPIO 初始化函数,把配置好的结构体的成员的参数写入寄存器 * /
    GPIO_Init( GPIOA ,&GPIO_InitStruct) ;
    / * 第三步:配置 GPIO 初始化结构体的成员 * /
    GPIO_InitStruct. GPIO_Pin = GPIO_Pin_13 ;
    // GPIO_InitStruct. GPIO_Mode = GPIO_Mode_IN ;         // 配置内容一致,可省略
    // GPIO_InitStruct. GPIO_PuPd = GPIO_PuPd_NOPULL ;     // 配置内容一致,可省略
    / * 第四步:调用 GPIO 初始化函数,把配置好的结构体的成员的参数写入寄存器 * /
```

```
        GPIO_Init(GPIOC,&GPIO_InitStruct);
    }


uint8_t KEY_Scan(GPIO_TypeDef * GPIOx,uint16_t GPIO_Pin)
    {
        if(GPIO _ReadInputDataBit(GPIOx,GPIO_Pin) == KEY_ON)
        {
                Delay(0xffff);                              // 去抖处理
                if(GPIO_ReadInputDataBit(GPIOx,GPIO_Pin) == KEY_ON)
                {
                        while(GPIO_ReadInputDataBit(GPIOx,GPIO_Pin) == KEY_ON);
                        return KEY_ON;
                }
        }
        else return KEY_OFF;
    }
```

1. KEY_GPIO_Config( )函数

我们首先看 KEY_GPIO_Config( )函数。GPIO 初始化函数与 led. c 初始化函数类似,步骤也一模一样。

第一步,开启 GPIO 时钟。由于按键一个接在 PA0,另一个接在 PC13,涉及 GPIOA 与 GPIOC,即要打开两组 GPIO 的时钟,可以使用 RCC_AHB1PeriphClockCmd 函数一次性打开,具体方法如下:

RCC_AHB1PeriphClockCmd(RCC_AHB1Periph_GPIOA | RCC_AHB1Periph_GPIOC,ENABLE);

这里使用一个或运算"|",将 RCC_AHB1Periph_GPIOA | RCC_AHB1Periph_GPIOC 作为第一个实参,同时打开两个总线时钟。

第二步,建立 GPIO 初始化结构体:

GPIO_InitTypeDef GPIO_InitStruct;

第三步,配置 GPIO 结构体的成员:

GPIO_InitStruct. GPIO_Pin = GPIO_Pin_0;

GPIO_InitStruct. GPIO_Mode = GPIO_Mode_IN;

GPIO_InitStruct. GPIO_PuPd = GPIO_PuPd_NOPULL;

第四步,使用初始化函数对 PA0 进行初始化:

GPIO_Init(GPIOA,&GPIO_InitStruct);

完成了 PA0 初始化后继续完成 PC13 的初始化,省略前两步,同样执行第三步,配置结构体成员:

GPIO_InitStruct. GPIO_Pin = GPIO_Pin_13;

// GPIO_InitStruct. GPIO_Mode = GPIO_Mode_IN;　　　// 与 PA0 配置内容一致,可省略

// GPIO_InitStruct. GPIO_PuPd = GPIO_PuPd_NOPULL;　　// 与 PA0 配置内容一致,可省略

由于都是配置 GPIO 输入,PC13 与 PA0 的 MODER 与 PUPDR 配置一样,相同配置的语

句可以不必重复。

第五步,对 PC13 初始化:

GPIO_Init(GPIOC,&GPIO_InitStruct);

至此,PA0 与 PC13 初始化完成。

2. KEY_Scan(GPIO_TypeDef* GPIOx,uint16_t GPIO_Pin)函数

按键扫描函数主要用于扫描按键状态,把扫描结果返回给函数调用者。返回值是无符号字符型变量,有 GPIOx 与 GPIO_Pin 两个形参,分别代表 GPIO 组与引脚号。

```c
uint8_t KEY_Scan(GPIO_TypeDef * GPIOx,uint16_t GPIO_Pin)
{
    if(GPIO_ReadInputDataBit(GPIOx,GPIO_Pin) == KEY_ON)
    {
        Delay(0xffff);                           // 软件去抖处理
        if(GPIO_ReadInputDataBit(GPIOx,GPIO_Pin) == KEY_ON)
        {
            while(GPIO_ReadInputDataBit(GPIOx,GPIO_Pin) == KEY_ON);
            return KEY_ON;
        }
    }
    else return KEY_OFF;
}
```

函数首先使用 if 语句对 GPIO_ReadInputDataBit(GPIOx, GPIO_Pin)进行判断,如果是 KEY_ON(已经宏定义,相当于 1),说明按键被按下,则使用延时函数,执行软件去抖处理,然后使用 While 语句等待按键松开,当按键松开后返回 KEY_ON;如果按键未被按下,返回 KEY_OFF(宏定义为 0)。函数的返回值是无符号字符型变量。

4.3.3　main.c 的编写

编写好 key.c 与 key.h 两个文件,接着对 main.c 进行编辑。因为项目中加入了 key.c 文件,因此 main.c 中要包含 key.h 头文件。程序流程图如图 4-4 所示。

按照流程图,编写程序如下:

```c
#include" stm32f4xx. h"
#include" led. h"
#include" key. h"

int main(void)
{
```

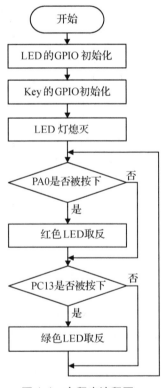

图 4-4　主程序流程图

```
LED _GPIO _Config( );
KEY_GPIO_Config( );
GPIO_SetBits( GPIOF,GPIO_Pin_6);                    // 关闭红色 LED
GPIO_SetBits( GPIOF,GPIO_Pin_7);                    // 关闭绿色 LED
while( 1 )
{
    if( KEY_Scan( GPIOA,GPIO_Pin_0) == KEY_ON)
        GPIO_ToggleBits( GPIOF,GPIO_Pin_6);
    if( KEY_Scan( GPIOC,GPIO_Pin_13) == KEY_ON)
        GPIO_ToggleBits( GPIOF,GPIO_Pin_7);
}
}
```

main. c 的程序非常简单。编译该程序无错后下载到开发板,按下按键 1 与按键 2,可以观察到 LED 灯颜色的变化。

4.4　小　结

通过这个案例,学习者可以发现使用固件库编程非常简单。通过固件库的 GPIO 库文件,可以很轻松地实现按键控制;通过查阅源代码或者帮助文件,可以查看外设驱动函数的使用方法。

在建立项目的过程中,学习者要养成良好的编程习惯,有组织地按外设驱动编写程序,这样能使程序可读性更强,尤其在多个人员协作开发时,可以极大地提高工作效率。

项目 5 外部中断的使用

中断系统是计算机系统的重要组成部分。中断系统的存在大大提高了 CPU 的工作效率,换句话说,要使用计算机系统,必须先了解和使用中断系统。STM32 系列的中断系统比较复杂。本项目以外部中断点亮 LED 作为入门例程,让读者了解 STM32 的中断系统。

5.1 STM32F4×× 的中断系统

相对 51 系列单片机的 5 个中断源,STM32 的中断系统要复杂得多,且非常强大,每个外设都可以产生中断。

Cortex-M 架构如图 5-1 所示,在内核水平上搭载了一个异常响应系统,支持为数众多的系统异常和外部中断。其中,编号为 1 ~ 15 的对应系统异常,大于等于 16 的则是外部中断。除了个别异常的优先级是固死的,其他异常的优先级都是可编程的。所有能打断正常执行流的事件都称为异常。

异常包含中断,中断是异常的子集。

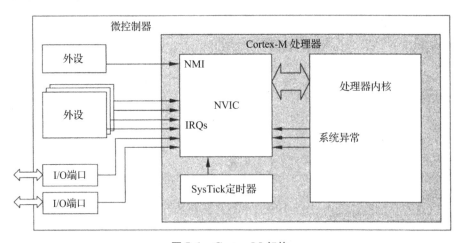

图 5-1 Cortex-M 架构

5.1.1　系统异常和中断

异常主要分为中断(如外部中断、UART、ADC 等)和系统异常(如 NMI、SYCTICK 等)，从 51 系列单片机中断的概念来看，我们可以形象化地把系统异常看作是"内核的中断"，中断则是"设备的中断"。STM32 的 F407 系列对 Cortex-M4 内核做了一些裁剪，其中系统异常有 10 个，中断有 82 个。

通过 STM32F4xx 数据手册，我们可以查到 STM32F407 的系统异常，如表 5-1 所示。系统异常主要是内核级的中断，即 CPU 内部的中断，优先级为负数的系统异常，其优先级是固定的，数值越小，优先级越高。比如 Reset 的优先级是 −3，是最高的优先级，不可修改。只要出现复位的系统异常，优先级最高，CPU 则直接进入复位异常地址执行。而大于 0 的系统异常的优先级是可编程的，可以修改其优先级顺序。

表 5-1　STM32F407 系统异常表

编号	优先级	优先级类型	名称	说明	地址
−	−	−	−	没有异常运行	0x0000 0000
−	−3	固定	Reset	复位	0x0000 0004
−14	−2	固定	NMI	不可屏蔽中断。来自 NMI 输入脚	0x0000 0008
−	−1	固定	HardFault	所有类型的错误	0x0000 000C
−12	0	可编程	MemManage	存储器管理	0x0000 0010
−11	1	可编程	BusFault	预取指失败，存储器访问失败	0x0000 0014
−10	2	可编程	UsageFault	未定义的指令或非法状态	0x0000 0018
−	−	−	−	保留	0x0000 001C ~ 0x0000 002B
−5	3	可编程	SVCall	通过 SWI 指令调用的系统服务	0x0000 002C
−4	4	可编程	Debug Monitor	调试监控器	0x0000 0030
−	−	−	−	保留	0x0000 0034
−2	5	可编程	PendSV	可挂起的系统服务	0x0000 0038
−1	6	可编程	SysTick	系统定时器	0x0000 003C

STM32 的外设都可以产生中断。F407 系列有 82 个中断，中断数量很多，具体如表 5-2 所示。

表 5-2　STM32F407 的中断列表

编号	优先级	优先级类型	名称	说明	地址
0	7	可设置	WWDG	窗口看门狗中断	0x0000 0040
1	8	可设置	PVD	连接到 EXTI 线的可编程电压检测(PVD)中断	0x0000 0044
2	9	可设置	TAMP_STAMP	连接到 EXTI 线的入侵和时间戳中断	0x0000 0048

续表

编号	优先级	优先级类型	名称	说明	地址
3	10	可设置	RTC_WKUP	连接到 EXTI 线的 RTC 唤醒中断	0x0000 004C
4	11	可设置	Flash	Flash 全局中断	0x0000 0050
5	12	可设置	RCC	RCC 全局中断	0x0000 0054
6	13	可设置	EXTI0	EXTI 线 0 中断	0x0000 0058
7	14	可设置	EXTI1	EXTI 线 1 中断	0x0000 005C
8	15	可设置	EXTI2	EXTI 线 2 中断	0x0000 0060
9	16	可设置	EXTI3	EXTI 线 3 中断	0x0000 0064
10	17	可设置	EXTI4	EXTI 线 4 中断	0x0000 0068
11	18	可设置	DMA1_Stream0	DMA1 流 0 全局中断	0x0000 006C
12	19	可设置	DMA1_Stream1	DMA1 流 1 全局中断	0x0000 0070
13	20	可设置	DMA1_Stream2	DMA1 流 2 全局中断	0x0000 0074
14	21	可设置	DMA1_Stream3	DMA1 流 3 全局中断	0x0000 0078
15	22	可设置	DMA1_Stream4	DMA1 流 4 全局中断	0x0000 007C
16	23	可设置	DMA1_Stream5	DMA1 流 5 全局中断	0x0000 0080
17	24	可设置	DMA1_Stream6	DMA1 流 6 全局中断	0x0000 0084
18	25	可设置	ADC	ADC1、ADC2 和 ADC3 全局中断	0x0000 0088
19	26	可设置	CAN1_TX	CAN1 TX 中断	0x0000 008C
20	27	可设置	CAN1_RX0	CAN1 RX0 中断	0x0000 0090
21	28	可设置	CAN1_RX1	CAN1 RX1 中断	0x0000 0094
22	29	可设置	CAN1_SCE	CAN1 SCE 中断	0x0000 0098
23	30	可设置	EXTI9_5	EXTI 线[9:5]中断	0x0000 009C
24	31	可设置	TIM1_BRK_TIM9	TIM1 刹车中断和 TIM9 全局中断	0x0000 00A0
25	32	可设置	TIM1_UP_TIM10	TIM1 更新中断和 TIM10 全局中断	0x0000 00A4
26	33	可设置	TIM1_TRG_COM_TIM11	TIM1 触发和换相中断与 TIM11 全局中断	0x0000 00A8
27	34	可设置	TIM1_CC	TIM1 捕获比较中断	0x0000 00AC
28	35	可设置	TIM2	TIM2 全局中断	0x0000 00B0
29	36	可设置	TIM3	TIM3 全局中断	0x0000 00B4
30	37	可设置	TIM4	TIM4 全局中断	0x0000 00B8
31	38	可设置	I2C1_EV	I2C1 事件中断	0x0000 00BC
32	39	可设置	I2C1_ER	I2C1 错误中断	0x0000 00C0
33	40	可设置	I2C2_EV	I2C2 事件中断	0x0000 00C4
34	41	可设置	I2C2_ER	I2C2 错误中断	0x0000 00C8
35	42	可设置	SPI1	SPI1 全局中断	0x0000 00CC

续表

编号	优先级	优先级类型	名称	说明	地址
36	43	可设置	SPI2	SPI2 全局中断	0x0000 00D0
37	44	可设置	USART1	USART1 全局中断	0x0000 00D4
38	45	可设置	USART2	USART2 全局中断	0x0000 00D8
39	46	可设置	USART3	USART3 全局中断	0x0000 00DC
40	47	可设置	EXTI15_10	EXTI 线[15：10]中断	0x0000 00E0
41	48	可设置	RTC_Alarm	连接到 EXTI 线的 RTC 闹钟（A 和 B）中断	0x0000 00E4
42	49	可设置	OTG_FS WKUP	连接到 EXTI 线的 USB On-The-Go FS 唤醒中断	0x0000 00E8
43	50	可设置	TIM8_BRK_TIM12	TIM8 刹车中断和 TIM12 全局中断	0x0000 00EC
44	51	可设置	TIM8_UP_TIM13	TIM8 更新中断和 TIM13 全局中断	0x0000 00F0
45	52	可设置	TIM8_TRG_COM_TIM14	TIM8 触发和换相中断与 TIM14 全局中断	0x0000 00F4
46	53	可设置	TIM8_CC	TIM8 捕捉比较中断	0x0000 00F8
47	54	可设置	DMA1_Stream7	DMA1 流 7 全局中断	0x0000 00FC
48	55	可设置	FSMC	FSMC 全局中断	0x0000 0100
49	56	可设置	SDIO	SDIO 全局中断	0x0000 0104
50	57	可设置	TIM5	TIM5 全局中断	0x0000 0108
51	58	可设置	SPI3	SPI3 全局中断	0x0000 010C
52	59	可设置	UART4	UART4 全局中断	0x0000 0110
53	60	可设置	UART5	UART5 全局中断	0x0000 0114
54	61	可设置	TIM6_DAC	TIM6 全局中断，DAC1、DAC2 下溢错误中断	0x0000 0118
55	62	可设置	TIM7	TIM7 全局中断	0x0000 011C
56	63	可设置	DMA2_Stream0	DMA2 流 0 全局中断	0x0000 0120
57	64	可设置	DMA2_Stream1	DMA2 流 1 全局中断	0x0000 0124
58	65	可设置	DMA2_Stream2	DMA2 流 2 全局中断	0x0000 0128
59	66	可设置	DMA2_Stream3	DMA2 流 3 全局中断	0x0000 012C
60	67	可设置	DMA2_Stream4	DMA2 流 4 全局中断	0x0000 0130
61	68	可设置	ETH	以太网全局中断	0x0000 0134
62	69	可设置	ETH_WKUP	连接到 EXTI 线的以太网唤醒中断	0x0000 0138
63	70	可设置	CAN2_TX	CAN2 TX 中断	0x0000 013C
64	71	可设置	CAN2_RX0	CAN2 RX0 中断	0x0000 0140
65	72	可设置	CAN2_RX1	CAN2 RX1 中断	0x0000 0144
66	73	可设置	CAN2_SCE	CAN2 SCE 中断	0x0000 0148
67	74	可设置	OTG_FS	USB On-The-Go FS 全局中断	0x0000 014C

续表

编号	优先级	优先级类型	名称	说明	地址
68	75	可设置	DMA2_Stream5	DMA2 流 5 全局中断	0x0000 0150
69	76	可设置	DMA2_Stream6	DMA2 流 6 全局中断	0x0000 0154
70	77	可设置	DMA2_Stream7	DMA2 流 7 全局中断	0x0000 0158
71	78	可设置	USART6	USART6 全局中断	0x0000 015C
72	79	可设置	I2C3_EV	I2C3 事件中断	0x0000 0160
73	80	可设置	I2C3_ER	I2C3 错误中断	0x0000 0164
74	81	可设置	OTG_HS_EP1_OUT	USB On-The-Go HS 端点 1 输出全局中断	0x0000 0168
75	82	可设置	OTG_HS_EP1_IN	USB On-The-Go HS 端点 1 输入全局中断	0x0000 016C
76	83	可设置	OTG_HS_WKUP	连接到 EXTI 线的 USB On-The-Go HS 唤醒中断	0x0000 0170
77	84	可设置	OTG_HS	USB On-The-Go HS 全局中断	0x0000 0174
78	85	可设置	DCMI	DCMI 全局中断	0x0000 0178
79	86	可设置	CRYP	CRYP 加密全局中断	0x0000 017C
80	87	可设置	HASH_RNG	哈希和随机数发生器全局中断	0x0000 0180
81	88	可设置	FPU	FPU 全局中断	0x0000 0184

有关具体的系统异常和外部中断可在标准库文件 stm32f4xx. h 头文件查到(图 5-2),IRQn_Type 结构体里面包含了 F4 系列全部的异常声明,如图 5-2 所示。

```
typedef enum IRQn
{
/******  Cortex-M4 Processor Exceptions Numbers ****************************************************************/
  NonMaskableInt_IRQn         = -14,    /*!< 2 Non Maskable Interrupt                                          */
  MemoryManagement_IRQn       = -12,    /*!< 4 Cortex-M4 Memory Management Interrupt                           */
  BusFault_IRQn               = -11,    /*!< 5 Cortex-M4 Bus Fault Interrupt                                   */
  UsageFault_IRQn             = -10,    /*!< 6 Cortex-M4 Usage Fault Interrupt                                 */
  SVCall_IRQn                 = -5,     /*!< 11 Cortex-M4 SV Call Interrupt                                    */
  DebugMonitor_IRQn           = -4,     /*!< 12 Cortex-M4 Debug Monitor Interrupt                              */
  PendSV_IRQn                 = -2,     /*!< 14 Cortex-M4 Pend SV Interrupt                                    */
  SysTick_IRQn                = -1,     /*!< 15 Cortex-M4 System Tick Interrupt                                */
/******  STM32 specific Interrupt Numbers **********************************************************************/
  WWDG_IRQn                   = 0,      /*!< Window WatchDog Interrupt                                         */
  PVD_IRQn                    = 1,      /*!< PVD through EXTI Line detection Interrupt                         */
  TAMP_STAMP_IRQn             = 2,      /*!< Tamper and TimeStamp interrupts through the EXTI line             */
  RTC_WKUP_IRQn               = 3,      /*!< RTC Wakeup interrupt through the EXTI line                        */
  FLASH_IRQn                  = 4,      /*!< FLASH global Interrupt                                            */
  RCC_IRQn                    = 5,      /*!< RCC global Interrupt                                              */
  EXTI0_IRQn                  = 6,      /*!< EXTI Line0 Interrupt                                              */
  EXTI1_IRQn                  = 7,      /*!< EXTI Line1 Interrupt                                              */
  EXTI2_IRQn                  = 8,      /*!< EXTI Line2 Interrupt                                              */
  EXTI3_IRQn                  = 9,      /*!< EXTI Line3 Interrupt                                              */
  EXTI4_IRQn                  = 10,     /*!< EXTI Line4 Interrupt                                              */
  DMA1_Stream0_IRQn           = 11,     /*!< DMA1 Stream 0 global Interrupt                                    */
  DMA1_Stream1_IRQn           = 12,     /*!< DMA1 Stream 1 global Interrupt                                    */
  DMA1_Stream2_IRQn           = 13,     /*!< DMA1 Stream 2 global Interrupt                                    */
  DMA1_Stream3_IRQn           = 14,     /*!< DMA1 Stream 3 global Interrupt                                    */
  DMA1_Stream4_IRQn           = 15,     /*!< DMA1 Stream 4 global Interrupt                                    */
  DMA1_Stream5_IRQn           = 16,     /*!< DMA1 Stream 5 global Interrupt                                    */
  DMA1_Stream6_IRQn           = 17,     /*!< DMA1 Stream 6 global Interrupt                                    */
  ADC_IRQn                    = 18,     /*!< ADC1, ADC2 and ADC3 global Interrupts                             */

#if defined(STM32F40_41xxx)
  CAN1_TX_IRQn                = 19,     /*!< CAN1 TX Interrupt                                                 */
  CAN1_RX0_IRQn               = 20,     /*!< CAN1 RX0 Interrupt                                                */
  CAN1_RX1_IRQn               = 21,     /*!< CAN1 RX1 Interrupt                                                */
  CAN1_SCE_IRQn               = 22,     /*!< CAN1 SCE Interrupt                                                */
  EXTI9_5_IRQn                = 23,     /*!< External Line[9:5] Interrupts                                     */
  TIM1_BRK_TIM9_IRQn          = 24,     /*!< TIM1 Break interrupt and TIM9 global interrupt                    */
  TIM1_UP_TIM10_IRQn          = 25,     /*!< TIM1 Update Interrupt and TIM10 global interrupt                  */
  TIM1_TRG_COM_TIM11_IRQn     = 26,     /*!< TIM1 Trigger and Commutation Interrupt and TIM11 global interrupt */
  TIM1_CC_IRQn                = 27,     /*!< TIM1 Capture Compare Interrupt                                    */
  TIM2_IRQn                   = 28,     /*!< TIM2 global Interrupt                                             */
  TIM3_IRQn                   = 29,     /*!< TIM3 global Interrupt                                             */
  TIM4_IRQn                   = 30,     /*!< TIM4 global Interrupt                                             */
```

图 5-2　IRQn_Type 结构体关于系统异常与中断的声明

5.1.2　NVIC

Cortex-M 主要通过 NVIC(Nested Vectored Interrupt Controller,即嵌套向量中断控制器)管理复杂的中断系统,NVIC 负责处理异常和中断配置、优先级以及中断屏蔽,它与 ARM 内核紧密相连,属于内核的一个外设。ST 对 Cortex-M4 内核里面的 NVIC 进行了裁剪,把不需要的部分去掉,因此 STM32F4xx 的 NVIC 是 Cortex-M4 的 NVIC 的一个子集。

NVIC 的使用方法,与其他单片机的使用方法类似,异常和中断的配置、优先级与屏蔽的处理方法也一样,都需要编程进行配置。下面介绍 NVIC 的相关寄存器。

表 5-3 列出了 NVIC 的相关寄存器。固件库已经将这些寄存器包装成结构体,在文件 core_cm4.h 中可以查看到 NVIC_Type 结构体的定义,如图 5-3 所示。

表 5-3　NVIC 的相关寄存器与描述

地址	名称	读写特性	特权	复位值	描述
0xE000E100 ~ 0xE000E10B	NVIC_ISER0 ~ NVIC_ISER2	读/写	特权级	0x00000000	中断使能寄存器(NVIC_ISERx)
0xE000E180 ~ 0xE000E18B	NVIC_ICER0 ~ NVIC_ICER2	读/写	特权级	0x00000000	中断清除寄存器(NVIC_ICERx)
0xE000E200 ~ 0xE000E20B	NVIC_ISPR0 ~ NVIC_ISPR2	读/写	特权级	0x00000000	中断挂起使能寄存器(NVIC_ISPRx)
0xE000E280- 0xE000E29C	NVIC_ICPR0 ~ NVIC_ICPR2	读/写	特权级	0x00000000	中断挂起清除寄存器(NVIC_ICPRx)
0xE000E300 ~ 0xE000E31C	NVIC_IABR0 ~ NVIC_IABR2	读/写	特权级	0x00000000	中断激活位寄存器(NVIC_IABRx)
0xE000E400 ~ 0xE000E503	NVIC_IPR0 ~ NVIC_IPR20	读/写	特权级	0x00000000	中断优先级寄存器(NVIC_IPRx)
0xE000EF00	STIR	只写	可编程	0x00000000	软件触发中断寄存器(NVIC_STIR)

```
408  /** \ingroup    CMSIS_core_register
409      \defgroup   CMSIS_NVIC  Nested Vectored Interrupt Controller (NVIC)
410      \brief      Type definitions for the NVIC Registers
411   @{
412  */
413
414  /** \brief  Structure type to access the Nested Vectored Interrupt Controller (NVIC).
415  */
416  typedef struct
417  {
418    __IO uint32_t ISER[8];              /*!< Offset: 0x000 (R/W)  Interrupt Set Enable Register */
419         uint32_t RESERVED0[24];
420    __IO uint32_t ICER[8];              /*!< Offset: 0x080 (R/W)  Interrupt Clear Enable Register */
421         uint32_t RESERVED1[24];
422    __IO uint32_t ISPR[8];              /*!< Offset: 0x100 (R/W)  Interrupt Set Pending Register */
423         uint32_t RESERVED2[24];
424    __IO uint32_t ICPR[8];              /*!< Offset: 0x180 (R/W)  Interrupt Clear Pending Register */
425         uint32_t RESERVED3[24];
426    __IO uint32_t IABR[8];              /*!< Offset: 0x200 (R/W)  Interrupt Active bit Register */
427         uint32_t RESERVED4[56];
428    __IO uint8_t  IPR[240];             /*!< Offset: 0x300 (R/W)  Interrupt Priority Register (8Bit wide) */
429         uint32_t RESERVED5[644];
430    __O  uint32_t STIR;                 /*!< Offset: 0xE00 ( /W)  Software Trigger Interrupt Register */
431  } NVIC_Type;
```

图 5-3　NVIC_Type 结构体的定义

当要使用中断时,需要配置这些寄存器。结构体使得配置的工作变得简单了。配置中断的时候一般需要用 ISER、ICER 和 IPR 这三个寄存器。ISER 用来使能中断,ICER 用来关闭中断,IPR 用来设置中断优先级。

NVIC_Type 结构体代码如下:

```
typedef struct
{
  __IO uint32_t ISER[8];
      uint32_t RESERVED0[24];
  __IO uint32_t ICER[8];
      uint32_t RESERVED1[24];
  __IO uint32_t ISPR[8];
      uint32_t RESERVED2[24];
  __IO uint32_t ICPR[8];
      uint32_t RESERVED3[24];
  __IO uint32_t IABR[8];
      uint32_t RESERVED4[56];
  __IO uint8_t IPR[240];
      uint32_t RESERVED5[644];
  __O  uint32_t STIR;
}  NVIC_Type;
```

5.1.3 优先级

对中断的使能与失能,比较容易理解;但对 NVIC 中优先级的设置,则比较难以理解。

可使用寄存器 NVIC_IPRx 设置中断优先级。STM32F4 系列 NVIC_IPRx 寄存器分布如图 5-4 所示。这组寄存器有 21 个 32 位的寄存器,分别编号 IPR0 ~ IPR20,一共有 672 位。这 672 位又按 8 位一组分为 84 组。每一组一个字节,编号 IP[0] ~ IP[80],共 81 组 IP[x],剩下 3 个字节保留。

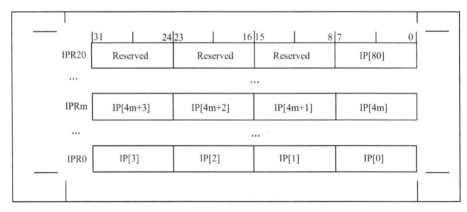

图 5-4 STM32F4 系列 NVIC_IPRx 寄存器分布图

NVIC_IPRx 用来配置外部中断的优先级。NVIC_IPRx 数据宽度为 8bit,原则上每个外部中断可配置的优先级为 0~255,其数值越小,优先级越高。但是绝大多数 SOC 都会精简设计,并不需要 256 个级别,在 STM32F407 系列中,NVIC_IPRx 寄存器只使用了高 4 位,低 4 位保留不使用,如表 5-4 所示。

表 5-4　STM32F407 系列的 NVIC_IPRx 配置

bit7	bit6	bit5	bit4	bit3	bit2	bit1	bit0
用于表达优先级				未使用,读为 0			

用于表达优先级的这高 4 位,又被分组用于设置抢占优先级和子优先级(也称为响应优先级)。如果有多个中断同时响应,那么抢占优先级高的比抢占优先级低的优先得到执行。如果抢占优先级相同,则比较子优先级。如果抢占优先级和子优先级都相同的话,就比较它们的硬件中断编号,编号越小,优先级越高。顺序为抢占优先级 > 子优先级 > 中断编号。

关于这 4 位二进制数的分配,NVIC 并没有强制规定。用户可以用 1 位设置抢占优先级,将剩下的 3 位用于设置子优先级,又或者用 2 位设置抢占优先级,将剩下 2 位用于设置子优先级。因此,必须对这几位数的配置有一个设置说明。该说明称为中断优先级分组,用于确定哪几位数用于设置抢占优先级,哪几位数用于设置子优先级。由于 STM32F407 只有 4 位用于设置抢占优先级与子优先级,所以只能有 5 种组合。

第 0 组:所有 4 位用于指定子优先级。

第 1 组:最高 1 位用于指定抢占优先级,最低 3 位用于指定子优先级。

第 2 组:最高 2 位用于指定抢占优先级,最低 2 位用于指定子优先级。

第 3 组:最高 3 位用于指定抢占优先级,最低 1 位用于指定子优先级。

第 4 组:所有 4 位用于指定抢占优先级。

使用第几组由应用程序中断及复位控制寄存器 AIRCR 的 PRIGROUP[10:8] 位决定,这里包含了 3 位二进制数,应该有 8 个组合,可以表示 8 组,但 STM32F407 只有 5 组,剩下 3 组不使用,如表 5-5 所示。

表 5-5　STM32F407 的 AIRCR 的 PRIGROUP 的分组

PRIGROUP[10:8]	第 n 组	抢占优先级段位	子优先级段位
000	第 0 组	无	bit[7.6.5.4]
001	第 1 组	bit[7]	bit[6.5.4]
010	第 2 组	bit[7.6]	bit[5.4]
011	第 3 组	bit[7.6.5]	bit[4]
100	第 4 组	bit[7.6.5.4]	无
101	第 5 组	F407 不使用	F407 不使用
110	第 6 组	F407 不使用	F407 不使用
111	第 7 组	F407 不使用	F407 不使用

假定设置 AIRCR 的 PRIGROUP[10:8] 为 010,即中断优先级组为第 2 组,那么就有 2

位二进制数用来设置抢断优先级,设置范围为 0 ~ 3;另外 2 位二进制数用来设置子优先级,设置范围为 0 ~ 3。这里设置中断 3(见表 5-2,可查得中断编号为 3 的 RTC_WKUP 的中断)的抢占优先级为 2,子优先级为 1;设置中断 6(外部中断 0)的抢占优先级为 3,子优先级为 0;设置中断 7(外部中断 1)的抢占优先级为 2,子优先级为 0。这 3 个中断的优先级顺序为:中断 7 > 中断 3 > 中断 6。

可见 Cortex-M 的中断系统比起常用的单片机要复杂得多,尤其是优先级的设置,但只要理清脉络和逻辑,就不难理解。

固件库也封装好了相应的驱动函数。这些驱动函数在 core_cm4. h 中可以找到。表 5-6 列出了 NVIC 的相关库函数。这些函数包括了使能、失能、挂起的设置与清除,设置与获取优先级和复位函数。

表 5-6　NVIC 相关库函数

NVIC 库函数	描　述
void NVIC_EnableIRQ(IRQn_Type IRQn)	使能中断
void NVIC_DisableIRQ(IRQn_Type IRQn)	失能中断
void NVIC_SetPendingIRQ(IRQn_Type IRQn)	设置中断挂起位
void NVIC_ClearPendingIRQ(IRQn_Type IRQn)	清除中断挂起位
uint32_t NVIC_GetPendingIRQ(IRQn_Type IRQn)	获取悬起中断编号
void NVIC_SetPriority(IRQn_Type IRQn, uint32_t priority)	设置中断优先级
uint32_t NVIC_GetPriority(IRQn_Type IRQn)	获取中断优先级
void NVIC_SystemReset(void)	系统复位

5.1.4　中断使用的步骤

尽管 STM32 的中断系统比起以往学习的单片机要复杂很多,但是二者的使用方法相似,一般编程过程包含以下 3 个步骤。

第一步,使能外设中断。

中断系统对每个外设中断使能位进行控制。比如串口有发送完成中断、接收完成中断,这两个中断都由串口控制寄存器的相关中断使能位控制。

第二步,初始化中断。

STM32 的中断初始化是通过配置中断优先级分组,设置 NVIC_InitTypeDef 结构体,设置抢占优先级和子优先级,使能中断请求。

优先级分组在 AIRCR 寄存器的 PRIGROUP[10:8]中设置。

而 NVIC_InitTypeDef 结构体定义可在头文件 misc. h 中找到:

```
typedef struct
{
    uint8_t NVIC_IRQChannel;                          // 中断源设置
    uint8_t NVIC_IRQChannelPreemptionPriority;        // 抢占优先级设置
```

```
    uint8_t NVIC_IRQChannelSubPriority;                  // 子优先级设置
    FunctionalState NVIC_IRQChannelCmd;                  // 中断使能或者失能
} NVIC_InitTypeDef;
```

这个结构体把中断源、抢占优先级、子优先级和使能/失能设置包装到 NVIC_ InitTypeDef 结构体中,设置时只需对结构体成员进行赋值即可。

结构体成员 NVIC_IRQChannel 赋值等于 stm32f4xx.h 头文件的 typedef enum IRQn 成员,如图 5-2 所示。要使用某系统异常或中断,将相应的中断赋值即可。

结构体成员 NVIC_IRQChannelPreemptionPriority 是抢占优先级的设置,具体的值要根据优先级分组来确定,具体参考表 5-5 描述的分组。

结构体成员 NVIC_IRQChannelSubPriority 是子优先级的设置,具体的值要根据优先级分组来确定,具体参考表 5-5 描述的分组。

结构体成员 NVIC_IRQChannelCmd 是中断使能(ENABLE)或者失能(DISABLE)操作。操作的是 NVIC_ISER 和 NVIC_ICER 两个寄存器。

第三步,编写中断服务函数。

启动文件 startup_stm32f40xx.s 中已经预先为每个中断都配备了一个中断服务函数,只是这些中断函数都为空,目的是初始化中断向量表,这一点与 51 系列单片机类似。实际的中断服务函数都需要用户重新编写,中断服务函数一般写在 stm32f4xx_it.c 库文件中。

5.2　外部中断 EXTI

外部中断(EXTI)管理了控制器的 23 个中断/事件线。每个中断/事件线都对应有一个边沿检测器,可以实现输入信号的上升沿检测和下降沿的检测。EXTI 可以对每个中断/事件线进行单独配置,可以设置为中断或者事件线,以及配置触发事件的属性。

图 5-5 显示了外部中断框架。从上往下看,EXTI 挂在 APB 总线上,实际上是挂在 APB2 总线上,所以检测的中断/事件的脉冲宽度要低于 APB2 的时钟周期。

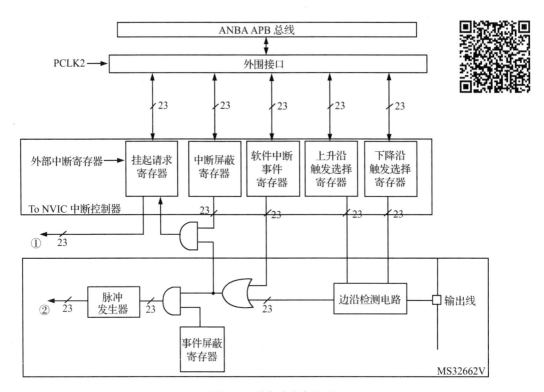

图5-5　外部中断框架图

外设接口有 23 个接口,用于连接 EXTI 的寄存器,即可以管理 23 个中断事件。这 23 个总线分别连接了外部中断事件寄存器。

使用外部中断需要设置 5 个寄存器,从左到右依次是挂起请求寄存器、中断屏蔽寄存器、软件中断事件寄存器、上升沿触发选择寄存器、下降沿触发选择寄存器。

所有的外部中断源都由输入线产生,经过边沿检测电路(由上升沿触发选择寄存器和下降沿触发选择寄存器),经寄存器设置后,分为两路信号。一路信号从挂起请求寄存器输出到 NVIC 中断控制器,目的是将输入线的信号转换成 NVIC 中断控制信号,信号输出口如图 5-5 所示的 1 号出口。还有一路信号由事件屏蔽寄存器控制,当不屏蔽信号且输入线有信号时,脉冲发生器输出脉冲,目的是将输入线的信号转换成脉冲信号,信号输出口如图 5-5所示的 2 号出口。

输入线可以由用户选择连接到 GPIO、PVD、RTC 等外设。STM32F407 有 23 条输入线,也就是可以处理 23 个外部中断事件,而这 23 个外部中断源都可由用户选择。

5.2.1　中断/事件线

EXTI 有 23 个中断/事件线。每个 GPIO 都可以被设置为输入线,占用 EXTI0 至 EXTI15,即每个引脚都可以设置为中断输入,但最多只能有 16 根,还有另外 7 根输入线用于特定的外设事件,具体如表 5-7 所示。

这里有必要解释一下中断与事件的区别。事件是中断的触发源,如果中断屏蔽位打开了中断,则事件可以触发相应的中断,但在没有打开的情况下,事件不能触发中断。使用过单片机的用户都知道,有时候可以不用中断,而使用事件,比如 51 系列单片机的定时器应用。因此,STM32 的外部中断系统将中断和事件分成两条通道,比如图 5-5 所示的 1 号输出通道是中断通道,2 号输出通道是事件通道。事件也可以由事件屏蔽寄存器进行屏蔽关闭。

表 5-7   外部中断编号与输入源

中断/事件线	输入源
EXTI0	PX0(X 可为 A,B,C,D,E,F,G,H,I)
EXTI1	PX1(X 可为 A,B,C,D,E,F,G,H,I)
EXTI2	PX2(X 可为 A,B,C,D,E,F,G,H,I)
EXTI3	PX3(X 可为 A,B,C,D,E,F,G,H,I)
EXTI4	PX4(X 可为 A,B,C,D,E,F,G,H,I)
EXTI5	PX5(X 可为 A,B,C,D,E,F,G,H,I)
EXTI6	PX6(X 可为 A,B,C,D,E,F,G,H,I)
EXTI7	PX7(X 可为 A,B,C,D,E,F,G,H,I)
EXTI8	PX8(X 可为 A,B,C,D,E,F,G,H,I)
EXTI9	PX9(X 可为 A,B,C,D,E,F,G,H,I)
EXTI10	PX10(X 可为 A,B,C,D,E,F,G,H,I)
EXTI11	PX11(X 可为 A,B,C,D,E,F,G,H,I)
EXTI12	PX12(X 可为 A,B,C,D,E,F,G,H,I)
EXTI13	PX13(X 可为 A,B,C,D,E,F,G,H,I)
EXTI14	PX14(X 可为 A,B,C,D,E,F,G,H,I)
EXTI15	PX15(X 可为 A,B,C,D,E,F,G,H)
EXTI16	可编程电压检测器(PVD)输出
EXTI17	RTC 闹钟事件
EXTI18	USB OTG FS 唤醒事件
EXTI19	以太网唤醒事件
EXTI20	USB OTG HS(在 FS 中配置)唤醒事件
EXTI21	RTC 入侵和时间戳事件
EXTI22	RTC 唤醒事件

从表 5-7 可以看到,EXTI0 ~ ECTI15 使用了 GPIO 作为中断输入源,对应 GPIOx 一组的 16 个引脚,可以是 GPIOA,GPIOB,…,GPIOI,通过 SYSCFG_EXTICR1 外部中断配置寄存器的 EXTIx[3:0]选择第几组,如图 5-6 所示。

比如要使用 PA0 作为外部中断输入的中断源,应该设置 EXTI0[3:0]为 0000;若要使用 PC13 作为外部中断输入的中断源,应该设置 EXTI13[3:0]为 0010。

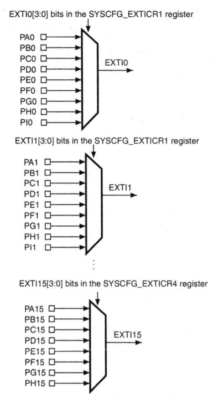

图5-6 外部中断/事件 GPIO 分布

5.2.2 EXTI 初始化

与使用 GPIO 一样,要使用外部中断,必须先对外部中断进行初始化。固件库已经对每个外设建立了一个初始化结构体,比如 EXTI_InitTypeDef。结构体成员用于设置外设工作参数,并由外设初始化配置函数,再用 EXTI_Init( )进行初始化。

EXTI_InitTypeDef 结构体(图5-7)在 stm32f4xx_exti. h 头文件中可以找到。

```
80  typedef struct
81 {
82   uint32_t EXTI_Line;               /*!< Specifies the EXTI lines to be enabled or disabled.
83                                          This parameter can be any combination value of @ref EXTI_Lines */
84
85   EXTIMode_TypeDef EXTI_Mode;       /*!< Specifies the mode for the EXTI lines.
86                                          This parameter can be a value of @ref EXTIMode_TypeDef */
87
88   EXTITrigger_TypeDef EXTI_Trigger; /*!< Specifies the trigger signal active edge for the EXTI lines.
89                                          This parameter can be a value of @ref EXTITrigger_TypeDef */
90
91   FunctionalState EXTI_LineCmd;     /*!< Specifies the new state of the selected EXTI lines.
92                                          This parameter can be set either to ENABLE or DISABLE */
93  }EXTI_InitTypeDef;
```

图5-7 EXTI_InitTypeDef 结构体

结构体的成员具体含义如下:

(1) EXTI_Line:EXTI 中断/事件线选择,可选 EXTI0 至 EXTI22,具体查看表5-5。

(2) EXTI_Mode:EXTI 模式选择,可选择产生中断(EXTI_Mode_Interrupt)或者产生事

件（EXTI_Mode_Event）。

（3）EXTI_Trigger：EXTI 边沿触发事件，可选上升沿触发（EXTI_Trigger_Rising）、下降沿触发（EXTI_Trigger_Falling）或者上升沿和下降沿都触发（EXTI_Trigger_Rising_Falling）。

（4）EXTI_LineCmd：控制是否使能 EXTI 线，可选使能 EXTI 线（ENABLE）或禁用 EXTI 线（DISABLE）。

5.3　使用外部中断点亮 LED

在上一个项目中，我们已经学习了使用 GPIO 作为输入来点亮 LED，这一次使用外部中断的方法来点亮 LED，PA0 作为外部中断改变红色 LED（PF6）的状态，PC13 作为外部中断改变绿色 LED（PF7）的状态。

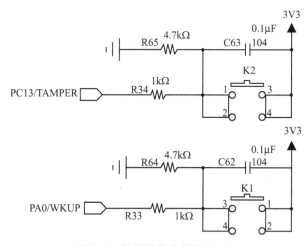

图 5-8　使用外部中断的 GPIO

同样地，开发板上的 K1、K2 对应的 PA0 与 PC13，使用外部中断实现 LED 控制。当按键未被按下时，端口为低电平；当按键被按下时，端口出现高电平。

5.3.1　在工程模板上添加文件

因为要使用 LED，所以使用 FL_LED 工程模板。复制 FL_LED 文件夹，并重新命名为 FL_EXTI，将工程文件重新命名为 FL_EXTI. uvprojx，在 User 文件夹内添加文件夹 EXTI，并在 EXTI 文件夹内创建 exti. c 与 exti. h 文件，用来存放 EXTI 驱动程序及相关宏定义，而中断服务函数放在 stm32f4xx_it. h。最后，在 User 组中添加 exti. c 文件，在编译环境下添加 EXTI 目录。

点亮的 LED 的 GPIO 有 PF6 与 PF7 两个引脚，因此在 led. c 文件中要对这两个 GPIO 初始化。led. c 文件编辑如下：

```
#include" led. h"
```

```
void LED_GPIO_Config( void)
{
    RCC_AHB1PeriphClockCmd( RCC_AHB1Periph_GPIOF,ENABLE) ;   // 开启 GPIOF 时钟
    GPIO_InitTypeDef GPIO_InitStruct;                        // 定义 GPIO 初始化结构体
    / * * * * * * * PF6 输出配置 * * * * * * /
    GPIO_InitStruct. GPIO_Pin = GPIO_Pin_6 ;
    GPIO_InitStruct. GPIO_Mode = GPIO_Mode_OUT;
    GPIO_InitStruct. GPIO_OType = GPIO_OType_PP;
    GPIO_InitStruct. GPIO_Speed = GPIO_Low_Speed;
    GPIO_InitStruct. GPIO_PuPd = GPIO_PuPd_UP;
    / * * * * * * * * 初始化 PF6 * * * * * * /
    GPIO_Init( GPIOF,&GPIO_InitStruct) ;
    / * * * * * * * * 初始化 PF7 * * * * * * /
    GPIO_InitStruct. GPIO_Pin = GPIO_Pin_7 ;
    GPIO_Init( GPIOF,&GPIO_InitStruct) ;
}
```

5.3.2　编写 exti. h

按照步骤,我们首先要做好配置外部中断驱动的准备,第一步编写 exti. h 文件代码:

```
#ifndef_EXTI_H
#define_EXTI_H
#include" stm32f4xx. h"
/ * * * * * * * * 引脚定义 * * * * * * * * * /
#define KEY1_INT_GPIO_PORT              GPIOA
#define KEY1_INT_GPIO_CLK               RCC_AHB1Periph_GPIOA
#define KEY1_INT_GPIO_PIN               GPIO_Pin_0
#define KEY1_INT_EXTI_PORTSOURCE        EXTI_PortSourceGPIOA
#define KEY1_INT_EXTI_PINSOURCE         EXTI_PinSource0
#define KEY1_INT_EXTI_LINE              EXTI_Line0
#define KEY1_INT_EXTI_IRQ               EXTI0_IRQn
#define KEY1_IRQHandler                 EXTI0_IRQHandler
#define KEY2_INT_GPIO_PORT              GPIOC
#define KEY2_INT_GPIO_CLK               RCC_AHB1Periph_GPIOC
#define KEY2_INT_GPIO_PIN               GPIO_Pin_13
#define KEY2_INT_EXTI_PORTSOURCE        EXTI_PortSourceGPIOC
#define KEY2_INT_EXTI_PINSOURCE         EXTI_PinSource13
#define KEY2_INT_EXTI_LINE              EXTI_Line13
#define KEY2_INT_EXTI_IRQ               EXTI15_10_IRQn
#define KEY2_IRQHandler                 EXTI15_10_IRQHandler
void EXTI_Key_Config( void) ;
```

#endif/ ＊ _EXTI_H ＊/

头文件的前面几行基本是相同的,在引脚定义处对外部中断用到的 GPIO 做好宏定义,以方便使用。

下列语句是对 GPIO 与 Pin 的时钟的宏定义:

#define KEY1_INT_GPIO_PORT	GPIOA
#define KEY1_INT_GPIO_CLK	RCC_AHB1Periph_GPIOA
#define KEY1_INT_GPIO_PIN	GPIO_Pin_0

这些宏定义都比较容易理解,都是对开启 GPIO 时钟与引脚的定义。

下列语句是对 PA0 作为外部中断的设置宏定义:

#define KEY1_INT_EXTI_PORTSOURCE	EXTI_PortSourceGPIOA
#define KEY1_INT_EXTI_PINSOURCE	EXTI_PinSource0
#define KEY1_INT_EXTI_LINE	EXTI_Line0
#define KEY1_INT_EXTI_IRQ	EXTI0_IRQn
#define KEY1_IRQHandler	EXTI0_IRQHandler

第一个宏定义 EXTI_PortSourceGPIOA,在 stm32f4xx_syscfg. h 中可以找到,很明显这是用于选择 Px 口的宏定义,如图 5-9 所示。

```
161  /** @defgroup SYSCFG_EXTI_Port_Sources
162   * @{
163   */
164  #define EXTI_PortSourceGPIOA    ((uint8_t)0x00)
165  #define EXTI_PortSourceGPIOB    ((uint8_t)0x01)
166  #define EXTI_PortSourceGPIOC    ((uint8_t)0x02)
167  #define EXTI_PortSourceGPIOD    ((uint8_t)0x03)
168  #define EXTI_PortSourceGPIOE    ((uint8_t)0x04)
169  #define EXTI_PortSourceGPIOF    ((uint8_t)0x05)
170  #define EXTI_PortSourceGPIOG    ((uint8_t)0x06)
171  #define EXTI_PortSourceGPIOH    ((uint8_t)0x07)
172  #define EXTI_PortSourceGPIOI    ((uint8_t)0x08)
173  #define EXTI_PortSourceGPIOJ    ((uint8_t)0x09)
174  #define EXTI_PortSourceGPIOK    ((uint8_t)0x0A)
```

图 5-9　EXTI_PortSourceGPIOA 的宏定义

第二个宏定义 EXTI_PinSource0,同样在 stm32f4xx_syscfg. h 中可以找到,如图 5-10 所示。这部分内容涉及 NVIC 的设定,对 16 个引脚进行编号。

```
193  /** @defgroup SYSCFG_EXTI_Pin_Sources
194   * @{
195   */
196  #define EXTI_PinSource0     ((uint8_t)0x00)
197  #define EXTI_PinSource1     ((uint8_t)0x01)
198  #define EXTI_PinSource2     ((uint8_t)0x02)
199  #define EXTI_PinSource3     ((uint8_t)0x03)
200  #define EXTI_PinSource4     ((uint8_t)0x04)
201  #define EXTI_PinSource5     ((uint8_t)0x05)
202  #define EXTI_PinSource6     ((uint8_t)0x06)
203  #define EXTI_PinSource7     ((uint8_t)0x07)
204  #define EXTI_PinSource8     ((uint8_t)0x08)
205  #define EXTI_PinSource9     ((uint8_t)0x09)
206  #define EXTI_PinSource10    ((uint8_t)0x0A)
207  #define EXTI_PinSource11    ((uint8_t)0x0B)
208  #define EXTI_PinSource12    ((uint8_t)0x0C)
209  #define EXTI_PinSource13    ((uint8_t)0x0D)
210  #define EXTI_PinSource14    ((uint8_t)0x0E)
211  #define EXTI_PinSource15    ((uint8_t)0x0F)
```

图 5-10　EXTI_PinSource0 的宏定义

第三个宏定义 EXTI_Line0,指的是输入线编号,在头文件 stm32f4xx_exti.h 中可以找到,如图 5-11 所示。可以看到输入线有 24 条,而且最后 8 条有特殊使用,比表 5-5 多了一条输入线。这条多出的输入线是 Line23,连接至 LPTIM,是 L 系列低功耗定时器中断使用的输入线。这个 EXTI_Linex 应该与 Pin_x 相对应,比如 Pin_0 对应的输入线就是 EXTI_Line0。

```
105  #define EXTI_Line0      ((uint32_t)0x00001)    /*!< External interrupt line 0 */
106  #define EXTI_Line1      ((uint32_t)0x00002)    /*!< External interrupt line 1 */
107  #define EXTI_Line2      ((uint32_t)0x00004)    /*!< External interrupt line 2 */
108  #define EXTI_Line3      ((uint32_t)0x00008)    /*!< External interrupt line 3 */
109  #define EXTI_Line4      ((uint32_t)0x00010)    /*!< External interrupt line 4 */
110  #define EXTI_Line5      ((uint32_t)0x00020)    /*!< External interrupt line 5 */
111  #define EXTI_Line6      ((uint32_t)0x00040)    /*!< External interrupt line 6 */
112  #define EXTI_Line7      ((uint32_t)0x00080)    /*!< External interrupt line 7 */
113  #define EXTI_Line8      ((uint32_t)0x00100)    /*!< External interrupt line 8 */
114  #define EXTI_Line9      ((uint32_t)0x00200)    /*!< External interrupt line 9 */
115  #define EXTI_Line10     ((uint32_t)0x00400)    /*!< External interrupt line 10 */
116  #define EXTI_Line11     ((uint32_t)0x00800)    /*!< External interrupt line 11 */
117  #define EXTI_Line12     ((uint32_t)0x01000)    /*!< External interrupt line 12 */
118  #define EXTI_Line13     ((uint32_t)0x02000)    /*!< External interrupt line 13 */
119  #define EXTI_Line14     ((uint32_t)0x04000)    /*!< External interrupt line 14 */
120  #define EXTI_Line15     ((uint32_t)0x08000)    /*!< External interrupt line 15 */
121  #define EXTI_Line16     ((uint32_t)0x10000)    /*!< External interrupt line 16 Connected to the PVD Output */
122  #define EXTI_Line17     ((uint32_t)0x20000)    /*!< External interrupt line 17 Connected to the RTC Alarm event */
123  #define EXTI_Line18     ((uint32_t)0x40000)    /*!< External interrupt line 18 Connected to the USB OTG FS Wakeup from suspend event */
124  #define EXTI_Line19     ((uint32_t)0x80000)    /*!< External interrupt line 19 Connected to the Ethernet Wakeup event */
125  #define EXTI_Line20     ((uint32_t)0x00100000) /*!< External interrupt line 20 Connected to the USB OTG HS (configured in FS) Wakeup event */
126  #define EXTI_Line21     ((uint32_t)0x00200000) /*!< External interrupt line 21 Connected to the RTC Tamper and Time Stamp events */
127  #define EXTI_Line22     ((uint32_t)0x00400000) /*!< External interrupt line 22 Connected to the RTC Wakeup event */
128  #define EXTI_Line23     ((uint32_t)0x00800000) /*!< External interrupt line 23 Connected to the LPTIM Wakeup event */
```

图 5-11   EXTI_Line0 宏定义

第四个宏定义 EXTI0_IRQn,是 STM32 的中断编号,可以从表 5-2 中查阅到,对应的是 EXTI Line0 的中断,也可以在 stm32f4xx.h 中查看,如图 5-12 所示。

```
196  typedef enum IRQn
197  {
198  /****** Cortex-M4 Processor Exceptions Numbers ****************************
199    NonMaskableInt_IRQn     = -14,   /*!< 2 Non Maskable Interrupt
200    MemoryManagement_IRQn   = -12,   /*!< 4 Cortex-M4 Memory Management Interrupt
201    BusFault_IRQn           = -11,   /*!< 5 Cortex-M4 Bus Fault Interrupt
202    UsageFault_IRQn         = -10,   /*!< 6 Cortex-M4 Usage Fault Interrupt
203    SVCall_IRQn             = -5,    /*!< 11 Cortex-M4 SV Call Interrupt
204    DebugMonitor_IRQn       = -4,    /*!< 12 Cortex-M4 Debug Monitor Interrupt
205    PendSV_IRQn             = -2,    /*!< 14 Cortex-M4 Pend SV Interrupt
206    SysTick_IRQn            = -1,    /*!< 15 Cortex-M4 System Tick Interrupt
207  /****** STM32 specific Interrupt Numbers **********************************
208    WWDG_IRQn               = 0,     /*!< Window WatchDog Interrupt
209    PVD_IRQn                = 1,     /*!< PVD through EXTI Line detection Interrup
210    TAMP_STAMP_IRQn         = 2,     /*!< Tamper and TimeStamp interrupts through
211    RTC_WKUP_IRQn           = 3,     /*!< RTC Wakeup interrupt through the EXTI li
212    FLASH_IRQn              = 4,     /*!< FLASH global Interrupt
213    RCC_IRQn                = 5,     /*!< RCC global Interrupt
214    EXTI0_IRQn              = 6,     /*!< EXTI Line0 Interrupt
215    EXTI1_IRQn              = 7,     /*!< EXTI Line1 Interrupt
216    EXTI2_IRQn              = 8,     /*!< EXTI Line2 Interrupt
217    EXTI3_IRQn              = 9,     /*!< EXTI Line3 Interrupt
218    EXTI4_IRQn              = 10,    /*!< EXTI Line4 Interrupt
219    DMA1_Stream0_IRQn       = 11,    /*!< DMA1 Stream 0 global Interrupt
220    DMA1_Stream1_IRQn       = 12,    /*!< DMA1 Stream 1 global Interrupt
221    DMA1_Stream2_IRQn       = 13,    /*!< DMA1 Stream 2 global Interrupt
222    DMA1_Stream3_IRQn       = 14,    /*!< DMA1 Stream 3 global Interrupt
223    DMA1_Stream4_IRQn       = 15,    /*!< DMA1 Stream 4 global Interrupt
224    DMA1_Stream5_IRQn       = 16,    /*!< DMA1 Stream 5 global Interrupt
225    DMA1_Stream6_IRQn       = 17,    /*!< DMA1 Stream 6 global Interrupt
226    ADC_IRQn                = 18,    /*!< ADC1, ADC2 and ADC3 global Interrupts
```

图 5-12   EXTI0_IRQn 的中断号

第五个宏定义 EXTI0_IRQHandler 可以在文件 startup_stm32f40xx.s 中找到,如图 5-13 所示。我们知道 startup_stm32f40xx.s 是汇编语言编写的启动文件,这里 EXTI0_IRQHandler 指的是 EXTI0 的中断向量。

```
64  ; Vector Table Mapped to Address 0 at Reset
65                  AREA    RESET, DATA, READONLY
66                  EXPORT  __Vectors
67                  EXPORT  __Vectors_End
68                  EXPORT  __Vectors_Size
69
70  __Vectors       DCD     __initial_sp        ; Top of Stack
71                  DCD     Reset_Handler       ; Reset Handler
72                  DCD     NMI_Handler         ; NMI Handler
73                  DCD     HardFault_Handler   ; Hard Fault Handler
74                  DCD     MemManage_Handler   ; MPU Fault Handler
75                  DCD     BusFault_Handler    ; Bus Fault Handler
76                  DCD     UsageFault_Handler  ; Usage Fault Handler
77                  DCD     0                   ; Reserved
78                  DCD     0                   ; Reserved
79                  DCD     0                   ; Reserved
80                  DCD     0                   ; Reserved
81                  DCD     SVC_Handler         ; SVCall Handler
82                  DCD     DebugMon_Handler    ; Debug Monitor Handler
83                  DCD     0                   ; Reserved
84                  DCD     PendSV_Handler      ; PendSV Handler
85                  DCD     SysTick_Handler     ; SysTick Handler
86
87                  ; External Interrupts
88                  DCD     WWDG_IRQHandler        ; Window WatchDo
89                  DCD     PVD_IRQHandler         ; PVD through EX
90                  DCD     TAMP_STAMP_IRQHandler  ; Tamper and Tim
91                  DCD     RTC_WKUP_IRQHandler    ; RTC Wakeup thr
92                  DCD     FLASH_IRQHandler       ; FLASH
93                  DCD     RCC_IRQHandler         ; RCC
94                  DCD     EXTI0_IRQHandler       ; EXTI Line0
```

图 5-13　EXTI0_IRQHandler 对应的中断向量

这个向量表与中断服务函数的入口对应。中断服务函数的函数名应与这个向量表中的名字一致,函数写在 stm32f4xx_it. c 文件中。为了方便使用,这里将 EXTI0_IRQHandler 宏定义为 KEY1_IRQHandler。

相应地 PC13 的定义与 PA0 的定义相似,但外部中断 13 没有专用的中断编号,外部中断 10 ~ 15 是共用中断的。外部中断 10 ~ 15 的中断线对应中断编号和中断向量共用 EXTI15_10_IRQn 与 EXTI15_10_IRQHandler,中断号可以在表5-2中查阅。

最后一行是"void EXTI_Key_Config(void);",预先声明按键的外部中断配置函数。

5.3.3　编写 exti. c

编写完 exti. h 后,开始在 exti. c 中编写驱动程序。使用外部中断与使用 GPIO 的输入/输出类似,步骤如下:

(1) 开启按键 GPIO 时钟和 SYSCFG 时钟。

(2) 配置 NVIC。

(3) 配置按键 GPIO 为输入模式。

(4) 将按键 GPIO 连接到 EXTI 源输入。

(5) 配置按键 EXTI 中断/事件线。

(6) 编写 EXTI 中断服务函数。

根据步骤,编写 exti. c 如下:

```
#include" exti. h"
```

```
static void NVIC_Configuration(void)
{
    NVIC_PriorityGroupConfig(NVIC_PriorityGroup_1);
    NVIC_InitTypeDef NVIC_InitStructure;
    NVIC_InitStructure.NVIC_IRQChannel = KEY1_INT_EXTI_IRQ;
    NVIC_InitStructure.NVIC_IRQChannelPreemptionPriority = 1;
    NVIC_InitStructure.NVIC_IRQChannelSubPriority = 1;
    NVIC_InitStructure.NVIC_IRQChannelCmd = ENABLE;
    NVIC_Init(&NVIC_InitStructure);
    NVIC_InitStructure.NVIC_IRQChannel = KEY2_INT_EXTI_IRQ;
    NVIC_Init(&NVIC_InitStructure);
}


void EXTI_Key_Config(void)
{
    GPIO_InitTypeDef GPIO_InitStructure;
    EXTI_InitTypeDef EXTI_InitStructure;
    RCC_AHB1PeriphClockCmd(KEY1_INT_GPIO_CLK | KEY2_INT_GPIO_CLK, ENABLE);
    RCC_APB2PeriphClockCmd(RCC_APB2Periph_SYSCFG, ENABLE);
    NVIC_Configuration();
    GPIO_InitStructure.GPIO_Pin = KEY1_INT_GPIO_PIN;
    GPIO_InitStructure.GPIO_Mode = GPIO_Mode_IN;
    GPIO_InitStructure.GPIO_PuPd = GPIO_PuPd_NOPULL;
    GPIO_Init(KEY1_INT_GPIO_PORT, &GPIO_InitStructure);
    SYSCFG_EXTILineConfig(KEY1_INT_EXTI_PORTSOURCE, KEY1_INT_EXTI_PINSOURCE);
    EXTI_InitStructure.EXTI_Line = KEY1_INT_EXTI_LINE;
    EXTI_InitStructure.EXTI_Mode = EXTI_Mode_Interrupt;
    EXTI_InitStructure.EXTI_Trigger = EXTI_Trigger_Rising;
    EXTI_InitStructure.EXTI_LineCmd = ENABLE;
    EXTI_Init(&EXTI_InitStructure);
    GPIO_InitStructure.GPIO_Pin = KEY2_INT_GPIO_PIN;
    GPIO_Init(KEY2_INT_GPIO_PORT, &GPIO_InitStructure);
    SYSCFG_EXTILineConfig(KEY2_INT_EXTI_PORTSOURCE, KEY2_INT_EXTI_PINSOURCE);
    EXTI_InitStructure.EXTI_Line = KEY2_INT_EXTI_LINE;
    EXTI_InitStructure.EXTI_Mode = EXTI_Mode_Interrupt;
    EXTI_InitStructure.EXTI_Trigger = EXTI_Trigger_Falling;
    EXTI_InitStructure.EXTI_LineCmd = ENABLE;
    EXTI_Init(&EXTI_InitStructure);
}
```

程序编写了 NVIC 配置函数 NVIC_Configuration() 与外部中断配置函数 EXTI_Key_

Config( ),下面就两个函数展开说明。

1. 配置 NVIC、NVIC_Configuration( )函数

```
static void NVIC_Configuration( void)
{
    NVIC_PriorityGroupConfig( NVIC_PriorityGroup_1) ;          // 设置优先级组别
    NVIC_InitTypeDef NVIC_InitStructure;                       // 定义 NVIC 初始化结构体
    NVIC_InitStructure. NVIC_IRQChannel = KEY1_INT_EXTI_IRQ;   // 设置 KEY1 中断源
    NVIC_InitStructure. NVIC_IRQChannelPreemptionPriority = 1; // 设置抢占优先级
    NVIC_InitStructure. NVIC_IRQChannelSubPriority = 1;        // 设置子优先级
    NVIC_InitStructure. NVIC_IRQChannelCmd = ENABLE;           // 使能中断
    NVIC_Init( &NVIC_InitStructure) ;                          // 初始化 KEY1 的 NVIC
    NVIC_InitStructure. NVIC_IRQChannel = KEY2_INT_EXTI_IRQ;   // 设置 KEY2 中断源
    NVIC_Init( &NVIC_InitStructure) ;                          // 初始化 KEY2 的 NVIC
}
```

NVIC_Configuration( )函数是一个静态函数,即局部函数,只在 exti. c 文件中使用,无形参,无返回值。此函数的作用是对 NVIC 进行设置,为外部中断设置做好准备。

首先,使用函数 NVIC_PriorityGroupConfig( )设置优先级组。这里设置组别为 NVIC_PriorityGroup_1,即第 1 组,此分组的真值表参考表 5-8。

表 5-8　STM32F407 优先级分组表

优先级分组	抢占优先级	子优先级
NVIC_PriorityGroup_0	0	0 ~ 15
NVIC_PriorityGroup_1	0 ~ 1	0 ~ 7
NVIC_PriorityGroup_2	0 ~ 3	0 ~ 3
NVIC_PriorityGroup_3	0 ~ 7	0 ~ 1
NVIC_PriorityGroup_4	0 ~ 15	0

其次,定义 NVIC 初始化结构体。结构体在前面章节有介绍,结构体的 4 个成员需要进行赋值设置。

* 结构体成员 NVIC_InitStructure. NVIC_IRQChannel 要赋值中断源,这里赋值宏定义的 KEY1_INT_EXTI_IRQ,即 EXTI0_IRQn。

* 结构体成员 NVIC_InitStructure. NVIC_IRQChannelPreemptionPriority 要设置抢占优先级,这里赋值抢占优先级为 1。

* 结构体成员 NVIC_InitStructure. NVIC_IRQChannelSubPriority 要设置子优先级,这里赋值子优先级为 1。

* 结构体成员 NVIC_InitStructure. NVIC_IRQChannelCmd 要设置中断使能,这里要使能中断,因此赋值 ENABLE。

最后,配置好结构体后,使用 NVIC_Init( )函数进行初始化。

NVIC_Init(&NVIC_InitStructure)进行 EXTI0 的 NVIC 初始化,这是对 PA0 的外部中断源的 NVIC 初始化。对 PC13 的初始化的步骤与 PA0 的初始化类似,如果不改变抢占优先级与

子优先级,则只需对结构体成员 NVIC_InitStructure. NVIC_IRQChannel 设置中断源为 KEY2_
INT_EXTI_IRQ,即设置中断源为 EXTI15_10_IRQn,然后再用 NVIC_Init(&NVIC_InitStructure)
初始化一遍。

完成两次 NVIC_Init(&NVIC_InitStructure)初始化后,就完成了 PA0 和 PC13 的 NVIC
初始化,这段代码在 PA0 和 PC13 的优先级设置中都是一样的参数,即抢占优先级与子优
先级都是 1,因此 PA0 的优先级 > PC13 的优先级。

2. 配置按键外部中断函数 EXTI_Key_Config( )

配置步骤:开启时钟—配置 NVIC—设置 GPIO 输入模式—将按键 GPIO 连接到 EXTI
源输入—配置 EXTI 中断/事件线。该函数要分别对 PA0 与 PC13 进行设置。

```
void EXTI_Key_Config(void)
{
    GPIO_InitTypeDef GPIO_InitStructure;                         // 定义 GPIO 初始化结构体
    EXTI_InitTypeDef EXTI_InitStructure;                         // 定义 EXTI 初始化结构体
    /********* 开启外设时钟 *********/
    RCC_AHB1PeriphClockCmd(KEY1_INT_GPIO_CLK | KEY2_INT_GPIO_CLK,ENABLE);
    RCC_APB2PeriphClockCmd(RCC_APB2Periph_SYSCFG,ENABLE);
    /********* 配置 NVIC **********/
    NVIC_Configuration();
    /********* GPIO 输入模式初始化 *******/
    GPIO_InitStructure. GPIO_Pin = KEY1_INT_GPIO_PIN;
    GPIO_InitStructure. GPIO_Mode = GPIO_Mode_IN;
    GPIO_InitStructure. GPIO_PuPd = GPIO_PuPd_NOPULL;
    GPIO_Init(KEY1_INT_GPIO_PORT,&GPIO_InitStructure);
    /********* 连接 GPIO 至 EXTI 源 ******/
    SYSCFG_EXTILineConfig(KEY1_INT_EXTI_PORTSOURCE,KEY1_INT_EXTI_PINSOURCE);
    /********* 配置外部中断并初始化 *********/
    EXTI_InitStructure. EXTI_Line = KEY1_INT_EXTI_LINE;          // 选择中断线
    EXTI_InitStructure. EXTI_Mode = EXTI_Mode_Interrupt;         // 设置为中断模式
    EXTI_InitStructure. EXTI_Trigger = EXTI_Trigger_Rising;      // 上升沿触发
    EXTI_InitStructure. EXTI_LineCmd = ENABLE;                   // 使能中断线
    EXTI_Init(&EXTI_InitStructure);                              // 初始化外部中断
    /******* PC13 的外部中断配置 *******/
    GPIO_InitStructure. GPIO_Pin = KEY2_INT_GPIO_PIN;
    GPIO_Init(KEY2_INT_GPIO_PORT,&GPIO_InitStructure);
    SYSCFG_EXTILineConfig(KEY2_INT_EXTI_PORTSOURCE,KEY2_INT_EXTI_PINSOURCE);
    EXTI_InitStructure. EXTI_Line = KEY2_INT_EXTI_LINE;
    EXTI_InitStructure. EXTI_Mode = EXTI_Mode_Interrupt;
    EXTI_InitStructure. EXTI_Trigger = EXTI_Trigger_Falling;     // 下降沿触发
    EXTI_InitStructure. EXTI_LineCmd = ENABLE;
```

EXTI_Init(&EXTI_InitStructure);

　}

（1）EXTI_Key_Config()函数首先定义了两个初始化结构体：GPIO_InitTypeDef GPIO_InitStructure 和 EXTI_InitTypeDef EXTI_InitStructure，用于 GPIO 初始化和 EXTI 设置。

（2）开启时钟函数 RCC_AHB1PeriphClockCmd(KEY1_INT_GPIO_CLK | KEY2_INT_GPIO_CLK, ENABLE) 与 RCC_APB2PeriphClockCmd(RCC_APB2Periph_SYSCFG, ENABLE)。一个函数用于开启 AHB1 外设时钟，GPIOA 与 GPIOC 均在 AHB1 上，因此同时开启了 GPIOA 与 GPIOC，使用"|"运算作为实参；另一个函数用于开启 APB2 外设时钟，而 SYSCFG 属于外设时钟，位于 APB2 上，因此使用了 RCC_APB2PeriphClockCmd() 函数。

（3）配置 NVIC。使用之前编写的 NVIC_Configuration() 函数进行配置。

（4）GPIO 输入初始化。作为外部中断的触发源，GPIO 应该设置为输入，因此要对 PA0 与 PC13 进行 GPIO 的输入设置。代码如下：

GPIO_InitStructure. GPIO_Pin = KEY1_INT_GPIO_PIN;

GPIO_InitStructure. GPIO_Mode = GPIO_Mode_IN;

GPIO_InitStructure. GPIO_PuPd = GPIO_PuPd_NOPULL;

GPIO_Init(KEY1_INT_GPIO_PORT, &GPIO_InitStructure);

对 GPIO 初始化结构体进行配置涉及引脚号 KEY1_INT_GPIO_PIN、输入模式 GPIO_Mode_IN 与上下拉模式 GPIO_PuPd_NOPULL 这三个参数，具体方法参考上一章节 GPIO 输入部分。

最后使用 GPIO_Init() 函数进行初始化。这个函数与之前学习的 GPIO 初始化步骤一致。

（5）将 GPIO 连接外部中断源，GPIO 作为事件需要连接外部中断源来触发中断，所以使用函数 SYSCFG_EXTILineConfig()。这个函数可以在 stm32f4xx_syscfg.c 中找到，如图 5-14 所示。该函数有两个形参，一个是 EXTI_PortSourceGPIOx，意味着 GPIO 口，数据类型为无符号字符型；另一个是 EXTI_PinSourcex，意味着引脚号，数据类型为无符号字符型。要设置 PA0 连接外部中断源，因此第一个参数是 GPIOA，第二个参数是 GPIO_Pin_0，于是根据 PA0 参数写出该函数：SYSCFG_EXTILineConfig(GPIOA, GPIO_Pin_0)，而在 exti.h 中已经对这两个参数进行过宏定义，因此函数 SYSCFG_EXTILineConfig() 最后可写成：

SYSCFG_EXTILineConfig(KEY1_INT_EXTI_PORTSOURCE, KEY1_INT_EXTI_PINSOURCE);

```
153  /**
154    * @brief  Selects the GPIO pin used as EXTI Line.
155    * @param  EXTI_PortSourceGPIOx : selects the GPIO port to be used as source for
156    *          EXTI lines where x can be (A..K) for STM32F42xxx/43xxx devices, (A..I)
157    *          for STM32F405xx/407xx and STM32F415xx/417xx devices or (A, B, C, D and H)
158    *          for STM32401xx devices.
159    *
160    * @param  EXTI_PinSourcex: specifies the EXTI line to be configured.
161    *          This parameter can be EXTI_PinSourcex where x can be (0..15, except
162    *          for EXTI_PortSourceGPIOI x can be (0..11) for STM32F405xx/407xx
163    *          and STM32F405xx/407xx devices and for EXTI_PortSourceGPIOK x can
164    *          be (0..7) for STM32F42xxx/43xxx devices.
165    *
166    * @retval None
167    */
168  void SYSCFG_EXTILineConfig(uint8_t EXTI_PortSourceGPIOx, uint8_t EXTI_PinSourcex)
169  {
170    uint32_t tmp = 0x00;
171
172    /* Check the parameters */
173    assert_param(IS_EXTI_PORT_SOURCE(EXTI_PortSourceGPIOx));
174    assert_param(IS_EXTI_PIN_SOURCE(EXTI_PinSourcex));
175
176    tmp = ((uint32_t)0x0F) << (0x04 * (EXTI_PinSourcex & (uint8_t)0x03));
177    SYSCFG->EXTICR[EXTI_PinSourcex >> 0x02] &= ~tmp;
178    SYSCFG->EXTICR[EXTI_PinSourcex >> 0x02] |= (((uint32_t)EXTI_PortSourceGPIOx) << (0x04 * (EXTI_PinSourcex & (uint8_t)0x03)));
179  }
180
```

图 5-14　SYSCFG_EXTILineConfig 函数

（6）配置 EXTI 中断/事件线并完成初始化,这时使用 EXTI 初始化结构体 EXTI_ InitStructure,可参考 5.2.2 内容。这部分代码如下:

```
EXTI_InitStructure. EXTI_Line = KEY1_INT_EXTI_LINE;          // 选择中断线
EXTI_InitStructure. EXTI_Mode = EXTI_Mode_Interrupt;         // 设置中断模式
EXTI_InitStructure. EXTI_Trigger = EXTI_Trigger_Rising;      // 上升沿触发
EXTI_InitStructure. EXTI_LineCmd = ENABLE;                   // 使能中断线
EXTI_Init( &EXTI_InitStructure );                            // 初始化外部中断
```

第一个成员 EXTI_InitStructure. EXTI_Line 的含义是选择中断线。PA0 的外部中断选择 EXTI_Line0,由于 exti. h 中已经对 EXTI_Line0 进行了宏定义,因此赋值 KEY1_INT_EXTI _LINE。

第二个成员 EXTI_InitStructure. EXTI_Mode 的含义是模式选择,选择中断模式或者事件模式。按要求这里选择中断,即 EXTI_InitStructure. EXTI_Mode = EXTI_Mode_Interrupt。

第三个成员 EXTI_InitStructure. EXTI_Trigger 的含义是选择触发模式,这里选择上升沿触发,因此 EXTI_InitStructure. EXTI_Trigger = EXTI_Trigger_Rising。

第四个成员 EXTI_InitStructure. EXTI_LineCmd 的含义是使能外部中断线,这里设置打开使能,才能使用 PA0 作为外部中断,因此设置 EXTI_InitStructure. EXTI_LineCmd = ENABLE。

最后使用函数 EXTI_Init(&EXTI_InitStructure)完成 EXTI 的初始化工作。

PC13 的设置方法和步骤与 PA0 的类似,只需改一下 GPIO 与对应的中断/事件线,为了区分上升沿与下降沿,将 PC13 设置为下降沿触发,其他不变。

5.3.3　编写中断服务函数

exti. c 完成了 EXTI 的初始化驱动。剩下的工作是编写中断服务函数,让 CPU 知道发生中断时要做什么工作。按照设计好的程序结构,中断服务函数写在 stm32f4xx_it. c 里。该文件的内容主要是为异常服务,可以看到 NMI_Handler 函数、HardFault_Handler 函数等,这些函数名字很熟悉,其实它们正是表 5-1 内对应的除了 Reset 之外的 9 个系统异常服务函数,名字与其一一对应,如图 5-13 所示。当这些异常发生,系统将立刻进入相应的服务函数内。固件库已经将系统异常服务函数的框架写好,内容为空。而中断服务函数却没有写,在文件最后的帮助说明也讲述了这个问题,因此,中断服务函数要由用户自行编写,而且中断服务函数的名字必须与 startup_stm32f4xx. s 内的中断向量名字一致,比如 PA0 对应外部中断 EXTI0,则中断服务函数名字应为 EXTI0_IRQHandler( )。同理,PC13 对应外部中断 EXTI15_10,则中断服务函数名字应为 EXTI15_10_IRQHandler( )。

```
45  /****************************************************************/
46  /*            Cortex-M4 Processor Exceptions Handlers           */
47  /****************************************************************/
48
49  /**
50    * @brief  This function handles NMI exception.
51    * @param  None
52    * @retval None
53    */
54  void NMI_Handler(void)
55  {
56  }
57
58  /**
59    * @brief  This function handles Hard Fault exception.
60    * @param  None
61    * @retval None
62    */
63  void HardFault_Handler(void)
64  {
65    /* Go to infinite loop when Hard Fault exception occurs */
66    while (1)
67    {
68    }
69  }
70
```

图 5-15　stm32f4xx_it.c 文件

编辑 stm32f4xx_it.c 文件,因为要用到预先做好的宏定义,首先在程序的开头加入包含 exti.h 头文件"#include"exti.h""。

中断服务函数在 stm32f4xx_it.c 文件最后。读者可以看到对中断函数书写的说明,可以删除它们。最后添加 PA0 与 PC13 的中断服务函数 EXTI0_IRQHandler( )与 EXTI15_10_IRQHandler( )。为了提高程序的可读性与可移植性,exti.h 中对 EXTI0_IRQHandler 和 EXTI15_10_IRQHandler 做了宏定义。读者可以将函数名改为 KEY1_IRQHandler( )与 KEY2_IRQHandler( ),如图 5-16 所示。

```
void EXTI0_IRQHandler(void)
{

}

void EXTI15_10_IRQHandler(void)
{

}
```

```
void KEY1_IRQHandler(void)
{

}

void KEY2_IRQHandler(void)
{

}
```

图 5-16　添加中断服务函数

按照项目要求,我们需要在中断时改变 LED 状态,因此在中断服务函数中写入 GPIO_ToggleBits( )对 GPIO 进行取反输出。外部中断还有一个非常重要而且容易疏忽的地方,就是当中断服务结束后要对中断服务标志进行清除,否则中断将一直进行下去,无法返回主函数。清除中断标志的函数是 EXTI_ClearITPendingBit( )函数,该函数在 stm32f4xx_exti.c 内可以找到,如图 5-17 所示,形参是外部中断线 EXTI_Line。将对应的外部中断线填入即可清除。因此,对 PA0 外部中断的清除函数为 EXTI_ClearITPendingBit(KEY1_INT_EXTI_LINE);对 PC13 外部中断的清除函数为 EXTI_ClearITPendingBit(KEY2_INT_EXTI_LINE)。

```
282  /**
283    * @brief  Clears the EXTI's line pending bits.
284    * @param  EXTI_Line: specifies the EXTI lines to clear.
285    *           This parameter can be any combination of EXTI_Linex where x can be (0..22)
286    * @retval None
287    */
288  void EXTI_ClearITPendingBit(uint32_t EXTI_Line)
289  {
290    /* Check the parameters */
291    assert_param(IS_EXTI_LINE(EXTI_Line));
292
293    EXTI->PR = EXTI_Line;
294  }
```

图 5-17   EXTI_ClearITPendingBit( )函数

PA0 与 PC13 的中断服务函数如下：
```
void KEY1_IRQHandler( void )
{
    GPIO_ToggleBits( GPIOF,GPIO_Pin_6 );
    EXTI_ClearITPendingBit( KEY1_INT_EXTI_LINE );
}


void KEY2_IRQHandler( void )
{
    GPIO_ToggleBits( GPIOF,GPIO_Pin_7 );
    EXTI_ClearITPendingBit( KEY2_INT_EXTI_LINE );
}
```

5.3.4   编写 main. c

至此,led. c、led. h 与 exti. c、exti. h 已经准备完毕,最后的工作是编写 main. c。主程序非常简单,只需要对 LED 的 GPIO 与中断的 GPIO 进行初始化,最后增加一个空死循环即可,点亮 LED 的工作由中断服务函数完成。程序代码如下：
```
#include" stm32f4xx. h"
#include" led. h"
#include" exti. h"
int main( void )
{
    LED_GPIO_Config( );                          // 初始化 LED 的 GPIO
    EXTI_Key_Config( );                          // 初始化 EXTI 的 GPIO
    GPIO_SetBits( GPIOF,GPIO_Pin_6 );            // 关闭红色 LED
    GPIO_SetBits( GPIOF,GPIO_Pin_7 );            // 关闭绿色 LED
    while( 1 );                                   // 空死循环
}
```

对程序进行编译并下载,查看运行结果。注意观察按下按键时 LED 的反应,其中 PA0 应该是按下时的反应,PF13 则是松开时的反应。

在 exti. c 中修改 PA0 的中断触发方式：
```
EXTI_InitStructure. EXTI_Trigger = EXTI_Trigger_Rising_Falling;// 上下边沿触发
```

修改好后观察结果,可以看到 PA0 在按下按键和松开按键时均对红色 LED 进行了取反操作。细心的读者会发现,与 51 系列单片机不同,中断方式只有边沿触发模式,没有电平触发模式。比如在 PA0 的中断服务函数中加入"while(GPIO_ReadInputDataBit(KEY1_INT_GPIO_PORT,KEY1_INT_GPIO_PIN) ==1);",使 CPU 等待松开按键后,才退出中断。改写 PA0 中断服务函数如下:

```
void KEY1_IRQHandler( void)
{
  GPIO_ToggleBits( GPIOF,GPIO_Pin_6) ;
  while( GPIO_ReadInputDataBit( KEY1_INT_GPIO_PORT,KEY1_INT_GPIO_PIN) ==1) ;
  EXTI_ClearITPendingBit( KEY1_INT_EXTI_LINE) ;
}
```

修改后编译下载程序,可以发现,在 PA0 被按下的过程中,PC13 的中断一直无法响应;只有松开按键,PA0 的中断退出后 PC13 的中断才会响应。这是因为在设置抢断优先级与子优先级时两者一样,EXTI0 的优先级高于 EXTI15_10 的优先级,因此优先响应 PA0 的中断。当然,这里只能是模拟电平中断,实际上并不属于中断系统的一部分。

如果将 PC13 的抢断优先级改高一点,那么它的优先级将高于 PA0 的优先级。我们可以将 PC13 的抢断优先级改为 0。对 exti.c 中的 NVIC_Configuration()函数修改如下:

```
static void NVIC_Configuration( void)
{
    NVIC_PriorityGroupConfig( NVIC_PriorityGroup_1) ;
    NVIC_InitTypeDef NVIC_InitStructure;
    NVIC_InitStructure. NVIC_IRQChannel = KEY1_INT_EXTI_IRQ;
    NVIC_InitStructure. NVIC_IRQChannelPreemptionPriority =1;     // 设置 PA0 抢占优先级为 1
    NVIC_InitStructure. NVIC_IRQChannelSubPriority =1;
    NVIC_InitStructure. NVIC_IRQChannelCmd = ENABLE;
    NVIC_Init( &NVIC_InitStructure) ;
    NVIC_InitStructure. NVIC_IRQChannelPreemptionPriority =0;
                 // 设置 PC13 的优先级高于 PA0 的优先级,设置 PC13 抢占优先级为 0
    NVIC_InitStructure. NVIC_IRQChannel = KEY2_INT_EXTI_IRQ;
    NVIC_Init( &NVIC_InitStructure) ;
}
```

编译下载后,可以观察到,当按住 PA0 时,在按下 PC13 的瞬间松开(下降沿触发),PC13 的中断马上响应,说明 PC13 的中断优先级高于 PA0 的中断优先级。

5.4　小　结

STM32 的中断系统比较复杂,但其功能非常强大,可以灵活地处理各项任务。通过外部中断,读者可学习 STM32 的中断系统,使用固件库编程,逐步掌握中断初始化、优先级设置、中断处理等流程。

项目 6

SysTick 与定时器

SysTick(系统定时器)属于 Cortex-M4 内核中的一个外设,内嵌在 NVIC 中。系统定时器是一个 24bit 的向下递减的计数器。计数器每计数一次的时间为 1/SYSCLK。SYSCLK 为系统时钟。当重装载数值寄存器的值递减到 0 的时候,SysTick 产生一次中断,并且从 RELOAD 寄存器中自动重装载定时器初值。只要不把 SysTick 控制及状态寄存器中的使能位清除,SysTick 就永不停息,以此循环往复。SysTick 也称为嘀嗒定时器。

SysTick 属于内核的定时器,是 Cortex-M 内核的标配。除此之外,STM32 还有 14 个定时器,包含 10 个通用定时器、2 个基本定时器与 2 个高级定时器。

6.1 SysTick 定时器

SysTick 可以产生 SysTick 异常(可查看表 5-1)。操作系统都必须有一个硬件定时器来产生中断,作为整个系统的时基,而这个嘀嗒定时器对操作系统非常重要。例如,操作系统可以为多个任务许以不同数目的时间片,为每个定时器周期的某个时间范围分配特定的任务。操作系统提供的各种定时功能等都要使用嘀嗒定时器,用于产生时基,维持操作系统的"心跳"。

因为 SysTick 是 Cortex-M4 内核的外设,使得软件在 CM4 的 MCU 中可以很容易地移植。SysTick 一般用于操作系统,也可以用于无操作系统的程序编写,有着嘀嗒定时中断的作用。

6.1.1 STM32 的时钟系统

与使用 51 系列单片机类似,需要使用定时器功能时都需知道系统的时钟,因为定时器都是以计数器为基础,通过对系统的时钟进行计数完成定时,因此我们必须先了解 STM32 的时钟系统。STM32 的时钟系统比 51 系列单片机的复杂很多,图 6-1 是 STM32 时钟树,所有的外设需要的时钟均在时钟树上产生,比如 GPIO 的时钟。

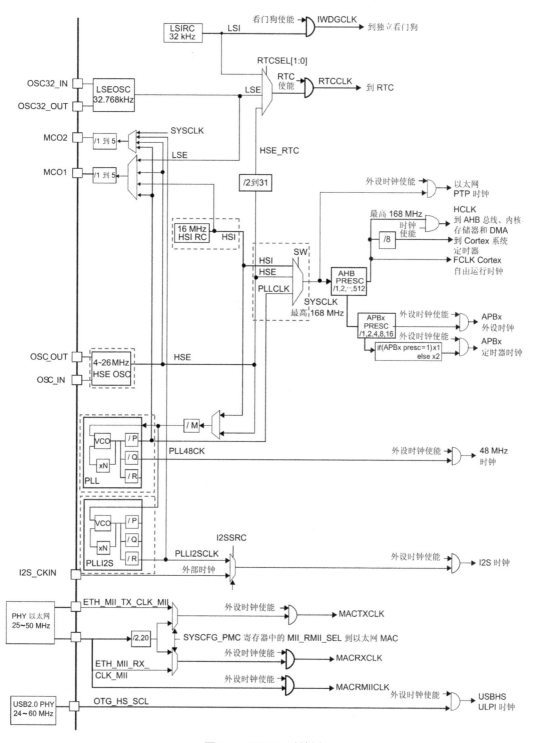

图 6-1 STM32 时钟树

因为时钟树比较复杂,下面仅对与目前定时器相关的内容进行展开。

1. 锁相环 PLL

PLL 的主要作用是对时钟进行倍频或分频,然后把时钟输出到各个功能部件。倍频的倍数称为倍频因子,分频时则称为分频因子。STM32 的 PLL 有两个,一个是主 PLL,另一个是专用的 PLLI2S,它们均由 HSE 或者 HSI 提供时钟输入信号。

主 PLL 有两路时钟输出:第一个输出时钟 PLLCLK 用于系统时钟,F407 的系统时钟为 168MHz;第二个输出用于 USB OTG FS 的时钟(48MHz)、RNG 和 SDIO 时钟(≤48MHz)。专用的 PLLI2S 用于生成精确时钟,给 I2S 提供时钟。

2. HSE

HSE 是高速的外部时钟信号,可以由有源晶振或者无源晶振提供,频率范围为 4 ~ 26MHz。当使用有源晶振时,时钟从 OSC_IN 引脚进入,OSC_OUT 引脚悬空;当选用无源晶振时,晶振接到 OSC_IN 与 OSC_OUT,并联谐振电容。开发板使用了 25MHz 的无源晶振。

3. HSI

HSI 为高速内部时钟信号,由内部 16MHz RC 振荡器生成,可直接用作系统时钟,或者用作 PLL 输入。HSI RC 振荡器的优点是成本较低(无需使用外部组件)。此外,其启动速度也比 HSE 晶振快,但其精度不及外部晶振或陶瓷谐振器。

4. LSE

LSE 为低速外部时钟,相对于 HSE,属于低速时钟,主要提供给实时时钟模块,频率一般为 32.768kHz。

5. LSI

LSI 为低速内部时钟,相对于 HSI,属于低速时钟,由内部 RC 振荡器产生,主要提供给实时时钟模块,频率大约为 40kHz。

6. SYSCLK

SYSCLK 来源可以是 HSI、PLLCLK、HSE,具体由时钟配置寄存器 RCC_CFGR 的 SW 位配置。如果系统时钟由 HSE 经过 PLL 倍频之后的 PLLCLK 得到,当 HSE 出现故障时,系统时钟会切换为 HSI = 16MHz,直到 HSE 恢复正常为止。在图 6-1 中可以看到 SYSCLK 频率最高为 168MHz。

7. 其他时钟

图 6-1 中还有其他时钟:以太网 PTP 时钟、AHB 时钟、APB 时钟、I2S 时钟、外设使能时钟等。这些时钟都是 STM32 各种外设所需要的时钟。各个时钟基本是按图 6-2 流程进行处理的。

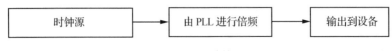

图 6-2　STM32 时钟的处理流程

比如,选择外部晶振,可以使用 HSE(不倍频)或者 HSE 经过锁相环 PLL 倍频之后的时钟作为 SYSCLK。另外,HSE 经过倍频后可通过多个预分频器配置 AHB 频率、高速 APB(APB2)和低速 APB(APB1)。AHB 域的最大频率为 168MHz。高速 APB2 域的最大允许频率为 84MHz,低速 APB1 域的最大允许频率为 42MHz。

以 SYSCLK 为例,将外部晶振 25MHz 接到 HSE 引脚(HSE = 25Mhz),
HSE 需要经过几个分频因子与倍频因子,如图 6-3 所示。HSE 经过分频因子
M(/M)后,然后经过倍频因子 N,再经过一个分频因子 P。最后输出到
SYSCLK,因此 SYSCLK = PLLCLK = [(HSE/M)×N]/P。这里设置分频因子
M 为 25,倍频因子 N 为 336,分频因子 P 为 2,则计算出 SYSCLK = [25/25) * 336]/2MHz =
168MHz,即 SYSCLK 被设置为最高频率 168MHz。分频因子与倍频因子取值范围如表 6-1
所示。

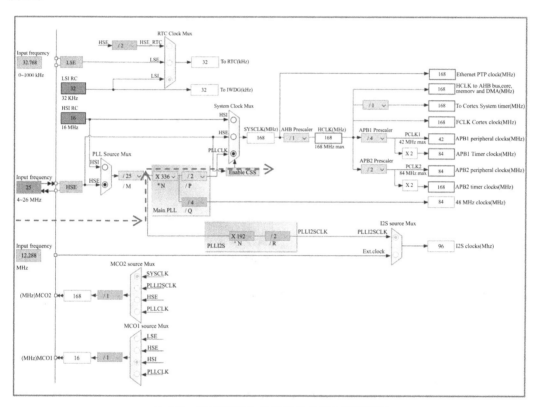

图 6-3　使用 HSE 时钟设置的分频与倍频因子

表 6-1　SYSCLK 设置的倍频、分频因子

参数	说明	取值范围
M	VCO 输入时钟分频因子	2 ~ 63
N	VCO 输出时钟倍频因子	192 ~ 432
P	PLLCLK 时钟分频因子	2/4/6/8
Q	OTG FS、SDIO、RNG 时钟分频因子	4 ~ 15

当然,也可以使用 HSI 作为 SYSCLK 的输入源,设置方式如图 6-4 所示。HSI 频率为
16MHz,设置分频因子为 16,得 SYSCLK = [(16/16) * 336]/2MHz = 168MHz。HSI 的时钟
误差比较大。

HSE 与 HSI 也可以不使用 PLL,直接作为 SYSCLK,但频率无法倍频与分频,如图 6-3 所示。

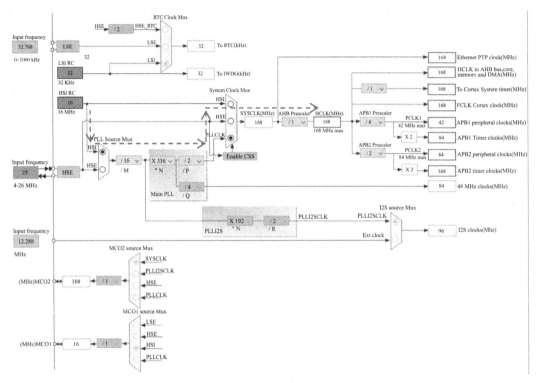

图 6-4　使用 HSI 时钟设置的分频与倍频因子

6.1.2　设置系统时钟

掌握了时钟的计算方法,就可以设置系统时钟了。在 stm32f4xx.h 中我们可以设置外部晶振频率。在第 144 行,找到#define HSE_VALUE,如图 6-5 所示,这里写入了晶振频率数,系统默认为 25000000,即 25MHz。倍频/分频因子的设置在 system_stm32f4xx.c 的第 371 行,如图 6-6 所示,这里的默认值是 25。同样地,我们可以找到#define PLL_Q,默认值是 7;找到#define PLL_N,默认值是 336;找到#define PLL_P,默认值是 2。因此,系统默认外接晶振是 25MHz,M = 25,N = 336,P = 2,可以计算出默认值的 SYSCLK 是 168MHz。

如果外接的晶振的频率不是 25MHz,修改宏定义即可。例如,用 18MHz 的晶振,则修改宏为"#define HSE_VALUE 18000000;"。同样地,设置系统时钟频率为 168MHz,只需修改分频因子 M 为 18 即可,即"#define PLL_M 18"。

```
143  #if !defined  (HSE_VALUE)
144  #define HSE_VALUE    ((uint32_t)25000000) /*!< Value of the External oscillator in Hz */
```

图 6-5　设置外部时钟

```
368   /*********************** PLL Parameters ***********************/
369  #if defined(STM32F40_41xxx) || defined(STM32F427_437xx) || defined(STM32F429_439xx) || defined(STM32F401xx) |
370   /* PLL_VCO = (HSE_VALUE or HSI_VALUE / PLL_M) * PLL_N */
371     #define PLL_M      25
372  #elif defined(STM32F412xG) || defined(STM32F413_423xx) || defined (STM32F446xx)
373     #define PLL_M       8
374  #elif defined(STM32F410xx) || defined (STM32F411xE)
375   #if defined(USE_HSE_BYPASS)
376     #define PLL_M       8
377   #else /* USE_HSE_BYPASS */
378     #define PLL_M      16
379   #endif /* USE_HSE_BYPASS */
380  #else
381  #endif /* STM32F40_41xxx || STM32F427_437xx || STM32F429_439xx || STM32F401xx || STM32F469_479xx */
382
383   /* USB OTG FS, SDIO and RNG Clock =  PLL_VCO / PLLQ */
384  #define PLL_Q       7
385
386  #if defined(STM32F446xx)
387   /* PLL division factor for I2S, SAI, SYSTEM and SPDIF: Clock =  PLL_VCO / PLLR */
388  #define PLL_R       7
389  #elif defined(STM32F412xG) || defined(STM32F413_423xx)
390  #define PLL_R       2
391  #else
392  #endif /* STM32F446xx */
393
394  #if defined(STM32F427_437xx) || defined(STM32F429_439xx) || defined(STM32F446xx) || defined(STM32F469_479xx)
395  #define PLL_N     360
396   /* SYSCLK = PLL_VCO / PLL_P */
397  #define PLL_P       2
398  #endif /* STM32F427_437x || STM32F429_439xx || STM32F446xx || STM32F469_479xx */
399
400  #if defined (STM32F40_41xxx)
401  #define PLL_N     336
402   /* SYSCLK = PLL_VCO / PLL_P */
403  #define PLL_P       2
404  #endif /* STM32F40_41xxx */
```

图 6-6　设置倍频/分频因子

在 system_stm32f4xx.c 中我们可以找到第 437 行,如图 6-7 所示,看到系统内核时钟的变量赋值"uint32_t SystemCoreClock = 168000000;"。这里相当于 SYSCLK 频率为 168MHz,这与之前的晶振、倍频/分频因子的设置应该一致。

```
436  #if defined(STM32F40_41xxx)
437     uint32_t SystemCoreClock = 168000000;
438  #endif /* STM32F40_41xxx */
```

图 6-7　设置系统内核时钟

内核时钟与 Cortex 系统时钟(SysTick 使用的时钟)是通过分频因子传递的,如图 6-3 所示,在固件库里设置 SysTick 时钟源的函数 SysTick_CLKSourceConfig()如下:

```
void SysTick_CLKSourceConfig(uint32_t SysTick_CLKSource)
{
    /* Check the parameters */
    assert_param(IS_SYSTICK_CLK_SOURCE(SysTick_CLKSource));
    if(SysTick_CLKSource == SysTick_CLKSource_HCLK)
    {
        SysTick->CTRL |= SysTick_CLKSource_HCLK;
    }
    else
    {
        SysTick->CTRL&= SysTick_CLKSource_HCLK_Div8;
    }
}
```

形参可以是 SysTick_CLKSource_HCLK 和 SysTick_CLKSource_HCLK_Div8。当参数为 SysTick_CLKSource_HCLK 时,分频因子为 1,即不做分频处理,SysTick 时钟等于内核时钟; 当参数为 SysTick_CLKSource_HCLK_Div8 时,分频因子为 8,即 8 分频,SysTick 时钟为内核时钟的 1/8。

SysTick_CLKSourceConfig(SysTick_CLKSource_HCLK)表示不分频,使用内核时钟。 SysTick_CLKSourceConfig(SysTick_CLKSource_HCLK_Div8)表示使用内核时钟 8 分频。

使用该函数确定定时器的时钟后,这个时钟的周期就是 SysTick 定时器计数的周期。

6.1.3　SysTick 的相关寄存器

SysTick 有 4 个寄存器用于设置 SysTick 中断,如表 6-2 所示。与 51 系列单片机类似, 它们需要设置 SysTick 的工作模式、初值等。

表 6-2　SysTick 相关寄存器

寄存器名称	寄存器描述
CTRL	SysTick 控制及状态寄存器
LOAD	SysTick 重装载数值寄存器
VAL	SysTick 当前数值寄存器
CALIB	SysTick 校准数值寄存器

这 4 个寄存器是 SysTick 使用的关键,由于其有固件库,故使用起来非常方便。下面了解一下这几个寄存器的结构。

1. CTRL 寄存器

CTRL 控制寄存器是一个 32 位寄存器,复位值为 0x0000 0000,它用来设置 SysTick 工作状态,其中 32bit 的含义如下:

bit[0]:ENABLE SysTick 使能位,0 = 关闭 SysTick 功能,1 = 开启 SysTick 功能。

bit[1]:TICKINT SysTick 中断使能位,0 = 关闭 SysTick 中断,1 = 开启 SysTick 中断。

bit[2]:CLKSOURCE SysTick 时钟源选择位,0 = 使用 HCLK/8 时钟源,1 = 使用 HCLK 时钟源。

bit[16]:COUNTFLAG SysTick 计数比较标志,如果计数器达到 0,则读入为 1;当读取或清除当前计数器值时,将自动清除为 0。

其他位:保留。

2. LOAD 寄存器

系统定时器 SysTick 是一个 24bit 的向下计数器,当计数寄存器的值递减到 0 的时候系统定时器就会产生一次中断,初值会拷贝到计数寄存器中,然后再一次从头向下减,以此循环往复。这个初值就存放在 SysTick_LOAD 寄存器中。

当 SysTick 定时器的值递减到 0 后,LOAD 寄存器的值会自动装载给 SysTick_VAL(当前值寄存器)。LOAD 寄存器是 32 位的寄存器,但使用的位是 bit23~bit0,共 24 位,其余不用保留。因此初值最大为 16M,即 16777216。使用的时候应注意初值的最大值不要超过这个范围。

3. VAL 寄存器

VAL 是当前数值寄存器,存放的是 SysTick 的当前计数值,同样使用了 bit23 ~ bit0,读取时返回当前倒计数的值。注意:该寄存器可以写,但执行写操作会使之清零,同时还会清除 SysTick 控制寄存器和状态寄存器中的 COUNTFLAG 标志,因此应谨慎执行写操作。

4. CALIB 寄存器

CALIB 是校准值寄存器,它使系统即使在不同的 CM3、CM4 产品上运行,也能产生恒定的 SysTick 中断频率,校准的功能就在于使用外部信号进行时钟校准。此功能极少使用,因此这里不做进一步的讨论。

6.1.4　SysTick 固件库函数

SysTick 的固件库函数有两个:一个是之前的 SysTick_CLKSourceConfig( )函数,另一个是 SysTick_Config( )函数。SysTick_Config( )函数可以在 core_cm4.h 文件中找到,如图 6-8 所示。使用该函数可设置 SysTick 相关寄存器而无须去分别设置每个寄存器。

```
1736  /* ############################   SysTick function   ############################ */
1737  /** \ingroup  CMSIS_Core_FunctionInterface
1738      \defgroup CMSIS_Core_SysTickFunctions SysTick Functions
1739      \brief       Functions that configure the System.
1740    @{
1741  */
1742
1743  #if (__Vendor_SysTickConfig == 0)
1744
1745  /** \brief  System Tick Configuration
1746
1747      The function initializes the System Timer and its interrupt, and starts the System Tick Timer.
1748      Counter is in free running mode to generate periodic interrupts.
1749
1750      \param [in]  ticks  Number of ticks between two interrupts.
1751
1752      \return          0  Function succeeded.
1753      \return          1  Function failed.
1754
1755      \note     When the variable <b>__Vendor_SysTickConfig</b> is set to 1, then the
1756      function <b>SysTick_Config</b> is not included. In this case, the file <b><i>device</i>.h</b>
1757      must contain a vendor-specific implementation of this function.
1758
1759   */
1760   __STATIC_INLINE uint32_t SysTick_Config(uint32_t ticks)
1761  {
1762    if ((ticks - 1UL) > SysTick_LOAD_RELOAD_Msk) { return (1UL); }    /* Reload value impossible */
1763
1764    SysTick->LOAD  = (uint32_t)(ticks - 1UL);                         /* set reload register */
1765    NVIC_SetPriority (SysTick_IRQn, (1UL << __NVIC_PRIO_BITS) - 1UL); /* set Priority for Systick Interrupt */
1766    SysTick->VAL   = 0UL;                                             /* Load the SysTick Counter Value */
1767    SysTick->CTRL  = SysTick_CTRL_CLKSOURCE_Msk |
1768                     SysTick_CTRL_TICKINT_Msk   |
1769                     SysTick_CTRL_ENABLE_Msk;                         /* Enable SysTick IRQ and SysTick Timer */
1770    return (0UL);                                                     /* Function successful */
1771  }
1772
1773  #endif
1774
1775  /*@} end of CMSIS_Core_SysTickFunctions */
```

图 6-8　SysTick_Config( )函数

该函数的形参只有一个,即 ticks,并且有返回值。形参 ticks 表示两次中断之间的计数值,即初值,当返回值为 0 时代表函数成功,当返回值为 1 时代表函数失败。

__STATIC_INLINE uint32_t SysTick_Config(uint32_t ticks)

{　if((ticks − 1UL) > SysTick_LOAD_RELOAD_Msk) { return(1UL) ;}　　　　// 重新装载的值

```
        SysTick-> LOAD = ( uint32_t )( ticks - 1UL ) ;
        NVIC_SetPriority( SysTick_IRQn ,( 1UL<< __NVIC_PRIO_BITS ) - 1UL ) ;        // 设置 Systick 中断优
                                                                                   // 先级
        SysTick-> VAL = 0UL ;                                      // Load the SysTick Counter Value
        SysTick-> CTRL = SysTick_CTRL_CLKSOURCE_Msk |
                        SysTick_CTRL_TICKINT_Msk |
                        SysTick_CTRL_ENABLE_Msk ;                                    // 使能 SysTick 中断
        return( 0UL ) ;
    }
```

下面分析一下函数的内容：

第 1 行,如果 ticks - 1 > SysTick_LOAD_RELOAD_Msk 的最大值即初值大于计数器最大值,说明计数是失败的,返回 1(1UL 代表无符号长整形常量 1,0UL 代表无符号长整形常量 0)。

第 2 行,赋值 SysTick-> LOAD 寄存器,即对 SysTick 的初值进行设置,值为 ticks - 1。

第 3 行,设置 NVIC 中断向量表,设置 SysTick 的中断优先级。

第 4 行,SysTick-> VAL 清 0,注意这里为 SysTick-> VAL,同时也清除 SysTick 控制寄存器和状态寄存器中的 COUNTFLAG 标志。

第 5 行,使能 SysTick 中断,打开 SysTick 定时器。

最后一行,执行完毕,返回 0,代表函数成功。

通过阅读函数,得知 SysTick_Config( ) 只需把形参设置为定时器需要计数的初值,而其他的设置中断优先级、使能中断、打开 SysTick 定时器都由函数完成,无须另外进行设置,因此 SysTick_Config( ) 函数使用起来非常方便。

6.1.5 定时时间与初值计算

初值的大小决定了定时器的定时时间间隔,与 51 系列单片机的定时一样,要计算初值,首先要知道定时器的时钟。在 6.1.2 节中我们已经学习了 SysTick_CLKSourceConfig( ) 函数的使用方法,用它设置定时器时钟。比如定时器时钟为 168MHz,则一个计数时钟周期为 $1/168MHz \approx 5.952 \times 10^{-9}$ s,这是最短的定时时间。而定时时间 = 脉冲个数 × 时钟周期。脉冲个数为计数器计数的个数,即为初值,所以初值 = 定时时间/时钟周期。比如需要定时 1ms,计数器初值 = 0.001s/(1/168MHz) = 168M/1000 = 0.168M；再比如需要定时 10ms,计数器初值 = 0.01s/(1/168MHz) = 168M/100 = 1.68M。初值的规律如下：

```
168M/100        10ms
168M/1000       1ms
168M/10000      100μs
168M/100000     10μs
······
```

注意:由于计数器只有 24 位,最大值只有 16M,因此最大定时时间只有 16777216 ×

$5.592 \times 10^{-9}\text{s} \approx 99.86\text{ms}$,若要超过 99.86ms,则不能使用 SysTick 直接定时。

6.1.6 编写 SysTick 程序

我们首先完成 1ms 定时,每隔 1ms 对 PF6 引脚的输出取反。使用固件库编写 SysTick 定时非常简单,只需使用 SysTick_Config( )函数与 SysTick_CLKSourceConfig( )函数。注意: 这里 PF6 的 1ms 的定时闪烁 LED,肉眼无法观察,可以使用示波器观察。

1. 建立项目工程

我们首先对做好的固件库模板进行修改,建立好编译环境(今后的例程操作步骤一样):

(1)复制之前项目做好的 LED 工程模板,将复制好的文件夹名字改为 FL_SysTick,并把工程文件名改为 FL_SysTick.uvprojx。

(2)根据惯例,在 USER 文件夹内添加 SysTick 文件夹,用于存放 SysTick 的驱动".c"文件与".h"文件。分别命名为 systick.c 与 systick.h。

(3)双击 USER 组,将 systick.c 添加进 USER 组,设置编译环境路径,添加 SysTick 文件夹,搭建好 SysTick 的项目文件模板。

2. 编写 systick.h

代码如下:

```
#ifndef_SYSTICK_H
#define_SYSTICK_H
#include" stm32f4xx. h"
void SysTick_Init( void) ;
#endif   / * END of_SYSTICK_H * /
```

头文件只声明了 SysTick_Init( )函数,该函数在 systick.c 文件中编写,用于 Systick 的初始化与配置。

3. 编写 systick.c

代码如下:

```
#include" systick. h"
#include" misc. h"

void SysTick_Init( void)
{
    SysTick_Config( SystemCoreClock/1000) ;
    SysTick_CLKSourceConfig( SysTick_CLKSource_HCLK) ;
    // SysTick_CLKSourceConfig( SysTick_CLKSource_HCLK_Div8) ;
                              // 作 8 分频实验用
}
```

程序第一行与第二行包含 systick.h 与 misc.h 文件,因为 SysTick_CLKSourceConfig( )函数在 misc.h 内声明,SysTick_Config( )函数在 core_cm4.h 内,已经在 stm32f4xx.h 中包含

过,无须再包含一次。

编写 systick 初始化与配置函数,首先要编写 SysTick_Config(),填入实参。参数应该是计数器的计数值(初值)。这里参数填入 SystemCoreClock/1000。SystemCoreClock 已经宏定义为 168M 了,即 168000000,按照运算规律,1ms 的定时正好是 168M/1000,即 SystemCoreClock/1000。再编写 SysTick_CLKSourceConfig() 函数,即时钟分频因子选择函数。前面的章节已经介绍过,该函数的参数为 SysTick_CLKSource_HCLK,当分频因子为 1 时不分频,定时器时钟按 168M 的频率计数。这里预留 8 分频的分频因子,对 8 分频的时钟频率进行定时验证。

4. 编写 main.c

利用已经做好的 led.c 驱动,直接对 PF6 进行初始化。

```
#include" stm32f4xx. h"
#include" led. h"
#include" systick. h"


int main( void)
{
    LED_GPIO_Config( );      // GPIO PF6 初始化
    SysTick_Init( );         // SysTick 定时器初始化
    while( 1)
    {                        // 主循环为空,主任务代码在此

    }
}
```

5. 修改 stm32f4xx_it.c,添加 SysTick 定时器中断服务函数

在中断章节中,我们已经知道中断服务函数都放在了 stm32f4xx_it. c 文件内。打开 stm32f4xx_it. c 并找到 SysTick_Handler() 函数,如图 6-9 所示。

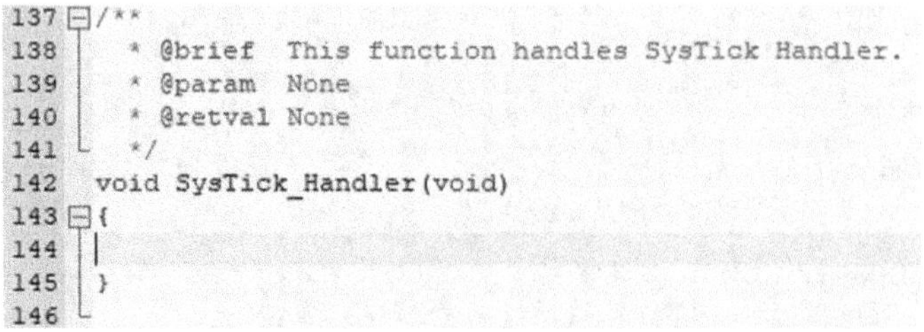

```
137  /**
138   * @brief  This function handles SysTick Handler.
139   * @param  None
140   * @retval None
141   */
142  void SysTick_Handler(void)
143  {
144
145  }
146
```

图 6-9　stm32f4xx_it. c 文件内的 SysTick_Handler( )函数

函数中无内容。根据任务要求,我们需要完成 1ms 定时,对 PF6 取反,添加代码如下:

```
void SysTick_Handler( void)
{
    GPIO_ToggleBits( GPIOF,GPIO_Pin_10) ;
}
```

下载并编译程序,用示波器观察 PF6 引脚输出波形,如图 6-10 所示。通过示波器检测

可知,周期为 2ms,每隔 1ms,引脚 PF6 输出取反一次。

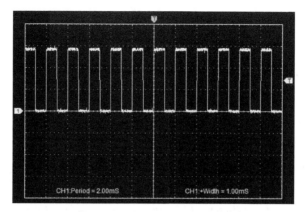

图 6-10　Systick 定时 1ms 的输出取反波形

下面验证 8 分频因子带来的定时,修改 systick. c,将 SysTick_CLKSourceConfig( )参数改为 SysTick_CLKSource_HCLK_Div8,如图 6-11 所示。

```
1  #include "systick.h"
2
3  unsigned int Timing;
4  void SysTick_Init(void)
5  {
6      /*
7      SystemCoreClock/100        10ms
8      SystemCoreClock/1000       1ms
9      SystemCoreClock/10000      100us
10     SystemCoreClock/100000     10us
11     */
12
13     SysTick_Config(SystemCoreClock/10000);
14     SysTick_CLKSourceConfig(SysTick_CLKSource_HCLK_Div8);
15     //SysTick_CLKSourceConfig(SysTick_CLKSource_HCLK);
16  }
```

图 6-11　修改分频因子为 8 分频

编译后观察输出结果,如图 6-12 所示,可以发现输出波形的周期变成了 16ms,与预设一致。

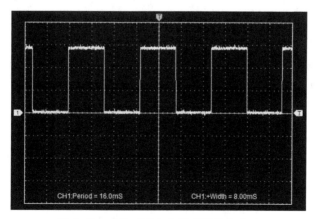

图 6-12　系统时钟 8 分频后的输出波形

编写程序时一定要注意,先编写 SysTick_Config( )函数,后编写 SysTick_CLKSourceConfig( )函数,否则无法实现 8 分频,如果倒过来,或者不写 SysTick_CLKSourceConfig( )函数,就代表默认使用分频因子为 1,即系统时钟不分频。读者可以自行验证。

6.1.7 实现周期为 1s 的闪烁

SysTick 的最大定时时间为 99.86ms,用于驱动 LED 闪烁,只能使用示波器观察,肉眼无法观察到。如果定时周期比较长,我们必须借助一个变量做第二级计数来实现长时间的定时。当然,这种方法会出现误差,结果不精准。

SysTick 定时时间为 1ms。我们可以定义一个缓冲变量 Timing,在 SysTick 中断服务函数中使用中间变量进行计数。每定时 1ms 中断计数加 1,当计数到 500,即刚好 0.5s 时输出才取反,从而达到 1s 周期闪烁的效果。修改 stm32fxx_it.c 文件,在文件开头先定义一个 unsigned int Timing 变量,再找到 void SysTick_Handler(void)函数,修改代码如下:

```
void SysTick_Handler( void)
{
    if( Timing > 500)                          // 判断是否到 500( 0.5s)
    {
        GPIO_ToggleBits( GPIOF, GPIO_Pin_6);   // 到了 0.5s,输出取反
        Timing = 0;                            // Timing 清 0
    }
    Timing ++;                                 // 没到 500( 0.5s),自加 1
}
```

编译完成后,观察 LED,按照 1s 周期闪烁、0.5s 输出取反的规律运行。

6.2 STM32 的基本定时器

前面已介绍过,除了 SysTick 外,在定时方面,ST 公司为 STM32 设计了 14 个定时器,包含 10 个通用定时器、2 个基本定时器与 2 个高级定时器。

表 6-3 列出了高级、通用、基本三种类型的定时器,它们的时钟都通过 RCC_DCKCFGR 寄存器进行设置,可配置为 84MHz 或者 168MHz。

表 6-3 STM32F4 的定时器一览表

类型	Timer	计数器分辨率	计数器类型	预分频系数	互补输出	最大接口时钟频率/MHz	最大定时器时钟频率/MHz
高级	TIM1、TIM8	16 位	递增、递减、递增/递减	1 ~ 65536（整数）	有	84（APB2）	168
通用	TIM2、TIM5	32 位	递增、递减、递增/递减	1 ~ 65536（整数）	无	42（APB1）	84/168
	TIM3、TIM4	16 位	递增、递减、递增/递减	1 ~ 65536（整数）	无	4（APB1）2	84/168
	TIM9	16 位	递增	1 ~ 65536（整数）	无	84（APB2）	168
	TIM10、TIM11	16 位	递增	1 ~ 65536（整数）	无	84（APB2）	168
	TIM12	16 位	递增	1 ~ 65536（整数）	无	42（APB1）	84/168
	TIM13、TIM14	16 位	递增	1 ~ 65536（整数）	无	42（APB1）	84/168
基本	TIM6、TIM7	16 位	递增	1 ~ 65536（整数）	无	42（APB1）	84

6.2.1 基本定时器

基本定时器的功能有限,用于基本定时或驱动数模转换器(DAC)。TIM6 和 TIM7 为两个基本定时器,两者功能完全一样,所用资源彼此完全独立,且可以同时使用。

基本定时器(TIM6 和 TIM7)包含:16 位自动重载递增计数器;16 位可编程预分频器,用于对计数器时钟频率进行分频(即运行时修改),预分频系数介于 1 和 65536 之间,可用于触发 DAC 的同步电路。

1. 定时器基本时钟的确定

基本定时器的结构如图 6-13 所示。根据以往经验,使用定时器必须解决时钟源的问题。基本定时器时钟只能来自内部时钟,而高级控制定时器和通用定时器还可以选择外部时钟源,或者选择直接来自其他定时器等待模式。从表 6-3 查到基本定时器连接的是 APB1 总线时钟,而 APB1 总线时钟频率最大为 42MHz。我们可以通过设置 RCC 专用时钟配置寄存器(RCC_DCKCFGR)的 TIMPRE 位来设置所有定时器的时钟频率,一般设置该位为默认值 0,即 TIM6CLK 和 TIM7CLK 为 APB1 总线时钟的两倍。默认频率为 42MHz,因此基本定时器的时钟频率最大为 84MHz。若设置 TIMPRE 位为 1,则基本定时器的时钟等于 APB1 时钟。基本时钟称为 CK_PSC,是基本定时器的时钟源,如图 6-13 所示。

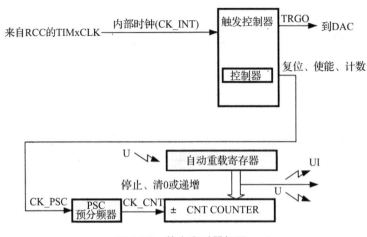

图 6-13　基本定时器框图

2. 基本定时器的寄存器

基本定时器计数过程主要涉及三个寄存器,分别是计数器寄存器(TIMx_CNT)、预分频器寄存器(TIMx_PSC)和自动重载寄存器(TIMx_ARR)。这三个寄存器设置的值都是16位有效数字,即设置值的范围为 0 ~ 65535。

在定时器使能(CEN 置 1)时,计数器 COUNTER 根据定时器脉冲频率向上计数,即每来一个计数脉冲,TIMx_CNT 的值(TIMx_CNT 的默认值为0)就加1。当 TIMx_CNT 的值与 TIMx_ARR 的设定值相等时,计数器则自动生成事件并自动将 TIMx_CNT 清0,然后再自动重新开始计数,重复以上过程,实现周期性定时。

与所有的定时器一样,定时时间由计数脉冲个数与计数时钟周期决定,基本定时器只要设置好定时器时钟(APB1、TIMPRE 与预分频决定)和 TIMx_ARR 寄存器的值就可以设定定时时间了。TIMx_CNT 的值递增至与 TIMx_ARR 的值相等,称为定时器上溢。

如图 6-13 所示,定时器的基本时钟要经过预分频才到达计数器。分频值由预分频器寄存器(TIMx_PSC)决定,分频系数范围为 1 ~ 65536。最终到达定时计数器的时钟称为计数器时钟 CK_CNT,这是定时器最终用以计数定时的时钟。

由于 TIMx_PSC 有缓冲,因此我们可对其进行实时更改,随时得到不同的定时时间。而新的预分频比将在下一更新事件发生时被采用。例如,将预分频器 PSC 的值从 1 改为 4,原来是 1 分频,CK_PSC 和 CK_CNT 频率相同,向 TIMx_PSC 寄存器写入新值时,并不会马上更新 CK_CNT 输出频率,而是等到更新事件发生时,把 TIMx_PSC 寄存器的值更新到缓冲寄存器中,使其真正产生效果。更新为 4 分频后,在 CK_PSC 连续出现 4 个脉冲后 CK_CNT 才产生一个脉冲,图 6-14 所示为 CK_PSC、CK_CNT、计数器寄存器、事件更新等的时序图。

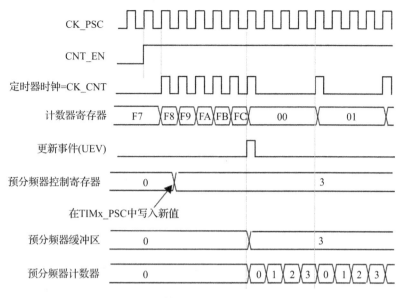

图 6-14　基本定理器工作时序图

TIMx_PSC 预分频数值是 0 时,代表 1 分频;是 1 时,代表 2 分频;以此类推。

3. 基本定时器定时周期的计算

基本定时器定时周期的计算公式如下:

$$定时周期 = CK\_CNT 周期 \times 计数值$$

从 APB1 时钟开始到预设分频后最终形成 CK_CNT 时钟,计算 CK_CNK 的周期,首先要看 APB1 时钟频率。假设默认时钟频率是 42MHz。如果不改 RCC_DCKCFGR 的 TIMPRE 位,默认得到 CK_PSC 的时钟为 84MHz。若要使 CK_CNT 的周期为 $1\mu s$,时钟频率应该为 1MHz。预分频数可以设置为 84 分频,即 TIMx_PSC = (84 − 1)。为什么要设置得如此复杂呢? 其实 ST 也是为了方便程序员,因为默认不改变设置,CK_PSC 的时钟一般都是 84MHz,如果要得到希望的 CK_CNT 周期,只需改变预分频数值即可,比如要得到 1ms 的 CK_CNT 周期,设置 TIMx_PSC = (84000 − 1)。

有了计数周期,计算计数值就很简单了,即计数值 = 定时周期/CK_CNT 周期。

6.2.2　基本定时器的初始化结构体

固件库函数对定时器外设的驱动放在了 stm32f4xx_tim. c 文件与对应的 stm32f4xx_tim. h 文件中。这两个文件中建立了四个初始化结构体,而基本定时器 Tim6 与 Tim7 只用到其中一个,即 TIM_TimeBaseInitTypeDef。该结构体成员用于设置定时器基本工作参数,并由定时器基本初始化配置函数 TIM_TimeBaseInit( )调用。这些设定参数将会设置定时器相应的寄存器,以达到配置定时器工作环境的目的。

　　stm32f4xx_tim.h 中的 TIM_TimeBaseInitTypeDef 结构体如图 6-15 所示。

```
55  typedef struct
56  {
57    uint16_t TIM_Prescaler;          /*!< Specifies the prescaler value used to divide the TIM clock.
58                                          This parameter can be a number between 0x0000 and 0xFFFF */
59
60    uint16_t TIM_CounterMode;         /*!< Specifies the counter mode.
61                                          This parameter can be a value of @ref TIM_Counter_Mode */
62
63    uint32_t TIM_Period;              /*!< Specifies the period value to be loaded into the active
64                                          Auto-Reload Register at the next update event.
65                                          This parameter must be a number between 0x0000 and 0xFFFF.  */
66
67    uint16_t TIM_ClockDivision;       /*!< Specifies the clock division.
68                                          This parameter can be a value of @ref TIM_Clock_Division_CKD */
69
70    uint8_t TIM_RepetitionCounter;    /*!< Specifies the repetition counter value. Each time the RCR downcounter
71                                          reaches zero, an update event is generated and counting restarts
72                                          from the RCR value (N).
73                                          This means in PWM mode that (N+1) corresponds to:
74                                           - the number of PWM periods in edge-aligned mode
75                                           - the number of half PWM period in center-aligned mode
76                                          This parameter must be a number between 0x00 and 0xFF.
77                                          @note This parameter is valid only for TIM1 and TIM8. */
78  } TIM_TimeBaseInitTypeDef;
```

图 6-15　TIM_TimeBaseInitTypeDef 结构体

　　结构体成员具体含义如下:

　　(1) TIM_Prescaler:定时器预分频器设置,总线时钟源经该预分频器分频之后,才是定时器时钟,它设定 TIMx_PSC 寄存器的值。可设置范围为 0 ~ 65535,实现 1 ~ 65536 分频。

　　(2) TIM_CounterMode:定时器计数方式,可以设置为向上计数、向下计数以及中心对齐三种模式。基本定时器 Tim6 与 Tim7 只能向上计数,无须初始化。

　　(3) TIM_Period:定时器自动重载寄存器的值,即上溢值。设置范围为 0 ~ 65535。

　　(4) TIM_ClockDivision:时钟分频,设置定时器时钟 CK_INT 频率与数字滤波器采样时钟频率分频比。基本定时器 Tim6 与 Tim7 没有此功能,不用设置。

　　(5) TIM_RepetitionCounter:重复计数器,属于高级控制寄存器专用寄存器位。利用它可以非常容易地控制输出脉冲的个数。Tim6 与 Tim7 不需要设置。

　　从这 5 个成员可以看出,基本定时器 Tim6 与 Tim7 只需设置预分频 TIM_Prescaler 与重载周期值 TIM_Period 即可,其他无须设置,使用默认值即可。

　　另一个 Tim 初始化函数 TIM_TimeBaseInit( ) 可以在 stm32f4xx_tim.c 文件中找到,如图 6-16 所示。由于代码较长,固件库已经封装好,使用者无须关心具体操作,只需了解如何传递参数即可,所以这里就不讨论具体代码的实现了,有兴趣的读者可以自己阅读。

```
280  /**
281    * @brief  Initializes the TIMx Time Base Unit peripheral according to
282    *         the specified parameters in the TIM_TimeBaseInitStruct.
283    * @param  TIMx: where x can be  1 to 14 to select the TIM peripheral.
284    * @param  TIM_TimeBaseInitStruct: pointer to a TIM_TimeBaseInitTypeDef structure
285    *         that contains the configuration information for the specified TIM peripheral.
286    * @retval None
287    */
288  void TIM_TimeBaseInit(TIM_TypeDef* TIMx, TIM_TimeBaseInitTypeDef* TIM_TimeBaseInitStruct)
289  {
290    uint16_t tmpcr1 = 0;
```

图 6-16　TIM_TimeBaseInit( ) 函数说明

　　第一个形参 TIMx 的 x 代表定时器编号。如果使用 Tim6,填入参数 TIM6;如果使用

Tim14,则填入参数 TIM14。

　　第二个形参 TIM_TimeBaseInitStruct 结构体就是我们要对定时器进行设置的 5 个参数的结构体。使用函数 TIM_TimeBaseInit( )前必须先定义 TIM_TimeBaseInitStruct 结构体并赋值设置。

6.2.3　使用 TIM6 定时器完成 0.5s 周期的闪烁

　　因为要使用 LED,所以先复制前面做好的 FL_LED 工程文件夹,并且将文件夹重新命名为 FL_Tim6,将项目文件名重新命名为 FL_Tim6. uvprojx,在 User 目录下添加文件夹BasicTim,在编译环境的 Include Path 中添加 BasicTim 目录,建立 basictim. c 与 basictim. h 两个文件。

　　1. 编写 basictim.h

　　编写 basictim. h 头文件,与编写其他头文件的操作基本一样:

```
#ifndef  __BASICTIM_H
#define  __BASICTIM_H
#include" stm32f4xx. h"


#define BASIC_TIM              TIM6
#define BASIC_TIM_CLK          RCC_APB1Periph_TIM6
#define BASIC_TIM_IRQn         TIM6_DAC_IRQn
#define BASIC_TIM_IRQHandler   TIM6_DAC_IRQHandler


void TIMx_Configuration( void) ;


#endif/ * __BASICTIM_H */
```

　　编写头文件时,首先要对 TIM6、TIM6 外设时钟、TIM6 中断与 TIM6 中断服务都进行宏定义。如果要使用 TIM7,则对宏定义做出修改即可,无须再在程序中改动。然后在头文件中预先声明 TIMx_Configuration( )函数,在 basictim. c 中完成此函数的编写。

　　2. 编写 basictim.c

　　首先编写 NVIC 初始化函数。因为使用了定时器中断,它属于外设中断,因此要设置定时器中断的优先级以及初始化,编写中断初始化函数。编写函数定时器中断配置函数如下:

```
static void TIMx_NVIC_Configuration( void)
{
    NVIC_InitTypeDef NVIC_InitStructure ;
    NVIC_PriorityGroupConfig( NVIC_PriorityGroup_0) ;          // 设置中断组为 0
    NVIC_InitStructure. NVIC_IRQChannel = BASIC_TIM_IRQn ;     // 设置中断来源
    NVIC_InitStructure. NVIC_IRQChannelPreemptionPriority = 0 ; // 设置抢占优先级
    NVIC_InitStructure. NVIC_IRQChannelSubPriority = 3 ;       // 设置子优先级
```

```
    NVIC_InitStructure. NVIC_IRQChannelCmd = ENABLE;        // 使能中断
    NVIC_Init( &NVIC_InitStructure );
}
```

然后编写定时器初始化函数。定时器初始化的操作步骤如下：

（1）初始化定时器结构体。

使用 TIM_TimeBaseInitTypeDef 进行初始化结构体定义：TIM_TimeBaseStructure，这是常规操作，与使用 GPIO 等外设类似，对必要的控制寄存器的结构体定义。

（2）开启定时器时钟。

与其他外设一样，要使用外设，必须打开相应的时钟，因此这里也要打开定时器的时钟，这个时钟实际来自 APB1。

使用时钟命令函数使能定时器：

```
RCC_APB1PeriphClockCmd( TIMx, ENABLE );                     // x 为对应的定时器编号
```

（3）设置 TIM_Period 与 TIM_Prescaler。

按 0.5s 定时的要求，默认定时器使用时钟 CK_PSC 的频率为 84MHz，预分频可以设置为 8400，则计数时钟频率为 84MHz/8400 = 10kHz，周期为 0.1ms，计数值为 0.5s/0.1ms = 5000，因此 TIM_Period = 5000 - 1，即从 0 开始计数到 4999，TIM_Prescaler = 8400 - 1，分频值为 8400。

（4）使用初始化定时器函数初始化。

当结构体成员都赋值（设置）完毕，与其他案例类似，使用一个初始化函数将这个外设进行初始化。定时器的初始化函数如下：

```
TIM_TimeBaseInit( TIMx, &TIM_TimeBaseStructure );           // x 为相应的定时器编号
```

（5）清除定时器更新标志。

除了初始化函数外，还需要使用 TIM_ClearFlag( ) 函数清除定时器更新中断标志位。这个函数主要操作定时器 TIMx_SR 寄存器的 UIF 位，在官方数据手册中的描述是：对该位在发生更新事件时通过硬件置1，但需要通过软件清0。意思是定时器发生更新时（对基本定时器而言，则是溢出引起事件的更新），硬件置1，因此在使用定时器前，先对此位清0，为下一次定时器做好准备。TIM_ClearFlag( ) 函数在 stm32f4xx_tim.c 中可以找到，如图 6-17 所示。

```
2462 ⊟/**
2463   * @brief  Clears the TIMx's pending flags.
2464   * @param  TIMx: where x can be 1 to 14 to select the TIM peripheral.
2465   * @param  TIM_FLAG: specifies the flag bit to clear.
2466   *          This parameter can be any combination of the following values:
2467   *            @arg TIM_FLAG_Update: TIM update Flag
2468   *            @arg TIM_FLAG_CC1: TIM Capture Compare 1 Flag
2469   *            @arg TIM_FLAG_CC2: TIM Capture Compare 2 Flag
2470   *            @arg TIM_FLAG_CC3: TIM Capture Compare 3 Flag
2471   *            @arg TIM_FLAG_CC4: TIM Capture Compare 4 Flag
2472   *            @arg TIM_FLAG_COM: TIM Commutation Flag
2473   *            @arg TIM_FLAG_Trigger: TIM Trigger Flag
2474   *            @arg TIM_FLAG_Break: TIM Break Flag
2475   *            @arg TIM_FLAG_CC1OF: TIM Capture Compare 1 over capture Flag
2476   *            @arg TIM_FLAG_CC2OF: TIM Capture Compare 2 over capture Flag
2477   *            @arg TIM_FLAG_CC3OF: TIM Capture Compare 3 over capture Flag
2478   *            @arg TIM_FLAG_CC4OF: TIM Capture Compare 4 over capture Flag
2479   *
2480   * @note    TIM6 and TIM7 can have only one update flag.
2481   * @note    TIM_FLAG_COM and TIM_FLAG_Break are used only with TIM1 and TIM8.
2482   *
2483   * @retval None
2484   */
2485   void TIM_ClearFlag(TIM_TypeDef* TIMx, uint16_t TIM_FLAG)
2486 ⊟{
2487       /* Check the parameters */
2488       assert_param(IS_TIM_ALL_PERIPH(TIMx));
2489
2490       /* Clear the flags */
2491       TIMx->SR = (uint16_t)~TIM_FLAG;
2492   }
2493 └
```

图 6-17 TIM_ClearFlag( )函数的定义与说明

从以上说明可以看出,TIM_ClearFlag( )函数的使用方法为:TIM_ClearFlag(TIMx,清除请求对象)。比如基本定时器只有上溢的中断请求一种,因此清除 Tim6 定时器的上溢请求时,编写函数 TIM_ClearFlag(BASIC_TIM,TIM_FLAG_Update)即可。

(6) 开启定时器更新标志。

TIM_ITConfig( )函数可在 stm32f4xx_tim.c 中找到,如图 6-18 所示。

```
2348   * @brief  Enables or disables the specified TIM interrupts.
2349   * @param  TIMx: where x can be 1 to 14 to select the TIMx peripheral.
2350   * @param  TIM_IT: specifies the TIM interrupts sources to be enabled or disabled.
2351   *          This parameter can be any combination of the following values:
2352   *            @arg TIM_IT_Update: TIM update Interrupt source
2353   *            @arg TIM_IT_CC1: TIM Capture Compare 1 Interrupt source
2354   *            @arg TIM_IT_CC2: TIM Capture Compare 2 Interrupt source
2355   *            @arg TIM_IT_CC3: TIM Capture Compare 3 Interrupt source
2356   *            @arg TIM_IT_CC4: TIM Capture Compare 4 Interrupt source
2357   *            @arg TIM_IT_COM: TIM Commutation Interrupt source
2358   *            @arg TIM_IT_Trigger: TIM Trigger Interrupt source
2359   *            @arg TIM_IT_Break: TIM Break Interrupt source
2360   *
2361   * @note    For TIM6 and TIM7 only the parameter TIM_IT_Update can be used
2362   * @note    For TIM9 and TIM12 only one of the following parameters can be used: TIM_IT_Update,
2363   *          TIM_IT_CC1, TIM_IT_CC2 or TIM_IT_Trigger.
2364   * @note    For TIM10, TIM11, TIM13 and TIM14 only one of the following parameters can
2365   *          be used: TIM_IT_Update or TIM_IT_CC1
2366   * @note    TIM_IT_COM and TIM_IT_Break can be used only with TIM1 and TIM8.
2367   *
2368   * @param  NewState: new state of the TIM interrupts.
2369   *          This parameter can be: ENABLE or DISABLE.
2370   * @retval None
2371   */
2372   void TIM_ITConfig(TIM_TypeDef* TIMx, uint16_t TIM_IT, FunctionalState NewState)
2373 ⊟{
```

图 6-18 TIM_ITConfig( )函数

该函数有三个形参:第一个形参为 TIMx,x 为相应的定时器号;第二个形参为 TIM_IT,为定时器的中断源,具体参数参考图 6-18 的参数,其中基本定时器 Tim6 与 Tim7 只有 TIM_IT_Update 上溢中断标志;第三个形参为 NewState,其值为 ENABLE 或 DISABLE,用于使能。

这里打开 Tim6 的上溢中断标志：

TIM_ITConfig(TIM6,TIM_IT_Update,ENABLE);

（7）使能定时器。

最后一步,使能定时器,使用函数 TIM_Cmd(TIM6,ENABLE)。

按照在 basictim.h 中的宏定义 BASIC_TIM 等,编写定时器设置函数如下:

```
static void TIM_Mode_Config(void)
{
    TIM_TimeBaseInitTypeDef    TIM_TimeBaseStructure;        // 定义基本定时器初始化结构体
    RCC_APB1PeriphClockCmd(BASIC_TIM_CLK,ENABLE);            // 开启 TIMx_CLK,x[6,7]
    TIM_TimeBaseStructure.TIM_Period =5000-1;               // 定时器从0计数到4999,即为5000次
    TIM_TimeBaseStructure.TIM_Prescaler = 8400-1;           // 8400 预分频
    TIM_TimeBaseInit(BASIC_TIM,&TIM_TimeBaseStructure);     // 初始化定时器 TIMx
    TIM_ClearFlag(BASIC_TIM,TIM_FLAG_Update);               // 清除定时器更新中断标志位
    TIM_ITConfig(BASIC_TIM,TIM_IT_Update,ENABLE);           // 开启定时器更新中断
    TIM_Cmd(BASIC_TIM,ENABLE);                              // 使能定时器
}
```

最后编写 basictim.c 如下:

```
#include" basictim. h"


static void TIMx_NVIC_Configuration(void)
{
    NVIC_InitTypeDef NVIC_InitStructure;
    NVIC_PriorityGroupConfig(NVIC_PriorityGroup_0);                      // 设置中断组为 0
    NVIC_InitStructure.NVIC_IRQChannel = BASIC_TIM_IRQn;                 // 设置中断来源
    NVIC_InitStructure.NVIC_IRQChannelPreemptionPriority = 0;           // 设置抢占优先级
    NVIC_InitStructure.NVIC_IRQChannelSubPriority = 3;                  // 设置子优先级
    NVIC_InitStructure.NVIC_IRQChannelCmd = ENABLE;                     // 使能中断
    NVIC_Init(&NVIC_InitStructure);
}


static void TIM_Mode_Config(void)
{
    TIM_TimeBaseInitTypeDef    TIM_TimeBaseStructure;        // 定义基本定时器初始化结构体
    RCC_APB1PeriphClockCmd(BASIC_TIM_CLK,ENABLE);            // 开启 TIMx_CLK,x[6,7]
    TIM_TimeBaseStructure.TIM_Period =5000-1;               // 定时器从0计数到4999,即为5000次
    TIM_TimeBaseStructure.TIM_Prescaler = 8400-1;           // 8400 预分频
    TIM_TimeBaseInit(BASIC_TIM,&TIM_TimeBaseStructure);     // 初始化定时器 TIMx
    TIM_ClearFlag(BASIC_TIM, TIM_FLAG_Update);              // 清除定时器更新中断标志位
    TIM_ITConfig(BASIC_TIM,TIM_IT_Update,ENABLE);           // 开启定时器更新中断
```

```
        TIM_Cmd( BASIC_TIM,ENABLE);                              // 使能定时器
    }


    void TIMx_Configuration( void )              // 打包 TIMx_NVIC_Configuration( ) 与 TIM_Mode_Config( )
    {
        TIMx_NVIC_Configuration( );
        TIM_Mode_Config( );
    }
```

3. 编写 main.c 与中断服务函数

编写 main.c 文件的程序很简单,只需初始化 LED 的 GPIO 与定时器,即可进入空循环。代码如下:

```
#include" stm32f4xx. h"
#include" led. h"
#include" basictim. h"


int main( void )
{

    LED_GPIO_Config( );
    TIMx_Configuration( );
    while( 1 )
    {

    }

}
```

主函数非常简单,0.5s 的 LED 取反程序代码放在中断服务函数内处理。STM32 的定时器服务中断也是在 stm32f4xx_it.c 内编写。如 Tim6 对应中断服务函数名称是 void TIM6_DAC_IRQHandler( ),这个对应的服务函数名称列表在前面中断系统中有介绍,详见图 5-13,可查看 startup_stm32f40xx.s 文件里的中断向量表。所有的外部中断与定时器等外设的中断服务函数都必须由用户自己添加到 stm32f4xx_it.c 中。

首先在 stm32f4xx_it.c 文件开头添加头文件:

```
#include" stm32f4xx_it. h"
#include" led. h"
#include" basictim. h"
```

然后在 stm32f4xx_it.c 末尾添加定时器中断函数,由于使用了 BASIC_TIM_IRQHandler 的宏,再添加中断服务函数:

```
void    BASIC_TIM_IRQHandler( void )
{
    if( TIM_GetITStatus( BASIC_TIM,TIM_IT_Update)! = RESET)      // 定时器是否上溢中断
    {
        GPIO_ToggleBits( GPIOF,GPIO_Pin_6);                      // PF6 输出取反
```

```
        TIM_ClearITPendingBit(BASIC_TIM,TIM_IT_Update);        // 清除定时器中断请求位
    }
}
```

由于产生定时器中断的事件不止一个,函数首先对基本定时器的上溢事件中断状态进行判断,如果是,则对 GPIO PF6 进行取反操作,操作完毕后清除中断请求;否则,定时器一直处于当前的中断,无法进入下一次的中断。

最后编译并下载程序使红色 LED 实现 0.5s 周期的闪烁输出。

6.3 小 结

基本定时器是 STM32 最简单的定时器,其功能与其他单片机的定时器类似。与 SysTick 不同的是,基本定时器是外设,而 SysTick 属于 ARM 内核级的外设。通过学习 SysTick 与基本定时器的使用方法,读者可以掌握定时类外设的使用方法:首先得到定时器的计数脉冲频率,再根据所需的定时时长计算初值,最后完成定时器的初始化与中断函数的编写。

除了基本定时器外,STM32 的通用定时器与高级定时器包含一个 16 位或 32 位自动重载计数器。除了定时功能外,通用定时器还有多种用途,包括测量输入信号的脉冲宽度(输入捕获)或生成输出波形(输出比较和 PWM)。使用定时器预分频器和 RCC 时钟控制器预分频器可将脉冲宽度和波形周期从几微秒调制到几毫秒。

高级定时器加入了死区控制、紧急制动、定时器同步等高级特性,常用于电机控制。

项目 7　USART 的使用

串行通信是嵌入式应用非常重要的一个环节。本项目应用 STM32 的串行口与 PLC 进行通信,并使用串口助手控制开发板进行 LED 的点亮控制。

7.1　STM32F4 ×× 的串行口

7.1.1　USART

51 系列单片机的串口是 UART(Universal Asynchronous Receiver/Transmitter,通用异步收发传输器)。STM32 芯片具有多个串口,它们都是 USART(Universal Synchronous/Asynchronous Receiver/Transmitter,通用同步/异步收发器)。两者的区别在于,UART 在 USART 基础上裁剪掉了同步通信功能,只有异步通信。从信号通信的角度看,同步和异步最大的区别在于有无时钟信号,有时钟的是同步通信,无时钟的是异步通信。UART 结构简单可靠,因此大部分的串行通信都采用了 UART 模式。

UART 模式通过三个引脚与其他设备连接在一起,任何 UART 双向通信至少需要两个数据传输引脚:接收数据输入(RX)和发送数据输出(TX),如图 7-1 所示。单片机自带的 UART 往往都是 I/O 复用的。

RX:接收数据串行输入。通过采样技术来区别数据和噪音。

TX:发送数据输出。当发送器被禁止时,输出引脚恢复到它的 I/O 端口配置。当发送器被激活,并且不发送数据时,TX 引脚处于高电平状态。

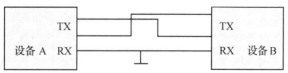

图 7-1　UART 双工传输接线

7.1.2 电平信号

STM32 的 USART 输出的是 TTL 电平兼容信号。若需要输出 RS-232 标准的信号,则需要使用 MAX3232 芯片进行电平转换。

RS-232 是 PC 上的通信接口之一,它是由电子工业协会制定的异步传输标准接口。通常 RS-232 接口以 9 个引脚(DB-9)出现在计算机主板背面接口,如图 7-2 所示,设备显示为 COM1。

图 7-2 计算机主板背面的串行口

PC 上的串口完全按照 RS-232 电平标准。RS-232 的电平标准如下:

逻辑 1 = -3 ~ -15V

逻辑 0 = +3 ~ +15V

这与 TTL 电平很不一样,不能兼容,因此不能直接将 PC 串口直接接到 STM32 的串口上,否则会烧毁芯片。要实现 PC 与单片机 TTL 的串口通信,必须使用电平转换芯片。如常见的 MAX232 系列芯片,就是用于将 RS-232 的 ±15V 电平转为 TTL 的逻辑电平。

由于 PC 使用串口的设备越来越少,目前的 PC,尤其是笔记本电脑,基本都不装备串口接口,而装备 USB 接口。这类计算机要使用串口,只能使用 USB 转串口的转接器或者转换芯片。常见的 USB 转串口芯片有 CH340、PL2302。使用这类芯片可以将 USB 接口协议转为串口 TTL 协议。大部分开发板上会使用 USB – 串口转换芯片。

> IDE ATA/ATAPI 控制器
> 便携设备
> 处理器
> 磁盘驱动器
> 存储控制器
> 打印队列
> 电池
∨ 端口 (COM 和 LPT)
　　 USB-SERIAL CH340 (COM11)
> 固件
> 计算机
> 监视器
> 键盘

将开发板的 USB 转串口的接口接上计算机的 USB 接口,通电后,在设备管理器窗口中单击"端口",可以查看串口设备,如图 7-3 所示。

设备显示端口设备为 USB-SERIAL CH340(COM11),这是 CH340 芯片转换的串口,端口编号是 COM11,如果没有安装驱动程序,则不能显示。相关串口的驱动程序请查阅相关的安装说明。

图 7-3 在设备管理器窗口中查看串口

7.1.3　STM32F4 的串口

教材使用的秉火开发板是 STM32F407ZGT 系列。它有 6 个串口,其中 2 个是 UART,4 个是 USART,都是通过 GPIO 复用。所有的 USART 可设置为 UART,在 UART 模式下不需要时钟(CK)信号。这些串口的编号从串口 1 到串口 6。

开发板在电路上已经使用 CH340 芯片对串口 1 进行了连接,而且是以 UART 模式连接的,电路图如图 7-4 所示。

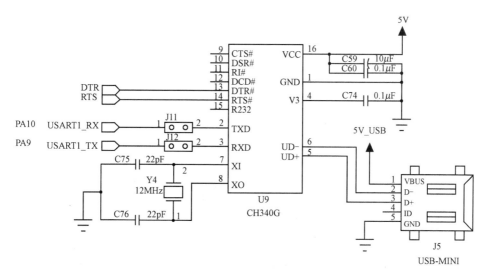

图 7-4　开发板 USB – 串口连接电路原理图

7.2　STM32 的 USART

7.2.1　UART 的主要参数

要使用 UART,必须要对发送与接收的串口参数进行设置,其中包括对波特率、数据位、奇偶校验、停止位与控制流的设置。在设备管理器窗口中双击串口端口,选择"端口设置"选项卡,相关设置如图 7-5 所示。

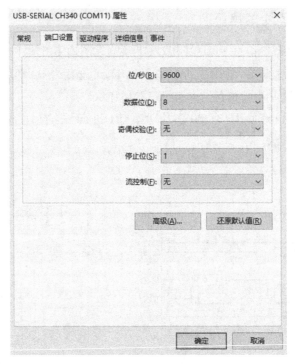

图7-5 串口参数设置

在 UART 异步串行通信中,数据是一位一位移动传输的,且都以数据帧的形式传输。一个数据帧如图 7-6(a) 所示。若要传输一个字节(8 位)的数据,必须对数据进行打包,前面加一个开始信号,最后加一个校验(可选)和停止信号。比如传送 10101010 这 8 位二进制数,在无校验的情况下,一个数据帧如图 7-6(b) 所示。

总之,数据帧的打包结构是:起始位 + 有效数据位 + 校验位(可选) + 停止位。

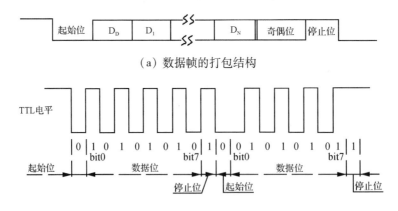

(a) 数据帧的打包结构

(b) 数据传送波形图

图7-6 异步串行通信数据传输格式

1. 波特率

由于异步通信没有时钟信号,因此两个通信设备之间需要约定好相同的传输速度,双方才能识别一致的信号。波特率就是用来表示传输速度的物理参数。波特率的单位为 bps

（位/秒）。为什么不用字节表示速度呢？因为串行通信是一位一位地传输数据的，速度只能用多少位每秒表示。常见的波特率为 4800bps、9600bps、115200bps 等，比如 9600bps 代表传输速度为 9600 位每秒（9600 个二进制数）。

异步通信中，波特率的设置非常关键。两个通信设备的波特率必须一致，否则将导致通信失败。

2. 通信的起始和停止信号

数据帧打包的第一个信号，表示开始传送一帧数据，当传递完 n 位数据后，到停止信号结束。数据包的起始信号由一个逻辑 0 的数据位来表示，发送端与接收端都从开始位确定信号开始传递，都按波特率进行信号的发送与采样。而数据包的停止信号可由 0.5、1、1.5 或 2 个逻辑 1 的数据位表示。两端设备的设置必须一致。

3. 有效数据

在数据帧的起始位之后紧接着的就是要传输的主体数据内容，也称为有效数据。有效数据的长度可以为 5、6、7 或 8 位，一般采用 8 位。同样，通信双方设置必须一致。

4. 数据校验

数据校验是一个可选项。由于通信过程中容易受到外部干扰而导致传输数据出现偏差，为了保障数据的可靠性，可以在传输过程中加上校验位来解决这个问题。校验方法有奇（odd）校验、偶（even）校验、空格（space）校验、标志（mark）校验以及无奇偶（no parity）校验。

奇校验要求有效数据和校验位中 1 的个数为奇数，比如一个 8 位长的有效数据为 01101001，此时总共有 4 个 1，为达到奇校验效果，校验位调整为 1。

偶校验则相反，当传送有效位 1 的个数为奇数时，校验位调整为 1，以达到偶数个 1 的要求；当有效位 1 的个数为偶数时，校验位调整为 0。

空格（space）校验位总为 0，标志（mark）校验位总为 1，校验位的值固定不变。

数据校验一般用于易干扰或者数据线较长的场合，是可选项。使用者可根据实际情况选择用或者不用校验功能，如果选择无奇偶校验，则不使用校验功能，不在数据包后加校验位。4 种校验方法中，奇/偶校验的校验性能比空格校验性能强，因此奇/偶校验用得较多。

5. 硬件流控制

nRTS：请求以发送（Request To Send），n 表示低电平有效。如果使能 RTS 流控制，当 USART 接收器准备好接收新数据时就会将 nRTS 变成低电平；当接收寄存器已满时，nRTS 将被设置为高电平。该引脚只适用于硬件流控制。

nCTS：清除以发送（Clear To Send），n 表示低电平有效。如果使能 CTS 流控制，发送器在发送下一帧数据之前会检测 nCTS 引脚，如果为低电平，则发送数据；如果为高电平，则在发送完当前数据帧之后停止发送。该引脚只适用于硬件流控制。

硬件流控制要占用引脚。串行异步通信一般不选用此功能。

7.2.2　STM32 的 USART

STM32 内置的 USART 结构框图如图 7-7 所示。

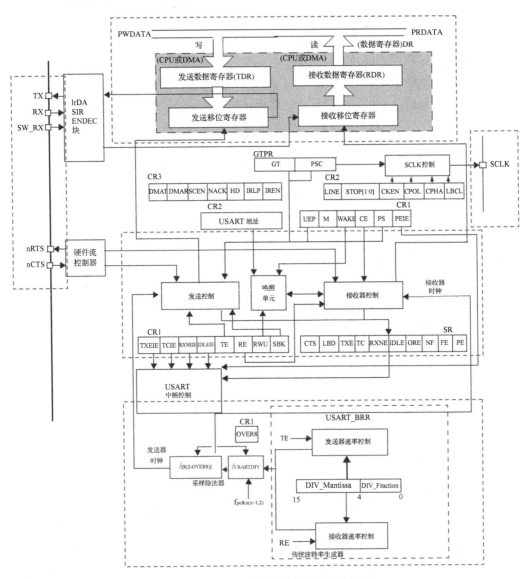

图 7-7　STM32 内置的 USART 结构框图

1. 引脚分配

表 7-1 是 STM32F407ZGTx 的串口引脚分布,其中 USART1 和 USART6 挂在了 APB2 上,其余的挂在了 APB1 上。

当 USART 设置为 UART 时,SCLK 不使用;当 UART 不使用硬件流时,nCTS、nRTS 不使用。

表 7-1　STM32F407ZGTx 串口引脚分布

	APB2(最高 84MHz)		APB1(最高 42MHz)			
	USART1	USART6	USART2	USART3	UART4	UART5
TX	PA9	PC6	PA2	PB10	PA0	PC12
RX	PA10	PC7	PA3	PB11	PA1	PD2
SCLK	PA8	PG7	PA4	PB12	–	–
nCTS	PA11	PG13	PD3	PB13	–	–
nRTS	PA12	PG8	PD4	PB14	–	–

2. 数据寄存器(USART_DR)

USART 的数据寄存器(USART_DR)只有低 9 位有效,并且第 9 位数据是否有效取决于 USART 控制寄存器 1(USART_CR1)的 M 位设置。M 位为 0 表示 8 位数据字长,M 位为 1 表示 9 位数据字长。这与 51 系列单片机的串口模式类似,有第 9 位可供使用,一般用于多机通信,在点对点的通信中,一般使用 8 位数据长度。

USART_DR 包含了已发送的数据或接收到的数据。与 51 系列单片机的 SBUF 类似, USART_DR 实际包含了两个寄存器,一个是专门用于发送的可写 TDR,一个是专门用于接收的可读 RDR。当进行发送操作时,向 USART_DR 写入的数据会自动存储在 TDR 内;当进行读取操作时,向 USART_DR 读取数据会自动提取 RDR 数据:这也与 51 系列单片机的 SBUF 的使用方法完全一样。

TDR 寄存器有数据时,会将数据送入发送移位寄存器进行移位输出,移位寄存器的输出端连接至 TX(GPIO);当接收移位寄存器从 RX(GPIO)接收二进制数,收满数据后,会将其送至 RDR 寄存器。TDR、RDR 与总线相连,负责与总线交换数据。

在使能奇偶校验位的情况下进行接收时,从 MSB 位中读取的值为接收到的奇偶校验位的值。

3. 控制寄存器

控制器用于设置 USART 的工作模式、唤醒、中断、使能等,使用的寄存器有 CR1、CR2、CR3、SR、GTPR 等。下面将这些寄存器的含义列出来供查阅参考。

(1) USART_CR1(控制寄存器 1)。

寄存器分布如图 7-8 所示:

31	30	29	28	27	26	25	24	23	22	21	20	19	18	17	16
							Reserved								

15	14	13	12	11	10	9	8	7	6	5	4	3	2	1	0
OVER8	Reserved	UE	M	WAKE	PCE	PS	PEIE	TXEIE	TCIE	RXNEIE	IDLEIE	TE	RE	RWU	SBK
rw	Res.	rw	rw	rw	rw	rw	rw	rw	rw	rw	rw	rw	rw	rw	rw

图 7-8　USART-CR1 分布

具体使用的位设置说明如下:

- 位 15(OVER8,过采样模式):8 倍过采样在智能卡、IrDA 和 LIN 模式下不可用。

　　0:16 倍过采样

1:8 倍过采样

- 位 13(UE,使能):该位清 0 后,USART 预分频器和 TX 输出将停止,并会结束当前字节传输以降低功耗。此位由软件置 1 和清 0。

    0:禁止 USART 预分频器和 TX 输出

    1:使能 USART

- 位 12(M,字长):该位决定了字长。该位由软件置 1 或清 0。

    0:1 起始位,8 数据位,n 停止位

    1:1 起始位,9 数据位,n 停止位

- 位 11(WAKE,唤醒):该位决定了 USART 的唤醒方法。该位由软件置 1 或清 0。

    0:空闲线路

    1:地址标记

- 位 10(PCE,奇偶校验控制使能):该位选择硬件奇偶校验控制(生成和检测)。使能奇偶校验控制时,计算出的奇偶校验位(如果 M = 1,则为第 9 位;如果 M = 0,则为第 8 位)被插入 MSB 位置,并对接收到的数据检查奇偶校验位。此位由软件置 1 和清 0。

    0:禁止奇偶校验控制

    1:使能奇偶校验控制

- 位 9(PS,奇偶校验选择):该位用于在使能奇偶校验生成/检测(PCE 位置 1)时选择奇校验或偶校验。该位由软件置 1 和清 0。将在当前字节的后面选择奇偶校验。

    0:偶校验

    1:奇校验

- 位 8(PEIE,PE 中断使能):此位由软件置 1 和清 0。

    0:禁止中断

    1:当 USART_SR 寄存器中 PE = 1 时,生成 USART 中断

- 位 7(TXEIE,TXE 中断使能):此位由软件置 1 和清 0。

    0:禁止中断

    1:当 USART_SR 寄存器中 TXE = 1 时,生成 USART 中断

- 位 6(TCIE,传送完成中断使能):此位由软件置 1 和清 0。

    0:禁止中断

    1:当 USART_SR 寄存器中 TC = 1 时,生成 USART 中断

- 位 5(RXNEIE,RXNE 中断使能):此位由软件置 1 和清 0。

    0:禁止中断

    1:当 USART_SR 寄存器中 ORE = 1 或 RXNE = 1 时,生成 USART 中断

- 位 4(IDLEIE,IDLE 中断使能):此位由软件置 1 和清 0。

    0:禁止中断

    1:当 USART_SR 寄存器中 IDLE = 1 时,生成 USART 中断。

- 位 3(TE,发送器使能):该位使能发送器,由软件置 1 和清 0。

　　　　0:禁止发送器

　　　　1:使能发送器

- 位 2(RE,接收器使能):该位使能接收器,由软件置 1 和清 0。

　　　　0:禁止接收器

　　　　1:使能接收器并开始搜索起始位

- 位 1(RWU,接收器唤醒):该位决定 USART 是否处于静音模式,由软件置 1 和清 0,并可在识别出唤醒序列时由硬件清 0。

　　　　0:接收器处于活动模式

　　　　1:接收器处于静音模式

- 位 0(SBK,发送断路):该位用于发送断路字符,由软件置 1 和清 0。该位应由软件置 1,并在断路停止位期间由硬件重置。

　　　　0:不发送断路字符

　　　　1:发送断路字符

（2）USART_CR2(控制寄存器 2)。

寄存器分布如图 7-9 所示:

31	30	29	28	27	26	25	24	23	22	21	20	19	18	17	16
Reserved															
15	14	13	12	11	10	9	8	7	6	5	4	3	2	1	0
Res.	LINEN	STOP[1:0]		CLKEN	CPOL	CPHA	LBCL	Res.	LBDIE	LBDL	Res.	ADD[3:0]			
	rw	rw	rw	rw	rw	rw	rw		rw	rw	rw	rw	rw	rw	rw

图 7-9　USART_CR2 分布

具体使用的位设置说明如下:

- 位 14(LINEN,LIN 模式使能):此位由软件置 1 和清 0。

　　　　0:禁止 LIN 模式

　　　　1:使能 LIN 模式

- 位 13 ~ 位 12(STOP[1:0]):停止位,这些位用于设定停止位的位数。0.5 个停止位和 1.5 个停止位不适用于 UART4 和 UART5。

　　　　00:1 个停止位

　　　　01:0.5 个停止位

　　　　10:2 个停止位

　　　　11:1.5 个停止位

- 位 11(CLKEN,时钟使能):该位允许用户使能 SCLK 引脚,不适用于 UART4 和 UART5。

　　　　0:禁止 SCLK 引脚

　　　　1:使能 SCLK 引脚

- 位 10(CPOL,时钟极性):该位允许用户在同步模式下选择 SCLK 引脚上时钟输出的极性。它与 CPHA 位结合使用可获得所需的时钟/数据关系。不适用于 UART4 和

UART5。

  0:空闲时 SCLK 引脚为低电平

  1:空闲时 SCLK 引脚为高电平

 ● 位 9(CPHA,时钟相位):该位允许用户在同步模式下选择 SCLK 引脚上时钟输出的相位。它与 CPOL 位结合使用可获得所需的时钟/数据关系。不适用于 UART4 和 UART5。

  0:在时钟第一个变化沿捕获数据

  1:在时钟第二个变化沿捕获数据

 ● 位 8(LBCL,最后一个位时钟脉冲):该位允许用户在同步模式下选择与发送的最后一个数据位(MSB)关联的时钟脉冲是否必须在 SCLK 引脚上输出。不适用于 UART4 和 UART5。

  0:最后一个数据位的时钟脉冲不在 SCLK 引脚上输出

  1:最后一个数据位的时钟脉冲在 SCLK 引脚上输出

 ● 位 6(LBDIE,LIN 断路检测中断使能):该位用于断路中断屏蔽(使用断路分隔符进行断路检测)。

  0:禁止中断

  1:当 USART_SR 寄存器中 LBD = 1 时,生成中断

 ● 位 5(LBDL,lin 断路检测长度):该位用于选择 11 位断路检测或 10 位断路检测。

  0:10 位断路检测

  1:11 位断路检测

 ● 位 3 ~ 位 0(ADD[3:0],USART 节点的地址):该位用于指定 USART 节点的地址。该位域将在多处理器通信时于静音模式下使用,以通过地址标记检测进行唤醒。

  (3) USART_CR3(控制寄存器 3)。

  寄存器分布如图 7-10 所示:

31	30	29	28	27	26	25	24	23	22	21	20	19	18	17	16
Reserved															

15	14	13	12	11	10	9	8	7	6	5	4	3	2	1	0
Reserved				ONEBIT	CTSIE	CTSE	RTSE	DMAT	DMAR	SCEN	NACK	HDSEL	IRLP	IREN	EIE
				rw	rw	rw	rw	rw	rw	rw	rw	rw	rw	rw	rw

图 7-10 USART_CR3 分布

  具体位设置说明如下:

 ● 位 11(ONEBIT,一个采样位方法使能):该位允许用户选择采样方法。选择一个采样位方法后,将禁止噪声检测标志(NF)。

  0:三个采样位方法

  1:一个采样位方法

 ● 位 10 CTSIE(CTS 中断使能):该位不适用于 UART4 和 UART5。

  0:禁止中断

  1:当 USART_SR 寄存器中 CTS = 1 时,生成中断

- 位 9（CTSE，CTS 使能）：如果该位在发送数据时使 nCTS 输入无效，数据会在停止之前完成发送。如果该位使 nCTS 有效时数据已写入数据寄存器，则将延迟发送，直到 nCTS 有效。该位不适用于 UART4 和 UART5。

　　0：禁止 CTS 硬件流控制

　　1：使能 CTS 模式，仅当 nCTS 输入有效（连接到 0）时才发送数据

- 位 8（RTSE，RTS 使能）：仅当接收缓冲区中有空间时才会请求数据。缓冲区发送完当前字符后应停止发送数据。该位可以在接收数据时使 nRTS 输出有效（连接到 0）。不适用于 UART4 和 UART5。

　　0：禁止 RTS 硬件流控制

　　1：使能 RTS 中断

- 位 7（DMAT，DMA 使能发送器）：该位由软件置 1/复位。

　　1：发送使能 DMA 模式

　　0：发送禁止 DMA 模式

- 位 6（DMAR，DMA 使能接收器）：该位由软件置 1/复位。

　　1：针对接收使能 DMA 模式

　　0：针对接收禁止 DMA 模式

- 位 5（SCEN，智能卡模式使能）：该位用于使能智能卡模式，不适用于 UART4 和 UART5。

　　0：禁止智能卡模式

　　1：使能智能卡模式

- 位 4（NACK，智能卡 NACK 使能）：该位不适用于 UART4 和 UART5。

　　0：出现奇偶校验错误时禁止 NACK 发送

　　1：出现奇偶校验错误时使能 NACK 发送

- 位 3（HDSEL，双工选择）：该位用于选择单线半双工模式。

　　0：未选择半双工模式

　　1：选择半双工模式

- 位 2 IRLP（IrDA 低功耗）：该位用于选择正常模式或低功耗 IrDA 模式。

　　0：正常模式

　　1：低功耗模式

- 位 1 IREN（IrDA 模式使能）：该位由软件置 1 和清 0。

　　0：禁止 IrDA

　　1：使能 IrDA

- 位 0 EIE（错误中断使能）：多缓冲区通信（USART_CR3 中 DMAR = 1）如果发生帧错误、上溢错误或出现噪声标志（USART_SR 寄存器中 FE = 1 或 ORE = 1 或 NF = 1），则需要使用错误中断使能位来使能中断生成。

　　0：禁止中断

1:当 USART_CR3 中的 DMAR = 1 并且 USART_SR 中的 FE = 1 或 ORE = 1 或 NF
= 1 时,生成中断

(4) USART_SR(状态寄存器)。

寄存器分布如图 7-11 所示:

31	30	29	28	27	26	25	24	23	22	21	20	19	18	17	16
Reserved															
15	14	13	12	11	10	9	8	7	6	5	4	3	2	1	0
Reserved						CTS	LBD	TXE	TC	RXNE	IDLE	ORE	NF	FE	PE
						rc_w0	rc_w0	r	rc_w0	rc_w0	r	r	r	r	r

图 7-11 USART_SR 分布

具体位设置说明如下:

• 位 9(CTS,CTS 标志):如果 CTSE 位置 1,当 nCTS 输入变换时,此位由硬件置 1。通过软件将该位清 0(通过向该位写入 0)。如果 USART_CR3 寄存器中 CTSIE = 1,则会生成中断。不适用于 UART4 和 UART5。

0:nCTS 状态线上未发生变化

1:nCTS 状态线上发生变化

• 位 8(LBD,LIN 断路检测标志):检测到 LIN 断路时,该位由硬件置 1。通过软件将该位清 0(通过向该位写入 0)。如果 USART_CR2 寄存器中 LBDIE = 1,则会生成中断。

0:未检测到 LIN 断路

1:检测到 LIN 断路

• 位 7(TXE,发送数据寄存器为空):当 TDR 寄存器的内容已传输到移位寄存器时,该位由硬件置 1。如果 USART_CR1 寄存器中 TXEIE = 1,则会生成中断。通过对 USART_DR 寄存器执行写入操作,将该位清 0。单缓冲区发送数据期间使用该位。

0:数据未传输到移位寄存器

1:数据传输到移位寄存器

• 位 6(TC,发送完成):如果已完成对包含数据的帧的发送并且 TXE 置 1,则该位由硬件置 1。如果 USART_CR1 寄存器中 TCIE = 1,则会生成中断。该位由软件序列清 0(读取 USART_SR 寄存器,然后写入 USART_DR 寄存器)。TC 位也可以通过程序写入"0"来清 0。建议仅在多缓冲区通信时使用此清 0 序列。

0:传送未完成

1:传送已完成

• 位 5(RXNE,读取数据寄存器不为空):当 RDR 移位寄存器的内容已传输到 USART_DR 寄存器时,该位由硬件置 1。如果 USART_CR1 寄存器中 RXNEIE = 1,则会生成中断。通过对 USART_DR 寄存器执行读入操作,将该位清 0。RXNE 标志也可以通过向该位写入 0 来清 0。建议仅在多缓冲区通信时使用此清 0 序列。

0:未接收到数据

1:已准备好读取接收到的数据

● 位 4（IDLE，检测到空闲线路）：检测到空闲线路时，该位由硬件置 1。如果 USART_CR1 寄存器中 IDLEIE = 1，则会生成中断。该位由软件序列 * 清 0（先读入 USART_SR 寄存器，然后读入 USART_DR 寄存器的过程）。直到 RXNE 位本身已置 1 时（即当出现新的空闲线路时）IDLE 位才会被再次置 1。

　　0：未检测到空闲线路

　　1：检测到空闲线路

● 位 3（ORE，上溢错误）：在 RXNE = 1 的情况下，当移位寄存器中当前正在接收的字准备好传输到 RDR 寄存器时，该位由硬件置 1。如果 USART_CR1 寄存器中 RXNEIE = 1，则会生成中断。该位由软件序列清 0（先读入 USART_SR 寄存器，然后读入 USART_DR 寄存器的过程）。当该位置 1 时，RDR 寄存器的内容不会丢失，但移位寄存器会被覆盖。如果 EIE 位置 1，则在进行多缓冲区通信时会对 ORE 标志生成一个中断。

　　0：无上溢错误

　　1：检测到上溢错误

● 位 2（NF，检测到噪声标志）：当在接收的帧上检测到噪声时，该位由硬件置 1。该位由软件序列清 0（先读入 USART_SR 寄存器，然后读入 USART_DR 寄存器的过程）。

　　0：未检测到噪声

　　1：检测到噪声

● 位 1（FE，帧错误）：当检测到去同步化、过渡的噪声或中断字符时，该位由硬件置 1。该位由软件序列清 0（先读入 USART_SR 寄存器，然后读入 USART_DR 寄存器的过程）。该位不会生成中断，因为该位出现的时间与本身生成中断的 RXNE 位出现的时间相同。如果传输中同时导致帧错误和上溢错误，仅有 ORE 位被置 1。

　　0：未检测到帧错误

　　1：检测到帧错误或中断字符

● 位 0（PE，奇偶校验错误）：当接收器模式下发生奇偶校验错误时，该位由硬件置 1。该位由软件序列清 0（读取状态寄存器，然后对 USART_DR 数据寄存器执行读或写访问）。将 PE 位清 0 前必须等待 RXNE 标志被置 1。如果 USART_CR1 寄存器中 PEIE = 1，则会生成中断。

　　0：无奇偶校验错误

　　1：奇偶校验错误

（5）USART_GTPR（预分频器寄存器）。

寄存器分布如图 7-12 所示：

31	30	29	28	27	26	25	24	23	22	21	20	19	18	17	16
Reserved															
15	14	13	12	11	10	9	8	7	6	5	4	3	2	1	0
GT[7:0]								PSC[7:0]							
rw	rw	rw	rw	rw	rw	rw	rw	rw	rw	rw	rw	rw	rw	rw	rw

图 7-12　USART_GTPR 分布

---

* 软件序列指的是按顺序执行某些指令的过程。

具体位设置说明如下:

· 位 15:8(GT[7:0],保护时间值):该位提供保护时间值(以波特时钟数为单位),用于智能卡模式。经过此保护时间后,发送完成标志置 1。该位不适用于 UART4 和 UART5。

· 位 7:0(PSC[7:0],预分频器值):该位不适用于 UART4 和 UART5。

◇ 在 IrDA 低功耗模式下,PSC[7:0] = IrDA。低功耗波特率用于预分频器编程,通过分频获取更低的功耗,根据寄存器中给出的值(8 个有效位)对源时钟进行分频:

  00000000:保留,默认值,源时钟 1 分频

  00000010:源时钟 2 分频

  ……

◇ 在正常 IrDA 模式下:PSC 必须设置为 00000001。

◇ 在智能卡模式下([7:5]不起作用):

  PSC[4:0](预分频器值)

该位用于预分频器编程,进行系统时钟分频,以提供智能卡时钟。将寄存器中给出的值(5 个有效位)乘以 2,得出源时钟频率的分频系数:

  00000:保留,不编程此值

  00001:源时钟 2 分频

  00010:源时钟 4 分频

  00011:源时钟 6 分频

  ……

(6) USART_BRR(波特率寄存器)。

如果 TE 或 RE 位分别被禁止,则波特率计数器会停止计数。该寄存器用于计算波特率。

寄存器分布如图 7-13 所示:

31	30	29	28	27	26	25	24	23	22	21	20	19	18	17	16
							Reserved								
15	14	13	12	11	10	9	8	7	6	5	4	3	2	1	0
				DIV_Mantissa[11:0]								DIV_Fraction[3:0]			
rw	rw	rw	rw	rw	rw	rw	rw	rw	rw	rw	rw	rw	rw	rw	rw

图 7-13　USART_BRR 分布

具体位设置说明如下:

· 位 15:4(DIV_Mantissa[11:0]):这 12 个位用于定义 USART 除数(USARTDIV)的尾数,实际上代表着整数。

· 位 3:0(DIV_Fraction[3:0]):这 4 个位用于定义 USART 除数(USARTDIV)的小数,计算小数时除以 16,得到小数数值。当 OVER8 = 1 时,不考虑 DIV_Fraction[3:0]位,且必须将该位保持清 0。

4. 小数波特率生成器

USART 的发送器和接收器使用相同的波特率。计算公式如下:

$$波特率 = \frac{f_{pclk}}{8 \times (2 - OVER8) \times USARTDIV}$$

其中,f_{pclk} 为 USART 时钟频率,时钟可以是 APB1 或者 APB2;OVER8 为 USART_CR1 寄存器的 OVER8 位对应的值;USARTDIV 是一个存放在波特率寄存器(USART_BRR)中的无符号浮点数。其中 DIV_Mantissa[11:0]位定义 USARTDIV 的整数部分,DIV_Fraction[3:0]位定义 USARTDIV 的小数部分,DIV_Fraction[3:0]位只有在 OVER8 位为 0 时有效,否则必须清 0。

比如,USART_BRR 值为 0x271,如果 OVER8 = 0,则 DIV_Mantissa = 39、DIV_Fraction = 1,那么整数为 39,USARTDIV 的小数为 1/16 = 0.0625,最终 USARTDIV 的值为 39.0625。

反过来,假设 OVER8 = 0,USARTDIV 值为 21.65,小数 DIV_Fraction = 16 × 0.65 = 10.4 ≈ 10,则 DIV_Fraction[3:0]为 0xA,整数 DIV_Mantissa = 21,DIV_Mantissa[11:0]为 0x15,所以 USART_BRR 值为 0x15A。

波特率的常用值有 2400bps、9600bps、19200bps、115200bps。以 USART1、115200bps 为例计算 USARTDIV。其中 USART1 的时钟为 APB2,时钟频率为 84MHz,f_{PLCK} = 84MHz,OVER8 = 0,波特率为 115200bps,则

$$115200bps = \frac{84 \times 10^6 Hz}{8 \times 2 \times USARTDIV}$$

计算得到 USARTDIV = 45.57。则整数部分 DIV_Mantissa = 45,DIV_Mantissa[11:0]为 0x2D,小数部分通过计算 DIV_Fraction = 0.57 × 16 = 9.12 ≈ 9,得到 DIV_Fraction[3:0]为 0x9。所以 USART_BRR 的值为 0x2D9。

这里要注意的是,虽然 STM32 使用了小数波特率生成器和高频的时钟源,但是波特率还是存在误差,比如按照上述计算值代入波特率计算公式,得到的波特率为 115226bps,存在 0.026% 的误差,这在允许范围之内。如果波特率为 9600,计算得 USARTDIV = 546.875,USART_BRR = 0x222E,反推的波特率也为 9600bps,误差率为 0,计算误差如表 7-2 所示。

表 7-2　使用不同波特率在不同时钟下的误差(16 倍过采样时,OVER8 = 0)

序号	波特率	f_{pclk} = 42MHz			f_{pclk} = 84MHz		
	所需值/bps	实际值/bps	USARTDIV	误差/%	实际值/bps	USART_BRR	误差/%
1	1200	1200	2187.5	0	1200	4375	0
2	2400	2400	1093.75	0	2400	2187.5	0
3	9600	9600	273.4375	0	9600	546.875	0
4	19200	19195	136.75	0.026	19200	273.4375	0
5	38400	38391	68.375	0.023	38391	136.75	0.023
6	57600	57613	45.5625	0.023	57613	91.125	0.023
7	115200	115068	22.8125	0.115	115226	45.5625	0.026
8	230400	230769	11.375	0.160	230137	22.8125	0.114

5. 校验控制

使用校验位时,串口传输的长度将是 8 位的数据帧加上 1 位的校验位,总共 9 位,所以

此时 USART_CR1 寄存器的 M 位需要设置为 1。要启动奇偶校验控制,只需将 USART_CR1 寄存器的 PCE 位置 1。奇偶校验由硬件自动完成。启动了奇偶校验控制之后,系统在发送数据帧时会自动添加校验位,在接收数据时会自动验证校验位。接收数据时如果出现奇偶校验位验证失败,系统会将 USART_SR 寄存器的 PE 位置 1,并可以产生奇偶校验中断。

使能了奇偶校验控制后,每个字符帧的格式变成:起始位 + 数据帧 + 校验位 + 停止位。

6. 中断控制

USART 可以有多个中断请求事件,见表 7-3。事件标志都可以引发中断。

表 7-3　USART 中断请求

中断事件	事件标志	使能控制位
发送数据寄存器为空	TXE	TXEIE
CTS 标志	CTS	CTSIE
发送完成	TC	TCIE
准备好读取接收到的数据	RXNE	RXNEIE
检测到上溢错误	ORE	
检测到空闲线路	IDLE	IDLEIE
奇偶校验错误	PE	PEIE
断路标志	LBD	LBDIE
多缓冲通信中的噪声标志、上溢错误和帧错误	NF、ORE、FE	EIE

7. 发送与接收流程

(1) 发送器。

当 USART_CR1 寄存器的发送使能位 TE 置 1 时,启动数据发送,发送移位寄存器的数据会在 TX 引脚输出,如果是同步模式,SCLK 也输出时钟信号。

当发送使能位 TE 置 1 之后,发送器开始会先发送一个空闲帧(一个数据帧长度的高电平),接下来就可以往 USART_DR 寄存器中写入要发送的数据。在写入最后一个数据后,如果 USART 状态寄存器(USART_SR)的 TC 位为 1,表示数据传输完成;如果 USART_CR1 寄存器的 TCIE 位置 1,将产生中断事件。需要使用的控制位如表 7-4 所示。

表 7-4　USART 发送控制位

名　称	描　述
TE	发送使能
TXE	发送寄存器为空,发送单个字节的时候使用
TC	发送完成,发送多个字节数据的时候使用
TXIE	发送完成中断使能

（2）接收器。

如果将 USART_CR1 寄存器的 RE 位置 1，则使能 USART 接收，同时接收器在 RX 线开始搜索起始位。在确定起始位后 USART 接收器根据 RX 线电平状态把数据存放在接收移位寄存器内。接收完成后把接收移位寄存器数据移到 RDR 内，并把 USART_SR 寄存器的 RXNE 位置 1，同时如果 USART_CR2 寄存器的 RXNEIE 置 1 就可以产生中断。需要使用的控制位如表 7-5 所示。

表 7-5　USART 接收控制位

名　　称	描　　述
RE	接收使能
RXNE	读数据寄存器非空
XNEIER	发送完成中断使能

为得到更准确的信号，需要用一个比这个信号频率高的采样信号去检测，称为过采样。这个采样信号的频率大小决定最后得到源信号的准确度。一般频率越高，得到的准确度越高，但要得到的频率越高，采样信号也越困难，运算和功耗等也会增加。接收器可配置不同过采样技术，以实现从噪声中提取有效的数据。USART_CR1 寄存器的 OVER8 位用来选择不同的采样方法，如果 OVER8 位设置为 1，则采用 8 倍过采样，即用 8 个采样信号采样一位数据；如果 OVER8 位设置为 0，则采用 16 倍过采样，即用 16 个采样信号采样一位数据。

7.2.3　USART 固件库函数

与其他外设一样，USART 需要使用的寄存器在固件库中也有一个初始化结构体，比如这个结构体是 USART_InitTypeDef，结构体成员用于设置外设工作参数，然后再由外设初始化配置函数 USART_Init( ) 调用，从而实现串口配置的初始化。

初始化结构体定义在 stm32f4xx_usart.h 文件中，初始化库函数定义在 stm32f4xx_usart.c 文件中。

1. USART_InitTypeDef 结构体

定义如下：

```
typedef struct
{
    uint32_t USART_BaudRate;          // 波特率
    uint16_t USART_WordLength;        // 字长
    uint16_t USART_StopBits;          // 停止位
    uint16_t USART_Parity;            // 校验设置
    uint16_t USART_Mode;              // USART 模式
    uint16_t USART_HardwareFlowControl;   // 硬件流控制
} USART_InitTypeDef;
```

结构体很清晰，需要设置波特率、字长、停止位、校验、USART 模式、硬件流控制，设置的参数说明如下：

（1）USART_BaudRate：波特率设置。常设置为 2400bps、9600bps、19200bps、115200bps。标准库函数会根据设定值计算得到 USARTDIV 值，并设置 USART_BRR 寄存器值。

（2）USART_WordLength：数据帧字长。可选 8 位或 9 位。它设定 USART_CR1 寄存器的 M 位的值。如果没有使能奇偶校验控制，一般使用 8 个数据位；如果使能奇偶校验，则一般设置为 9 个数据位。

（3）USART_StopBits：停止位设置，可选 0.5 个、1 个、1.5 个和 2 个停止位。它设定 USART_CR2 寄存器的 STOP[1:0] 位的值，一般选择 1 个停止位。

（4）USART_Parity：奇偶校验控制选择，可选 USART_Parity_No（无奇偶校验）、USART_Parity_Even（偶校验）以及 USART_Parity_Odd（奇校验）。它设定 USART_CR1 寄存器的 PCE 位和 PS 位的值。

（5）USART_Mode：USART 模式选择，有 USART_Mode_Rx 和 USART_Mode_Tx 两种，允许使用逻辑或运算同时选择两个模式。它设定 USART_CR1 寄存器的 RE 位和 TE 位。

2. USART 时钟初始化结构体（仅在同步模式下）

使用同步模式时需要配置 SCLK 引脚输出脉冲的属性。标准库使用一个时钟初始化结构体 USART_ClockInitTypeDef 来设置，因此该结构体内容也只有在同步模式下才需要设置。

（1）USART_Clock：同步模式下 SCLK 引脚上时钟输出使能控制，可选禁止时钟输出（USART_Clock_Disable）或开启时钟输出（USART_Clock_Enable）；如果使用同步模式发送，一般都需要开启时钟。它设定 USART_CR2 寄存器的 CLKEN 位的值。

（2）USART_CPOL：同步模式下 SCLK 引脚上输出时钟极性设置，可设置在空闲时 SCLK 引脚为低电平（USART_CPOL_Low）或高电平（USART_CPOL_High）。它设定 USART_CR2 寄存器的 CPOL 位的值。

（3）USART_CPHA：同步模式下 SCLK 引脚上输出时钟相位设置，可设置在时钟第一个变化沿捕获数据（USART_CPHA_1Edge）或在时钟第二个变化沿捕获数据。它设定 USART_CR2 寄存器的 CPHA 位的值。USART_CPHA 与 USART_CPOL 配合使用可以获得多种模式时钟关系。

（4）USART_LastBit：选择在发送最后一个数据位的时候时钟脉冲是否在 SCLK 引脚输出，可以选择不输出脉冲（USART_LastBit_Disable）或输出脉冲（USART_LastBit_Enable）。它设定 USART_CR2 寄存器的 LBCL 位的值。

3. USART_Init() 函数

USART_Init() 函数在 stm32f4xx_usart.c 中可以找到，如图 7-14 所示。因函数比较长，从使用的角度看，读者不需要了解具体语句的实现过程，只需知道函数的入口参数如何使用即可。入口参数有 USARTx、USART_InitStruct 结构体。USARTx 指的是初始化 x 串口，x 是串口号；USART_InitStruct 则是串口初始化参数的结构体。使用初始化函数前必须先赋值设定好 USART_InitStruct 结构体。

```
237 ┌/**
238   * @brief  Initializes the USARTx peripheral according to the specified
239   *         parameters in the USART_InitStruct .
240   * @param  USARTx: where x can be 1, 2, 3, 4, 5, 6, 7 or 8 to select the USART or
241   *         UART peripheral.
242   * @param  USART_InitStruct: pointer to a USART_InitTypeDef structure that contains
243   *         the configuration information for the specified USART peripheral.
244   * @retval None
245   */
246  void USART_Init(USART_TypeDef* USARTx, USART_InitTypeDef* USART_InitStruct)
247 ┌{
```

图 7-14　USART_Init( ) 函数

4. GPIO_PinAFConfig( ) 函数

USART 属于 GPIO 的复用功能,因此必须使用 GPIO_PinAFConfig 函数对 GPIO 进行设置。该函数在 stm32f4xx_gpio.c 中可以找到,专门用于复用设置。该函数有 3 个形参,如图 7-15(a)所示。第一个形参 GPIOx 代表第几组 IO;第二个形参 GPIO_PinSource 代表第几脚;最后一个形参 GPIO_AF 代表复用类型。复用类型非常多,不同引脚可以复用的功能也不尽相同,读者可以查阅 STM32F407 数据手册。作为 USART1 使用的复用类型是 GPIO_AF_USART1,如图 7-15(b)所示。

```
579  void GPIO_PinAFConfig(GPIO_TypeDef* GPIOx, uint16_t GPIO_PinSource, uint8_t GPIO_AF)
580 ┌{
581  │   uint32_t temp = 0x00;
582  │   uint32_t temp_2 = 0x00;
```

(a) GPIO_PinAFConfig 函数

```
527  * @param  GPIO_AFSelection: selects the pin to used as Alternate function.
528  *         This parameter can be one of the following values:
529  *            @arg GPIO_AF_RTC_50Hz: Connect RTC_50Hz pin to AF0 (default after reset)
530  *            @arg GPIO_AF_MCO: Connect MCO pin (MCO1 and MCO2) to AF0 (default after reset)
531  *            @arg GPIO_AF_TAMPER: Connect TAMPER pins (TAMPER_1 and TAMPER_2) to AF0 (default after reset)
532  *            @arg GPIO_AF_SWJ: Connect SWJ pins (SWD and JTAG)to AF0 (default after reset)
533  *            @arg GPIO_AF_TRACE: Connect TRACE pins to AF0 (default after reset)
534  *            @arg GPIO_AF_TIM1: Connect TIM1 pins to AF1
535  *            @arg GPIO_AF_TIM2: Connect TIM2 pins to AF1
536  *            @arg GPIO_AF_TIM3: Connect TIM3 pins to AF2
537  *            @arg GPIO_AF_TIM4: Connect TIM4 pins to AF2
538  *            @arg GPIO_AF_TIM5: Connect TIM5 pins to AF2
539  *            @arg GPIO_AF_TIM8: Connect TIM8 pins to AF3
540  *            @arg GPIO_AF_TIM9: Connect TIM9 pins to AF3
541  *            @arg GPIO_AF_TIM10: Connect TIM10 pins to AF3
542  *            @arg GPIO_AF_TIM11: Connect TIM11 pins to AF3
543  *            @arg GPIO_AF_I2C1: Connect I2C1 pins to AF4
544  *            @arg GPIO_AF_I2C2: Connect I2C2 pins to AF4
545  *            @arg GPIO_AF_I2C3: Connect I2C3 pins to AF4
546  *            @arg GPIO_AF_SPI1: Connect SPI1 pins to AF5
547  *            @arg GPIO_AF_SPI2: Connect SPI2/I2S2 pins to AF5
548  *            @arg GPIO_AF_SPI4: Connect SPI4 pins to AF5
549  *            @arg GPIO_AF_SPI5: Connect SPI5 pins to AF5
550  *            @arg GPIO_AF_SPI6: Connect SPI6 pins to AF5
551  *            @arg GPIO_AF_SAI1: Connect SAI1 pins to AF6 for STM32F42xxx/43xxx devices.
552  *            @arg GPIO_AF_SPI3: Connect SPI3/I2S3 pins to AF6
553  *            @arg GPIO_AF_I2S3ext: Connect I2S3ext pins to AF7
554  *            @arg GPIO_AF_USART1: Connect USART1 pins to AF7
555  *            @arg GPIO_AF_USART2: Connect USART2 pins to AF7
556  *            @arg GPIO_AF_USART3: Connect USART3 pins to AF7
```

(b) GPIO_PinAFConfig( ) 函数

图 7-15　GPIO_PinAFConfig( ) 函数与说明

如果使用 PA9 作为 USART1 的 TX 复用,则 GPIO_PinAFConfig 函数如下:

GPIO_PinAFConfig(GPIOA,GPIO_PinSource9,GPIO_AF_USART1) ;

如果使用 PA10 作为 USART1 的 RX 复用,则 GPIO_PinAFConfig 函数如下:

GPIO_PinAFConfig(GPIOA,GPIO_PinSource10,GPIO_AF_USART1) ;

7.3   简单 UART 通信实验

在本项目中,使用开发板的 USART1 与 PC 进行通信,PC 端使用串口助手发送与接收数据,开发板收到数据将其返回 PC,串口助手显示返回信息。

7.3.1   建立模板

与之前的项目建立步骤一样,我们直接使用 LED 的工程模板,将 FL_LED 文件夹复制、粘贴并改名为 FL_USART,在 Project 文件夹下将项目名字改为 FL_USART. uvprojx,在 User 文件夹下添加一个名为 USART 的文件夹,再新建 usart1. h 与 usart1. c 文件,用于编写串口通信的驱动。在 Target 选项下,选择"C/C++"选项卡,在"Include Path"下将 USART 文件夹添加到包含路径中。

7.3.2   编写 usart1. h

编写 usart1. h 文件如下:

```
#ifndef_USART1_H
#define_USART1_H

#include "stm32f4xx. h"
#include < stdio. h >

/* 引脚定义 */
/**********************************************************/
#define DEBUG_USART                        USART1
#define DEBUG_USART_CLK                    RCC_APB2Periph_USART1
#define DEBUG_USART_BAUDRATE               115200   // 串口波特率

#define DEBUG_USART_RX_GPIO_PORT           GPIOA
#define DEBUG_USART_RX_GPIO_CLK            RCC_AHB1Periph_GPIOA
#define DEBUG_USART_RX_PIN                 GPIO_Pin_10
#define DEBUG_USART_RX_AF                  GPIO_AF_USART1
#define DEBUG_USART_RX_SOURCE              GPIO_PinSource10

#define DEBUG_USART_TX_GPIO_PORT           GPIOA
#define DEBUG_USART_TX_GPIO_CLK            RCC_AHB1Periph_GPIOA
#define DEBUG_USART_TX_PIN                 GPIO_Pin_9
#define DEBUG_USART_TX_AF                  GPIO_AF_USART1
```

```
#define DEBUG_USART_TX_SOURCE                    GPIO_PinSource9


#define DEBUG_USART_IRQHandler                   USART1_IRQHandler
#define DEBUG_USART_IRQ                          USART1_IRQn
/****************************************************************/


void USART_Config(void);
```

头文件在开始就包含了 stdio. h,因为要在程序中使用 printf()函数。之后是对 USART1 的宏定义,第一部分针对 USART1 对应的时钟与波特率,第二部分针对 USART1 对应的复用 GPIO 引脚与配置,第三部分针对串口中断。

在 usart. c 中需要编写的 4 个函数为 USART_Config()、USART_SendByte()、USART_SendString()、USART_SendHalfWord(),分别是 USART 的配置函数、发送字节函数、发送字符串函数与发送半字(16 位)函数。

7.3.3　编写 usart. c

使用串口编程的一般步骤:① 串口时钟使能,GPIO 时钟使能;② 设置 GPIO 初始化结构体,设置 GPIO 引脚、复用模式等,调用 GPIO_PinAFConfig 函数初始化;③ 设置串口初始化结构体,设置波特率、字长、奇偶校验等参数,使用 USART_Init 函数初始化;④ 开启中断并且初始化 NVIC,使能中断(如果需要开启中断才需要这个步骤);⑤ 使能串口;⑥ 编写中断服务函数,函数名格式为 USARTxIRQHandler(x 对应串口号)。

1. 串口时钟使能

USART1 要使用 PA9 与 PA10 作为 TX 与 RX,USART1 本身也使用 APB2 时钟,因此要打开这 3 个时钟,使用外设时钟使能函数。

PA9 与 PA10 的时钟使能:

```
RCC_AHB1PeriphClockCmd(DEBUG_USART_RX_GPIO_CLK | DEBUG_USART_TX_GPIO_CLK,
                       ENABLE);
```

USART1 的时钟使能:

```
RCC_APB2PeriphClockCmd(DEBUG_USART_CLK, ENABLE);
```

2. GPIO 串口复用初始化

使用 PA9 与 PA10 引脚的复用作为 TX 与 RX,因此要对此两引脚进行设置以及初始化:

```
GPIO_InitTypeDef GPIO_InitStructure;              // GPIO 初始化结构体


/*初始化 GPIO*/
GPIO_InitStructure. GPIO_OType = GPIO_OType_PP;
GPIO_InitStructure. GPIO_PuPd = GPIO_PuPd_UP;
GPIO_InitStructure. GPIO_Speed = GPIO_Speed_50MHz;


GPIO_InitStructure. GPIO_Mode = GPIO_Mode_AF;      // 配置 TX 引脚复用功能
```

```
GPIO_InitStructure. GPIO_Pin = DEBUG_USART_TX_PIN    ;
GPIO_Init(DEBUG_USART_TX_GPIO_PORT, &GPIO_InitStructure);

GPIO_InitStructure. GPIO_Mode = GPIO_Mode_AF;                    // 配置 RX 引脚复用功能
GPIO_InitStructure. GPIO_Pin = DEBUG_USART_RX_PIN;
GPIO_Init(DEBUG_USART_RX_GPIO_PORT, &GPIO_InitStructure);

GPIO_PinAFConfig(DEBUG_USART_TX_GPIO_PORT,DEBUG_USART_TX_SOURCE,
    DEBUG_USART_TX_AF);                                         // 设置复用 PA9 到 USART1_Tx
GPIO_PinAFConfig(DEBUG_USART_RX_GPIO_PORT,DEBUG_USART_RX_SOURCE,
    DEBUG_USART_RX_AF);                                         // 设置复用 PA10 到 USART1_Rx
```

3. 串口初始化

设置好复用后,要对串口参数进行设置,首先设置串口初始化结构体 USART_InitStructure,然后对结构体成员进行设置,最后使用 USART_Init( )函数进行设置。程序代码如下:

```
USART_InitTypeDef USART_InitStructure;
/* 波特率设置:DEBUG_USART_BAUDRATE */
USART_InitStructure. USART_BaudRate = DEBUG_USART_BAUDRATE;
/* 字长(数据位 + 校验位):8 */
USART_InitStructure. USART_WordLength = USART_WordLength_8b;
/* 停止位:1 个停止位 */
USART_InitStructure. USART_StopBits = USART_StopBits_1;
/* 校验位选择:不使用校验 */
USART_InitStructure. USART_Parity = USART_Parity_No;
/* 硬件流控制:不使用硬件流 */
USART_InitStructure. USART_HardwareFlowControl = USART_HardwareFlowControl_None;
/* USART 模式控制:同时使能接收和发送 */
USART_InitStructure. USART_Mode = USART_Mode_Rx | USART_Mode_Tx;
/* 完成 USART 初始化配置 */
USART_Init(DEBUG_USART, &USART_InitStructure);
```

最后完成波特率 8 位数据位、不使用校验、1 个停止位等这些参数的设置。

4. 中断初始化

串口通信可以使用查询方式或中断方式。由于查询方式效率很低,我们不建议使用。要使用中断,必须先对中断初始化。中断初始化函数要放在串口配置函数前,函数代码如下:

```
static void NVIC_Configuration(void)
{
    NVIC_InitTypeDef NVIC_InitStructure;
    /* 嵌套向量中断控制器组选择 */
```

NVIC_PriorityGroupConfig(NVIC_PriorityGroup_2) ;

/* 配置 USART 为中断源 */

NVIC_InitStructure. NVIC_IRQChannel = DEBUG_USART_IRQ ;

/* 抢断优先级为 1 */

NVIC_InitStructure. NVIC_IRQChannelPreemptionPriority = 1 ;

/* 子优先级为 1 */

NVIC_InitStructure. NVIC_IRQChannelSubPriority = 1 ;

/* 使能中断 */

NVIC_InitStructure. NVIC_IRQChannelCmd = ENABLE ;

/* 初始化配置 NVIC */

NVIC_Init(&NVIC_InitStructure) ;

}

这里设置了第二组,抢断优先级为 1,子优先级为 1。该函数在串口初始化后使用,即可完成串口中断初始化。

5. 串口使能

使用串口需要对串口进行使能,用 USART_Cmd 函数;如果使用了串口中断,那么也需要串口中断使能,用 USART_ITConfig 函数。

这两个函数可在 stm32f4xx_usart. c 中找到。

```
1213 /**
1214   * @brief  Enables or disables the specified USART interrupts.
1215   * @param  USARTx: where x can be 1, 2, 3, 4, 5, 6, 7 or 8 to select the USART or
1216   *         UART peripheral.
1217   * @param  USART_IT: specifies the USART interrupt sources to be enabled or disabled.
1218   *         This parameter can be one of the following values:
1219   *           @arg USART_IT_CTS:  CTS change interrupt
1220   *           @arg USART_IT_LBD:  LIN Break detection interrupt
1221   *           @arg USART_IT_TXE:  Transmit Data Register empty interrupt
1222   *           @arg USART_IT_TC:   Transmission complete interrupt
1223   *           @arg USART_IT_RXNE: Receive Data register not empty interrupt
1224   *           @arg USART_IT_IDLE: Idle line detection interrupt
1225   *           @arg USART_IT_PE:   Parity Error interrupt
1226   *           @arg USART_IT_ERR:  Error interrupt(Frame error, noise error, overrun error)
1227   * @param  NewState: new state of the specified USARTx interrupts.
1228   *         This parameter can be: ENABLE or DISABLE.
1229   * @retval None
1230   */
1231 void USART_ITConfig(USART_TypeDef* USARTx, uint16_t USART_IT, FunctionalState NewState)
```

图 7-16 USART_ITConfig 函数

USART_ITConfig 函数如图 7-16 所示。该函数有三个形参:第一个形参 USARTx 是串口,x 代表串口编号;第二个形参是 USART_IT,指定使能的中断源的事件,事件列表如表 7-6 所示;第三个形参用于使能,可选择 ENABLE 或者 DISABLE。

表 7-6　USART_IT 参数含义

USART_IT	含义
USART_IT_CTS	CTS 变化中断
USART_IT_LBD	LIN 断开检测中断(LIN 总线使用时)
USART_IT_TXE	发送数据寄存器空中断
USART_IT_TC	发送完成中断
USART_IT_RXNE	接收数据寄存器非空中断
USART_IT_IDLE	空闲总线中断
USART_IT_PE	奇偶错误中断
USART_IT_ERR	错误中断

USART_IT 这 8 个事件都可以通过使能选择用于触发串口中断。比较常用的事件有 USART_IT_TC、USART_IT_RXNE,分别用来判断是否发送完毕与接收完毕。如果要设置 USART1 的接收中断使能,则函数形式为"USART_ITConfig(USART1,USART_IT_RXNE,ENABLE);"。

串口使能函数 USART_Cmd 使用起来很简单,如图 7-17 所示。它只有两个形参,一个是 USARTx,代表串口;另一个是使能,可选择 ENABLE 或者 DISABLE。

```
419   /**
420    * @brief  Enables or disables the specified USART peripheral.
421    * @param  USARTx: where x can be 1, 2, 3, 4, 5, 6, 7 or 8 to select the USART or
422    *          UART peripheral.
423    * @param  NewState: new state of the USARTx peripheral.
424    *          This parameter can be: ENABLE or DISABLE.
425    * @retval None
426    */
427   void USART_Cmd(USART_TypeDef* USARTx, FunctionalState NewState)
428   {
```

图 7-17　USART_Cmd 函数说明

USART1 串口使能的函数形式为 USART_Cmd(USART1,ENABLE)。

最后的 usart1.c 源代码如下:

```
#include "usart1.h"


static void NVIC_Configuration(void)
{
    NVIC_InitTypeDef NVIC_InitStructure;
    /* 嵌套向量中断控制器组选择 */
    NVIC_PriorityGroupConfig(NVIC_PriorityGroup_2);
    /* 配置 USART 为中断源 */
    NVIC_InitStructure.NVIC_IRQChannel = DEBUG_USART_IRQ;
    /* 抢断优先级为 1 */
    NVIC_InitStructure.NVIC_IRQChannelPreemptionPriority = 1;
    /* 子优先级为 1 */
    NVIC_InitStructure.NVIC_IRQChannelSubPriority = 1;
```

```
    /* 使能中断 */
    NVIC_InitStructure. NVIC_IRQChannelCmd = ENABLE;
    /* 初始化配置 NVIC */
    NVIC_Init(&NVIC_InitStructure);
}
/** USART GPIO 配置,工作模式配置为 115200 8 - N - 1,中断接收模式 */
void USART_Config(void)
{
    GPIO_InitTypeDef GPIO_InitStructure;
    USART_InitTypeDef USART_InitStructure;
    RCC _AHB1PeriphClockCmd(DEBUG_USART_RX_GPIO_CLK | DEBUG_USART_TX_GPIO_CLK,
        ENABLE);
    /* 使能 USART 时钟 */
    RCC_APB2PeriphClockCmd(DEBUG_USART_CLK, ENABLE);
    /* GPIO 初始化 */
    GPIO_InitStructure. GPIO_OType = GPIO_OType_PP;
    GPIO_InitStructure. GPIO_PuPd = GPIO_PuPd_UP;
    GPIO_InitStructure. GPIO_Speed = GPIO_Speed_50MHz;
    /* 配置 TX 引脚为复用功能 */
    GPIO_InitStructure. GPIO_Mode = GPIO_Mode_AF;
    GPIO_InitStructure. GPIO_Pin = DEBUG_USART_TX_PIN;
    GPIO_Init(DEBUG_USART_TX_GPIO_PORT, &GPIO_InitStructure);
    /* 配置 RX 引脚为复用功能 */
    GPIO_InitStructure. GPIO_Mode = GPIO_Mode_AF;
    GPIO_InitStructure. GPIO_Pin = DEBUG_USART_RX_PIN;
    GPIO_Init(DEBUG_USART_RX_GPIO_PORT, &GPIO_InitStructure);
    /* 连接 PX10 到 USARTx_RX */
    GPIO_PinAFConfig(DEBUG_USART_RX_GPIO_PORT, DEBUG_USART_RX_SOURCE, DEBUG_
        USART_RX_AF);
    /* 连接 PX9 到 USARTx_TX */
    GPIO_PinAFConfig(DEBUG_USART_TX_GPIO_PORT, DEBUG_USART_TX_SOURCE, DEBUG_
        USART_TX_AF);
    /* 配置 USART 模式 */
    /* 波特率设置:DEBUG_USART_BAUDRATE */
    USART_InitStructure. USART_BaudRate = DEBUG_USART_BAUDRATE;
    /* 字长(数据位 + 校验位):8 */
    USART_InitStructure. USART_WordLength = USART_WordLength_8b;
    /* 停止位:1 个停止位 */
    USART_InitStructure. USART_StopBits = USART_StopBits_1;
    /* 校验位选择:不使用校验 */
```

USART_InitStructure. USART_Parity = USART_Parity_No;

/＊硬件流控制:不使用硬件流 ＊/

USART_InitStructure. USART_HardwareFlowControl = USART_HardwareFlowControl_None;

/＊ USART 模式控制:同时使能接收和发送 ＊/

USART_InitStructure. USART_Mode = USART_Mode_Rx | USART_Mode_Tx;

/＊ 完成 USART 初始化配置 ＊/

USART_Init(DEBUG_USART, &USART_InitStructure);

/＊ 嵌套向量中断控制器 NVIC 配置 ＊/

NVIC_Configuration( );

/＊ 使能串口接收中断 ＊/

USART_ITConfig(DEBUG_USART, USART_IT_RXNE, ENABLE);

/＊ 使能串口 ＊/

USART_Cmd(DEBUG_USART, ENABLE);

}

6. 串口中断服务函数

中断服务函数可在 stm32f4xx_it. c 中修改,在最后面加入如下代码:

```
void USART1_IRQHandler( void)
{
    uint8_t Temp;                                    // 收到数据的缓存变量
    if( USART_GetITStatus( DEBUG_USART,USART_IT_RXNE)! =
    RESET)                                           // 是否为接收中断
    {
        Temp = USART_ReceiveData( DEBUG_USART);      // 将接收的数据存入缓存
        USART_SendData( DEBUG_USART,Temp);           // 发送缓存(接收到的)数据
    }
}
```

USART1 的中断向量函数名称是 USART1_IRQHandler,因此我们要在文件 stm32f4xx_it. c 中添加函数 USART1_IRQHandler( )定义。

串口中断事件是指串口接收到了数据,接收结束后产生中断。首先判断是否为接收中断,如果是接收中断,则将接收的数据送给一个缓冲变量 Temp。所有与串口相关的函数都在 stm32f4xx_usart. c 中可以找到。

USART_GetITStatus 函数用于判断是否为接收中断使用固件库函数。该函数用来检查中断标志,使用方法与串口中断使能 USART_ITConfig 函数类似,形参一样,函数的返回值为真则表示发生了相应的中断。

使用 if(USART_GetITStatus(DEBUG_USART,USART_IT_RXNE)! = RESET)判断是否发生了接收中断。

固件库的发送与接收使用 USART_SendData 函数与 USART_ReceiveData 函数。

USART_SendData 函数如图 7-18 所示。函数只有两个形参,第一个是串口数 USARTx,代表串口 1 ~ 8;第二个是需要发送的数据,是一个 16 位的无符号整型变量。从函数的内容

看,发送函数只是将数据赋值给 USART 的 DR 寄存器。注意,赋值前做了与操作,保留了 16 位的形参低 9 位,正好与 DR 寄存器的有效位数的 9 位对齐(参考 DR 寄存器说明,实际设置中一般使用 8 位数据格式),即发送的形参虽然有 16 位,但发送内容只取低 9 位。

```
550  /**
551   * @brief  Transmits single data through the USARTx peripheral.
552   * @param  USARTx: where x can be 1, 2, 3, 4, 5, 6, 7 or 8 to select the USART or
553   *         UART peripheral.
554   * @param  Data: the data to transmit.
555   * @retval None
556   */
557  void USART_SendData(USART_TypeDef* USARTx, uint16_t Data)
558  {
559    /* Check the parameters */
560    assert_param(IS_USART_ALL_PERIPH(USARTx));
561    assert_param(IS_USART_DATA(Data));
562
563    /* Transmit Data */
564    USARTx->DR = (Data & (uint16_t)0x01FF);
565  }
```

图 7-18　USART_SendData 函数

USART_ReceiveData 函数如图 7-19 所示。该函数只有一个形参,即串口数 USARTx,代表串口 1～8,返回的内容是一个无符号 16 位的整型数据。从函数的内容看,它与 USART_SendData 函数类似,将 DR 寄存器的值做 16 位转换后返回数据。

```
567  /**
568   * @brief  Returns the most recent received data by the USARTx peripheral.
569   * @param  USARTx: where x can be 1, 2, 3, 4, 5, 6, 7 or 8 to select the USART or
570   *         UART peripheral.
571   * @retval The received data.
572   */
573  uint16_t USART_ReceiveData(USART_TypeDef* USARTx)
574  {
575    /* Check the parameters */
576    assert_param(IS_USART_ALL_PERIPH(USARTx));
577
578    /* Receive Data */
579    return (uint16_t)(USARTx->DR & (uint16_t)0x01FF);
580  }
```

图 7-19　USART_ReceiveData 函数

7.3.4　编写 main.c

当 usart.c 编写完成、stm32f4xx_it.c 修改好后,我们就要编写主函数。main.c 需要包含 usart1.h,需要初始化串口。使用在 usart1.c 中编写好的驱动函数 USART_Config(),编写程序如下:

```
#include "stm32f4xx.h"
#include "usart1.h"

int main(void)
{
    USART_Config();
    while(1);
}
```

最后编译程序并下载。

7.3.5 实现 PC 与开发板的通信

与 PC 通信要使用串口助手软件。串口助手软件非常多,都可以在网上下载,使用的方法基本一样,可设置波特率、数据位、校验、停止位等。下面以秉火的软件助手为例说明,如图 7-20 所示。

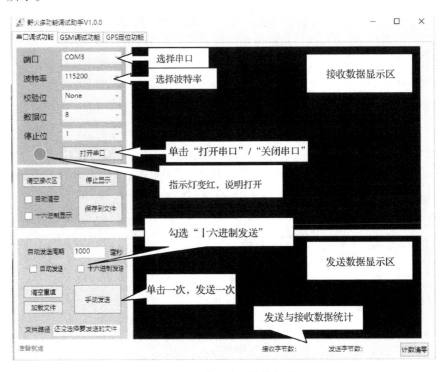

图 7-20 串口助手操作界面

按照操作界面选择串口、波特率。串口必须是开发板的板载转换的串口。可在设备管理器查看 USB-SERIAL CH340 对应的串口号。选择波特率为程序设定的 115200bps,单击"打开串口",指示灯变红。

在发送数据区输入字母 A,单击"手动发送",就可以看到数据接收区显示接收到的字母 A,如图 7-21(a)所示,多按几次"手动发送",观察发送与数据统计。图 7-20 中的"十六进制发送"复选框用于选择是否发送/接收数据编码。若不勾选"十六进制发送",则发送字母 A 的 ASCII 码,即 0x41。显示区同样有一个"十六进制显示"复选框,不勾选时,显示字符,勾选时,显示字符对应的 ASCII 码。如图 7-21(b)所示,当勾选了"十六进制显示"时,显示区显示了"A"对应的 ACCII 码 0x41。

如果勾选了"十六进制发送",同样是字母 A,软件发送的则是十六进制数的 A,即 0x0A,含义完全不一样。这一点在使用时要格外注意。

（a）不勾选"十六进制发送"　　　　　（b）勾选"十六进制显示"

图 7-21　发送字符 A 的实验

7.4　实现远程控制 LED

在实现了串口通信的基础上，可以使用 PC 端对开发板进行控制。当然，只要有串口的设备都能实现，比如蓝牙模块、WIFI 模块等。这些智能模块都带有串行口，可以很轻易地实现联机，掌握了本项目的学习，也就基本掌握了模块的串口通信应用。

7.4.1　初始化 LED 的 GPIO

需要控制 LED，必须初始化驱动 LED 的 GPIO。开发板的 LED 接线图如图 7-22 所示。

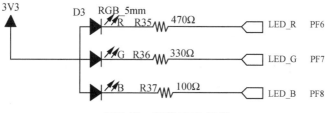

图 7-22　板载 LED 接线

由于使用了 LED 工程模板，我们可直接在 led.c 文档中编辑 LED 的驱动代码。主要步骤和前面一样，即先初始化 GPIO，在原来 PF6 初始化的基础上完成 PF7 和 PF8 的初始化。led.c 内容如下：

```
#include "led.h"
```

```
void LED_GPIO_Config(void)
{
    RCC_AHB1PeriphClockCmd(RCC_AHB1Periph_GPIOF, ENABLE);    // 开 GPIOF 时钟
    GPIO_InitTypeDef   GPIO_InitStruct;                       // 定义 GPIO_InitStruct 初始化结构体
    GPIO_InitStruct.GPIO_Pin = GPIO_Pin_6;                    // 结构体成员引脚指定 Pin6
    GPIO_InitStruct.GPIO_Mode = GPIO_Mode_OUT;               // 设置为通用输出模式
    GPIO_InitStruct.GPIO_OType = GPIO_OType_PP;              // 设置为推挽模式
    GPIO_InitStruct.GPIO_Speed = GPIO_Low_Speed;            // 设置为低速模式
    GPIO_InitStruct.GPIO_PuPd = GPIO_PuPd_NOPULL;           // 设置为无上拉/下拉

    GPIO_Init(GPIOF, &GPIO_InitStruct);                     // PF6 初始化
    GPIO_InitStruct.GPIO_Pin = GPIO_Pin_7;                  // 结构体成员引脚指定 Pin7
    GPIO_Init(GPIOF, &GPIO_InitStruct);                     // PF7 初始化
    GPIO_InitStruct.GPIO_Pin = GPIO_Pin_8;                  // 结构体成员引脚指定 Pin8
    GPIO_Init(GPIOF, &GPIO_InitStruct);                     // PF8 初始化
}
```

7.4.2　修改 stm32f4xx_it.c

STM 串口接收来自 PC 的数据,用于控制 LED。程序中串口数据可在 stm32f4xx_it.c 文件中的中断服务函数处获取。主函数要使用串口数据,必须使用全局变量,因此,程序需要做一些修改。

用于存放串口数据的变量是中断服务函数 USART1_IRQHandler(void)定义的局部变量 uint8_t Temp,因此要把缓冲变量 Temp 改为 stm32f4xx_it.c 的全局变量,步骤是在中断服务函数内将"uint8_t Temp;"删除,再把"uint8_t Temp;"语句放在包含头文件后,如图 7-23 所示。

```
157   void USART1_IRQHandler(void)
158 □ {
159   |
160   | if(USART_GetITStatus(DEBUG_USART,USART_IT_RXNE)!=RESET)
161 □ {                                                        /* Includes ------------------
162   |     Temp = USART_ReceiveData( DEBUG_USART );  //将接收的数    #include "stm32f4xx_it.h"
163   |     USART_SendData(DEBUG_USART, Temp);        //发送缓存(     #include "usart1.h"
164  └  }
165  | }                                                        uint8_t Temp;    //收到数据的缓存变量
```

图 7-23　修改中断服务函数并将 Temp 作为全局变量

这样变量 Temp 就作为 stm32f4xx_it.c 的全局变量,而且能被项目的其他"*.c"文件使用了。

7.4.3　编写 main.c

main.c 需要包含编写好的 usart1.h 与 led.h 头文件,要使用串口接收数据的变量 Temp。因 Temp 变量是 stm32f4xx_it.c 的全局变量,并不是 main.c 的全局变量,故程序中要加一条外部变量声明"extern uint8_t Temp;",之后 main.c 就可以使用来自 stm32f4xx_it.c 的全局变量了。

修改并编写 main.c 如下:

```
#include "stm32f4xx.h"
#include "usart1.h"
#include "led.h"

extern uint8_t Temp;                    // 外部变量声明 Temp,可以使用 stm32f4xx_it.c 的全局变量 temp
int main(void)
{
    LED_GPIO_Config();                          // 初始化 LED 的 GPIO
    USART_Config();                             // 初始化串口 USART1
    GPIO_SetBits(GPIOF,GPIO_Pin_6);             // 关闭红色 LED
    GPIO_SetBits(GPIOF,GPIO_Pin_7);             // 关闭绿色 LED
    GPIO_SetBits(GPIOF,GPIO_Pin_8);             // 关闭蓝色 LED
    while(1)
    {
        switch (Temp)                           // 对串口接收数据进行判断
        {
            case 'R': GPIO_ResetBits(GPIOF,GPIO_Pin_6); break;  // 打开红色 LED
            case 'G': GPIO_ResetBits(GPIOF,GPIO_Pin_7); break;  // 打开绿色 LED
            case 'B': GPIO_ResetBits(GPIOF,GPIO_Pin_8); break;  // 打开蓝色 LED
            case 'O': {                                         // 关闭所有 LED
                        GPIO_SetBits(GPIOF,GPIO_Pin_6);
                        GPIO_SetBits(GPIOF,GPIO_Pin_7);
                        GPIO_SetBits(GPIOF,GPIO_Pin_8);
                      } break;
        }
    }
}
```

程序修改的地方不多,主要是初始化了 LED 的 GPIO,并将 PF6、PF7、PF8 置为高电平,关闭 LED。在主循环 while(1)内使用了 switch 语句,对 Temp 变量进行判断。若接收的数据是 R 的 ASCII 码,则红色 LED 打开;若接收的数据是 G 的 ASCII 码,则绿色 LED 打开;若接收的数据是 B 的 ASCII 码,则蓝色 LED 打开;若接收的是 O 的 ASCII 码,则所有 LED 关闭。

编译完成后,在串口助手中输入字母 R(不能勾选"十六进制发送"),单击"发送"按钮,查看红色 LED 是否被点亮。

7.5　完善串口驱动 usart1.c

为了更好地使用串口,我们可以对串口的驱动 usart1.c 添加部分代码,使用 C 语言中常用的 printf 函数。当然在 stm32 中 printf 不能像 PC 那样将字符打印在显示屏上,但我们通过 printf 函数将字符输出到串口,通过串口助手观察 printf 打印的字符。在 usart1.c 后添加以下代码:

```
/****重定向C库函数 printf 到串口,重定向后可使用 printf 函数****/
int fputc(int ch, FILE *f)
{
    /* 发送一个字节数据到串口 */
    USART_SendData(DEBUG_USART, (uint8_t) ch);
    /* 等待发送完毕 */
    while(USART_GetFlagStatus(DEBUG_USART, USART_FLAG_TXE) == RESET);
    return(ch);
}


// 重定向C库函数 scanf 到串口,重定向后可使用 scanf、getchar 等函数
int fgetc(FILE *f)
{
    /* 等待串口输入数据 */
    while(USART_GetFlagStatus(DEBUG_USART, USART_FLAG_RXNE) == RESET);
    return(int)USART_ReceiveData(DEBUG_USART);
}
```

添加了这些代码,使得程序中可以使用 printf、getchar 与 scanf 这些函数,这也是为什么在 usart1.h 中要包含 stdio.h 的原因。

在 main.c 中添加"printf("Hello,world!");",如图 7-24 所示,编译下载后在串口助手中就可以观察到打印出来的"Hello, world!"这些字符了。

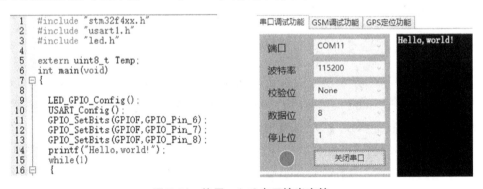

图 7-24　使用 printf 串口输出字符

7.6　小　结

串行通信是嵌入式应用的重要组成部分。本项目的项目文件可以作为串口通信的基本模板,在以后的串口通信项目中可以直接使用。

项目 8　ADC 的使用

ADC 是模数转换器的缩写,在数字系统中用于模拟信号的采集。本项目学习 STM32 的 ADC 系统,使用固件库编程,对 ADC 进行初始化以及数据采集等内容。

8.1　STM32F4 的 ADC

ADC 引脚说明如表 8-1 所示。STM32F407 有三个 12 位逐次趋近型模数转换器,结构图如图 8-1 所示。

表 8-1　ADC 引脚说明

名　称	信号类型	备　注
V_{REF+}	正模拟参考电压输入	ADC 高 /正参考电压,$1.8\ V \leqslant V_{REF+} \leqslant V_{DDA}$
V_{DDA}	模拟电源输入	模拟电源电压等于 V_{DD} 全速运行时,$2.4\ V \leqslant V_{DDA} \leqslant V_{DD} = 3.6\ V$ 低速运行时,$1.8\ V \leqslant V_{DDA} \leqslant V_{DD} = 3.6\ V$
V_{REF-}	负模拟参考电压输入	ADC 低 /负参考电压,$V_{REF-} = V_{SSA}$
V_{SSA}	模拟电源接地输入	模拟电源接地电压等于 V_{SS}
$ADCx\_IN[15:0]$	模拟输入信号	16 个模拟输入通道

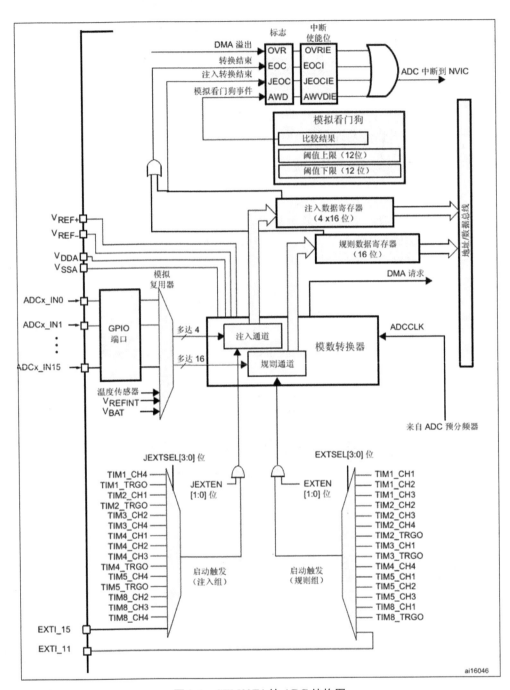

图 8-1　STM32F4 的 ADC 结构图

8.1.1　通道

每个 ADC 有 12 位、10 位、8 位和 6 位可选,具有多达 19 个复用通道,可测量来自 16 个外部源、2 个内部源和 V_{BAT} 通道的信号。这些通道的 AD 转换可在单次、连续、扫描或不连续采样模式下进行。ADC 的结果存储在一个左对齐或右对齐的 16 位数据寄存器中。

从结构图上可以看出,16 个 GPIO 可以通过模拟通道(模拟复用器)进行选择,如表 8-2 所示。其中注入通道最多选择 4 路进行 AD 转换,注入通道转化的总数写入 ADC_JSQR 寄存器的 JL[1:0]中。同时规则通道也可以最多选择 16 路,输入 ADC 进行转换,规则通道转换的总数应写入 ADC_SQR1 寄存器的 SQL[3:0]中。

表 8-2　ADC 对应的引脚通道

ADC1	GPIO	ADC2	GPIO	ADC3	GPIO
通道 0	PA0	通道 0	PA0	通道 0	PA0
通道 1	PA1	通道 1	PA1	通道 1	PA1
通道 2	PA2	通道 2	PA2	通道 2	PA2
通道 3	PA3	通道 3	PA3	通道 3	PA3
通道 4	PA4	通道 4	PA4	通道 4	PF6
通道 5	PA5	通道 5	PA5	通道 5	PF7
通道 6	PA6	通道 6	PA6	通道 6	PF8
通道 7	PA7	通道 7	PA7	通道 7	PF9
通道 8	PB0	通道 8	PB0	通道 8	PF10
通道 9	PB1	通道 9	PB1	通道 9	PF3
通道 10	PC0	通道 10	PC0	通道 10	PC0
通道 11	PC1	通道 11	PC1	通道 11	PC1
通道 12	PC2	通道 12	PC2	通道 12	PC2
通道 13	PC3	通道 13	PC3	通道 13	PC3
通道 14	PC4	通道 14	PC4	通道 14	PF4
通道 15	PC5	通道 15	PC5	通道 15	PF5
通道 16	内部温度传感器	通道 16	内部 V_{ss}	通道 16	内部 V_{ss}
通道 17	内部 V_{refint}	通道 17	内部 V_{ss}	通道 17	内部 V_{ss}

这里涉及两个概念:注入通道与规则通道。这两个通道都可以到达 ADC 进行转换,但区别是,注入通道的优先级高于规则通道,可以这样认为:规则通道是在正常情况下进行转换的,而注入通道具有中断性质,可以在规则通道进行的情况下强行停止转换而执行注入通道信号的转换。

比如测温系统放了 7 个热敏电阻,4 个用于常规点检测,3 个用于特殊点检测。平时显示器一直显示常规点的 4 个温度,当按键按下时,常规点检测暂停,马上进行 3 个特殊点的转换,并显示结果,直到松开这个按钮后,系统又回到常规点的检测。在该例中,4 个常规点的温度检测相当于规则通道的概念,3 个特殊点的温度检测相当于注入通道的概念。

对于多路信号转换的先后顺序(用于 DMA 模式下):规则通道的转换顺序在 ADC_SQRx 寄存器中选择;注入通道的转换顺序在 ADC_JSQR 寄存器中选择。

以规则通道为例,表 8-3 是规则通道序列寄存器 ADC_SQRx 的功能描述。所谓序列寄存器,指的是转换顺序,用于多个通道转换。三个寄存器 SQR3、SQR2、SQR1 共 96 位,其中

96 位数按 5 位数一组,分成 16 个组,用于存放转换顺序 SQ1,SQ2,…,SQ16,分别代表第 1 个转换的对象,第 2 个转换的对象,…,第 16 个转换的对象。在相应的 SQx 中填入被转换的通道,就能形成多路模拟信号的转换顺序了。

表 8-3　ADC_SQRx 的功能描述

寄存器	寄存器位	功能	取值
SQR3	SQ1[4:0]	设置第 1 个转换的通道	通道 0 ~ 15
	SQ2[4:0]	设置第 2 个转换的通道	通道 0 ~ 15
	SQ3[4:0]	设置第 3 个转换的通道	通道 0 ~ 15
	SQ4[4:0]	设置第 4 个转换的通道	通道 0 ~ 15
	SQ5[4:0]	设置第 5 个转换的通道	通道 0 ~ 15
	SQ6[4:0]	设置第 6 个转换的通道	通道 0 ~ 15
SQR2	SQ7[4:0]	设置第 7 个转换的通道	通道 0 ~ 15
	SQ8[4:0]	设置第 8 个转换的通道	通道 0 ~ 15
	SQ9[4:0]	设置第 9 个转换的通道	通道 0 ~ 15
	SQ10[4:0]	设置第 10 个转换的通道	通道 0 ~ 15
	SQ11[4:0]	设置第 11 个转换的通道	通道 0 ~ 15
	SQ12[4:0]	设置第 12 个转换的通道	通道 0 ~ 15
SQR1	SQ13[4:0]	设置第 13 个转换的通道	通道 0 ~ 15
	SQ14[4:0]	设置第 14 个转换的通道	通道 0 ~ 15
	SQ15[4:0]	设置第 15 个转换的通道	通道 0 ~ 15
	SQ16[4:0]	设置第 16 个转换的通道	通道 0 ~ 15
	SQL[3:0]	转换通道数	0 ~ 15

例如,小区住有 16 户住户,有 16 个公共信箱,邮递员每天按照编号 1,编号 2,…,编号 16 的顺序收取信箱里的信件,最先收取编号 1,最后收取编号 16。每个信箱只能放 1 封信,住户往这 16 个信箱放的信件可以根据喜好投递。每天可能有 6 封信、10 封信等,但无论怎么投放,邮递员都只按照信箱的编号,从小到大来收取。这个例子里的 SQ1,SQ2,…,SQ16 这些位置类似于 16 个信箱,住户相当于通道编号,每天投放信件的数量相当于 SQL 的值。

假设要按顺序对通道 9、通道 3、通道 1、通道 8 这 4 路模拟信号在规则通道内转换,首先设置 SQL = 3,表示有 4 路规则通道信号。按顺序,可以在第 1、第 2、第 3、第 4 转换顺序位置 SQ1、SQ2、SQ3、SQ4 内分别填入通道 9、通道 3、通道 1、通道 8 的代号 ADC_IN9、ADC_IN3、ADC_IN1、ADC_IN8 即可。

使用同样的方法使用注入通道。它也有注入序列寄存器,如表 8-4 所示。由于注入通道只有 4 条,因此不需要这么多控制位,因此只使用了 ADC_JSQR3 一个寄存器。32 位数按 5 位一组,分成 4 组,分别是 JSQ1,JSQ2,JSQ3,JSQ4,代表设置的第 1 个转换通道,第 2 个转换通道,…,第 4 个转换通道。注入通道的转换顺序与规则通道稍有不同。

当 JL = 3(4 路注入通道)时,ADC 转换通道的顺序为:JSQ1、JSQ2、JSQ3 和 JSQ4。

当 JL = 2(3 路注入通道)时,ADC 转换通道的顺序为:JSQ2、JSQ3 和 JSQ4。

当 JL = 1(2 路注入通道)时,ADC 转换通道的顺序为:JSQ3、JSQ4。

当 JL = 0(1 路注入通道)时,ADC 将仅转换 JSQ4 通道。

表 8-4　ADC_JSQRx 的功能描述

寄存器	寄存器位	功　　能	取　　值
JSQR3	JSQ1[4:0]	设置第 1 个转换的通道	通道 0 ~ 15
	JSQ2[4:0]	设置第 2 个转换的通道	通道 0 ~ 15
	JSQ3[4:0]	设置第 3 个转换的通道	通道 0 ~ 15
	JSQ4[4:0]	设置第 4 个转换的通道	通道 0 ~ 15
	JL[1:0]	转换通道数	0 ~ 3

8.1.2　ADC 的启动

要使用 ADC,首先要打开 ADC,使其工作。可将 ADC_CR2 寄存器中的 ADON 位置 1 来为 ADC 供电。首次将 ADON 位置 1 时,会将 ADC 从掉电模式中唤醒。可将 ADON 位清 0 来停止转换并使 ADC 进入掉电模式。在此模式下,ADC 几乎不耗电(只有几微安)。

STM32 的 ADC 启动有软启动与外部触发事件启动两种。

1. 软启动

这个方法是最直接也是最简单的,由控制位置 1 启动,置 0 结束。其中 ADC_CR2 中的 SWSTART 位用于规则通道的启停,JSWSTART 位用于注入通道的启停。

2. 外部触发事件启动

外部触发事件有两类:定时器触发与外部信号触发。

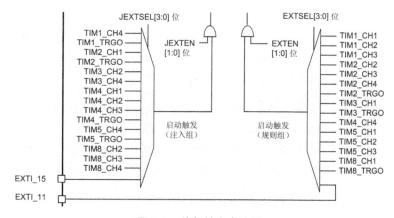

图 8-2　外部触发事件源

如图 8-2 所示,注入通道与规则通道各有 15 个定时器触发源。注入通道的外部触发信号是 EXTI_15;规则通道的外部触发信号是 EXTI_11。EXTI_15 与 EXTI_11 的连线配置可参考外部中断章节的内容,即可以使用 GPIO 的外部信号来启动 ADC。

要使用外部触发 ADC,可通过 JEXTEN 位与 EXTEN 位使能。选择哪个触发源来启动

ADC,需要用到 JEXTSEL[3:0] 与 EXTSEL[3:0]。JEXTSEL[3:0]用于注入通道, EXTSEL[3:0]用于规则通道。以上控制位均在 ADC_CR2 寄存器内,如图 8-3 所示。

31	30	29	28	27	26	25	24	23	22	21	20	19	18	17	16
Reserved	SWSTART	EXTEN		EXTSEL[3:0]				Reserved	JSWSTART	JEXTEN		JEXTSEL[3:0]			
	rw	rw	rw	rw	rw	rw	rw		rw	rw	rw	rw	rw	rw	rw

15	14	13	12	11	10	9	8	7	6	5	4	3	2	1	0
Reserved				ALIGN	EOCS	DDS	DMA	Reserved						CONT	ADON
				rw	rw	rw	rw							rw	rw

图 8-3 ADC_CR2 寄存器

3. ADC 的时钟

与其他 ADC 一样,STM32 的 ADC 同样需要时钟,其时钟 ADC_CLK 由 PCLK2 经过分频产生,频率最大值为 36MHz,典型值为 30MHz。分频因子由 ADC 通用控制寄存器 ADC_CCR 的 ADCPRE[1:0]设置。可设置的分频系数有 2、4、6 和 8,但没有 1 分频。

4. 采样时间

ADC 需要若干个 ADC_CLK 周期完成对输入电压进行采样,采样周期 = 1/ADC_CLK, 采样的周期数可通过 ADC 采样时间寄存器 ADC_SMPR1 和 ADC_SMPR2 中的 SMP[2:0] 位设置。ADC_SMPR2 控制的是通道 0 ~ 9,ADC_SMPR1 控制的是通道 10 ~ 17。每个通道可以分别用不同的时间采样。

其中 STM32 的采样周期最小是 3 个 ADC_CLK 周期,即如果需要最快的采样速度,则设置采样周期为 3 个 ADC_CLK 周期。

ADC 的总转换时间跟 ADC 的输入时钟和采样时间有关,公式为:Tconv = 采样周期 + 12 个周期。利用公式可以计算出 ADC 转换一次电压需要的时间。

8.1.3 ADC 的转换结束

1. 转换结束

STM32 在 ADC 转换结束后有几种处理方式:转换结束中断、模拟看门狗中断、溢出中断、DMA 请求,其中转换结束中断是最常规的处理方式。下面先简单介绍其他三种方式。

当采样电压超出低阈值和高阈值电压时,则看门狗中断产生,低、高阈值分别由 ADC_LTR 和 ADC_HTR 设置。所谓看门狗中断,顾名思义,是指有一只"狗"一直监视着,在系统出现异常时,发出警报中断。ADC 的看门狗中断,是指当监视的电压超出阈值范围,看门狗发出中断信号,可用于温度、湿度、电池电压等检测场合。

溢出中断与 DMA 请求均用于 DMA 传输模式下。DMA 的意思是直接内存访问(Direct Memory Access),是一种不需要 CPU 参与的内存读取接口,普遍用于高性能的计算机系统。关于 DMA,读者可以查阅 STM32F4xx 中文参考手册。

2. 转换数据存放

当 ADC 转换完毕后,ADC 转换的数据根据转换组的不同,存放的位置也不一样。规则通道的数据存放在 ADC_DR 寄存器内,注入通道的数据存放在 ADC_JDRx 内。如果使用双重或者三重模式,那么规矩组的数据存放在通用规则数据寄存器 ADC_CDR 内。

（1）规则数据寄存器 ADC_DR。

ADC 规则通道数据寄存器 ADC_DR 只有一个,是一个 32 位的寄存器,只有低 16 位有效,并且只能用于存储独立模式的转换结果。因为 ADC 的最大精度是 12 位,ADC_DR 是 16 位有效,这样允许 ADC 存放数据时可选择左对齐或右对齐。具体以哪一种方式存放,由 ADC_CR2 的 11 位 ALIGN 设置。现设置 ADC 精度为 12 位。如果设置数据为左对齐,AD 转换完成的数据存放在 ADC_DR 寄存器的[4:15]位内;如果设置数据为右对齐,则数据存放在 ADC_DR 寄存器的[0:11]位内。

规则通道可以有 16 个,而规则数据寄存器只有一个,如果使用多通道转换,那么转换的数据就全部挤在了 ADC_DR 里面,前一个时间点转换的通道数据就会被下一个时间点的另外一个通道转换的数据覆盖掉,所以当通道转换完成后我们就应该把数据取走,或者开启 DMA 模式,把数据传输到内存里面,不然就会造成数据被覆盖。最常用的做法就是开启 DMA 传输。

如果没有使用 DMA 传输,我们一般使用 ADC 状态寄存器 ADC_SR 获取当前 ADC 转换的进度状态,进而进行程序控制。

（2）注入数据寄存器 ADC_JDRx。

ADC 注入通道最多有 4 个通道,刚好注入数据寄存器也有 4 个,每个通道对应着自己的寄存器,不会像规则数据寄存器那样产生数据覆盖的问题。ADC_JDRx 是 32 位的,低 16 位有效,高 16 位保留。数据同样分为左对齐和右对齐,具体以哪一种方式存放,由 ADC_CR2 的 11 位 ALIGN 设置。

（3）通用规则数据寄存器 ADC_CDR。

规则数据寄存器 ADC_DR 仅适用于独立模式,而通用规则数据寄存器 ADC_CDR 适用于双重和三重模式。独立模式就是仅仅适用于三个 ADC 中的一个,双重模式就是同时使用 ADC1 和 ADC2,而三重模式就是三个 ADC 同时使用。在双重或者三重模式下,ADC 数据的采集一般需要配合 DMA 数据传输使用。

8.2   ADC 的固件库

8.2.1   ADC 初始化结构体

学习了这么多固件库例程,可以发现,标准库函数对每个外设都建立了一个初始化结构体 xxx_InitTypeDef(xxx 为外设名称)。结构体成员用于设置外设工作参数,并由标准库函数 xxx_Init()调用这些设定参数,进入设置外设相应的寄存器,达到配置外设工作环境的目的。一般来说,初始化结构体 xxx_InitTypeDef 定义在 stm32f4xx_xxx.h 文件中,初始化函数 xxx_Init 定义在 stm32f4xx_xxx.c 文件中。

1. ADC_InitTypeDef 结构体

ADC 的初始化结构体 ADC_InitTypeDef 已被定义在 stm32f4xx_adc. h 文件内。如图 8-4 所示,结构体包含了 ADC 的几个重要参数设置,如分辨率、扫描转换模式、连续转换模式、外部触发极性、外部触发选择、转换数据对齐方式与转换通道数量。

```
50  /**
51   * @brief    ADC Init structure definition
52   */
53  typedef struct
54  {
55    uint32_t ADC_Resolution;              /*!< Configures the ADC resolution dual mode.
56                                               This parameter can be a value of @ref ADC_resolution */
57    FunctionalState ADC_ScanConvMode;     /*!< Specifies whether the conversion
58                                               is performed in Scan (multichannels)
59                                               or Single (one channel) mode.
60                                               This parameter can be set to ENABLE or DISABLE */
61    FunctionalState ADC_ContinuousConvMode; /*!< Specifies whether the conversion
62                                               is performed in Continuous or Single mode.
63                                               This parameter can be set to ENABLE or DISABLE. */
64    uint32_t ADC_ExternalTrigConvEdge;    /*!< Select the external trigger edge and
65                                               enable the trigger of a regular group.
66                                               This parameter can be a value of
67                                               @ref ADC_external_trigger_edge_for_regular_channels_conversion */
68    uint32_t ADC_ExternalTrigConv;        /*!< Select the external event used to trigger
69                                               the start of conversion of a regular group.
70                                               This parameter can be a value of
71                                               @ref ADC_extrenal_trigger_sources_for_regular_channels_conversion */
72    uint32_t ADC_DataAlign;               /*!< Specifies whether the ADC data alignment
73                                               is left or right. This parameter can be
74                                               a value of @ref ADC_data_align */
75    uint8_t ADC_NbrOfConversion;          /*!< Specifies the number of ADC conversions
76                                               that will be done using the sequencer for
77                                               regular channel group.
78                                               This parameter must range from 1 to 16. */
79  }ADC_InitTypeDef;
80
```

图 8-4　ADC_InitTypeDef 初始化结构体

- ADC_Resolution:配置 ADC 的分辨率,可选的分辨率有 12 位、10 位、8 位和 6 位。分辨率越高,AD 转换数据精度越高,转换时间也越长;分辨率越低,AD 转换数据精度越低,转换时间也越短。

- ADC_ScanConvMode:可选参数为 ENABLE 和 DISABLE,配置是否使用扫描。如果是单通道 AD 转换,使用 DISABLE;如果是多通道 AD 转换,使用 ENABLE。

- ADC_ContinuousConvMode:可选参数为 ENABLE 和 DISABLE,配置是启动自动连续转换还是单次转换。使用 ENABLE 配置为使能自动连续转换;使用 DISABLE 配置为单次转换。转换一次后即停止,需要手动控制,才重新启动转换。

- ADC_ExternalTrigConvEdge:外部触发极性选择。如果使用外部触发,可以选择触发的极性,可选择禁止触发检测、上升沿触发检测、下降沿触发检测以及上升沿和下降沿均可触发检测。

- ADC_ExternalTrigConv:外部触发选择。图 8-2 中列举了很多外部触发条件,我们可根据项目需求配置触发来源。如果无须外部触发,一般使用软件自动触发。

- ADC_DataAlign:转换结果数据对齐模式,可选右对齐 ADC_DataAlign_Right 或者左对齐 ADC_DataAlign_Left。一般选择的是右对齐模式。

- ADC_NbrOfConversion:AD 转换通道数目。

2. ADC_CommonInitTypeDef 结构体

ADC 除了有 ADC_InitTypeDef 初始化结构体外,还有一个 ADC_CommonInitTypeDef 通

用初始化结构体。ADC_CommonInitTypeDef 结构体内容决定三个 ADC 共用的工作环境,比
如模式选择、ADC 时钟等。ADC_CommonInitTypeDef 结构体定义在 stm32f4xx_adc.h 文件
中,如图 8-5 所示。

```
81  /**
82   * @brief   ADC Common Init structure definition
83   */
84  typedef struct
85  {
86    uint32_t ADC_Mode;                     /*!< Configures the ADC to operate in
87                                               independent or multi mode.
88                                               This parameter can be a value of @ref ADC Common mode */
89    uint32_t ADC_Prescaler;                /*!< Select the frequency of the clock
90                                               to the ADC. The clock is common for all the ADCs.
91                                               This parameter can be a value of @ref ADC Prescaler */
92    uint32_t ADC_DMAAccessMode;            /*!< Configures the Direct memory access
93                                               mode for multi ADC mode.
94                                               This parameter can be a value of
95                                               @ref ADC Direct memory access mode for multi mode */
96    uint32_t ADC_TwoSamplingDelay;         /*!< Configures the Delay between 2 sampling phases.
97                                               This parameter can be a value of
98                                               @ref ADC delay between 2 sampling phases */
99
100 }ADC_CommonInitTypeDef;
```

图 8-5 ADC_CommonInitTypeDef 结构体

- ADC_Mode:ADC 工作模式选择,有独立模式、双重模式以及三重模式。
- ADC_Prescaler:ADC 时钟分频系数选择。ADC 时钟由 PCLK2 分频而来,分频系数
决定 ADC 时钟频率。可选的分频系数为 2、4、6 和 8。注意,ADC 最大时钟频率配置
为 36MHz。
- ADC_DMAAccessMode:DMA 模式设置,只有在双重或者三重模式下才需要设置,可
以设置三种模式,具体可参考手册说明。
- ADC_TwoSamplingDelay:两个采样阶段之前的延迟,仅适用于双重或三重交错模式。

8.2.2 ADC 固件库函数

ADC 的库函数非常多,使用起来也非常方便。下面简单介绍常用的一些函数。

1. ADC_Init( )

ADC_Init( )为 ADC 的初始化函数,与 ADC_InitTypeDef 结构体配合,用于结构体内设
置的初始化。函数的形参有两个:第一个形参是 ADC 号,代表 STM32 内置的 ADC,比如使
用第一个 ADC,就填入 ADC1;第二个形参是 ADC_InitTypeDef 初始化结构体指针。

2. ADC_CommonInit( )

ADC_CommonInit( )为通用设置初始化函数,与 ADC_CommonInitTypeDef 结构体配合,用
于结构体内设置的初始化。函数的形参只有一个,是 ADC_CommonInitTypeDef 结构体指针。

3. ADC_RegularChannelConfig( )

ADC_RegularChannelConfig( )是 ADC 规则通道设置函数,有四个形参:第一个形参是
ADC 号。第二个形参是 ADC 通道号,比如填入 ADC_Channel_0,代表 ADC 通道 0,共 18 个
通道。具体 GPIO 对应的通道查看表 8-2。例程使用 PB0 作为 ADC1 的转换,因此形参是
ADC_Channel_8。第三个形参是 ADC 规则组号顺序,可以填入数字 1~16。第四个形参是
采样时间,可以填入 ADC _ SampleTime _ 3Cycles、ADC _ SampleTime _ 15Cycles、ADC _

SampleTime _ 28Cycles、ADC _ SampleTime _ 56Cycles、ADC _ SampleTime _ 84Cycles、ADC _ SampleTime_112Cycles、ADC_SampleTime_144Cycles、ADC_SampleTime_480Cycles。这些参数分别代表了几个 ADC_CLK 周期,最快的采样时间为 3 个 ADC_CLK 周期。采样周期越短,ADC 转换数据输出周期就越短,数据精度也越低;采样周期越长,ADC 转换数据输出周期就越长,但同时数据精度也越高。

4. ADC_InjectedChannelConfig( )

ADC_InjectedChannelConfig( )是相应的注入通道设置函数,形参与 ADC_RegularChannelConfig( )基本一样,只是第三个形参的注入组号顺序只能填入数字 1~4。

5. ADC_ITConfig( )

ADC_ITConfig( )用于设置 ADC 的中断,有三个形参:第一个形参是 ADC 号。第二个形参是指定中断源。中断源对应的形参有 ADC_IT_EOC(代表转换结束中断)、ADC_IT_AWD(模拟看门狗中断)、ADC_IT_JEOC(注入转换结束中断)、ADC_IT_OVR(溢出中断)。第三个形参是 ADC 中断使能,填入 ENABLE 或者 DISABLE。

6. ADC_Cmd( )

ADC_Cmd( )是 ADC 的命令函数,用于 ADC 的使能,有两个形参:第一个形参是 ADC 号;第二个形参是使能,填入 ENABLE 或者 DISABLE。

7. ADC_SoftwareStartConv( )

ADC_SoftwareStartConv( )是规则通道的 ADC 软件启动函数。其形参只有一个,即 ADC 号,可填入 ADC1、ADC2 或者 ADC3。

8. ADC_SoftwareStartInjectedConv( )

ADC_SoftwareStartInjectedConv( )是注入通道的 ADC 软件启动函数。其形参只有一个,即 ADC 号,可填入 ADC1、ADC2 或者 ADC3。

9. ADC_GetITStatus( )

ADC_GetITStatus( )是 ADC 中断状态获取函数,有两个形参,带一个返回值。第一个形参是 ADC 号;第二个形参是需查询的中断源,可以是 ADC_IT_EOC(代表转换结束中断)、ADC_IT_AWD(模拟看门狗中断)、ADC_IT_JEOC(注入转换结束中断)、ADC_IT_OVR(溢出中断)。函数在执行完毕后返回查询结果,返回值类型为位,返回结果有 SET(发生)或者 RESET(无发生)。

10. ADC_ClearITPendingBit( )

ADC_ClearITPendingBit( )是 ADC 清除中断标志函数,用于清除 ADC 中断后的中断标志位,有两个形参:第一个形参是 ADC 号;第二个形参是需查询的中断源,可以是 ADC_IT_EOC(代表转换结束中断)、ADC_IT_AWD(模拟看门狗中断)、ADC_IT_JEOC(注入转换结束中断)、ADC_IT_OVR(溢出中断)。

11. ADC_GetConversionValue( )

ADC_GetConversionValue( )是规则通道 ADC 的转换值获取函数,功能是从 ADC_DR 寄存器中获取数据并返回。函数有一个形参,一个返回值。形参是 ADC 号,返回值类型为 16

位无符号数。

12. ADC_GetInjectedConversionValue( )

ADC_GetInjectedConversionValue( )是注入通道、规则通道 ADC 的转换值获取函数,功能是从注入通道的 ADC_JDRx 寄存器(与规则通道不同,注入通道有四个独立的转换数据寄存器,x=1,2,3,4,代表 4 个注入通道数据寄存器)中获取注入通道 ADC 的转换值并返回。函数有两个形参、一个返回值。第一个形参是 ADC 号;第二个形参是注入通道号,如 ADC_InjectedChannel_1、ADC_InjectedChannel_2、ADC_InjectedChannel_3、ADC_InjectedChannel_4。返回值类型为 16 位无符号数。

STM32 的 ADC 功能非常强大,因此使用的函数非常多。这里只介绍了常用的库函数。其余的库函数,读者可以自行查阅。

8.3　独立模式单通道采集实验

通过独立模式单通道的 ADC 项目,学习 STM32 的 ADC 系统。ADC 转换的结果通过串口 1 输送到 PC 串口助手。

8.3.1　硬件电路

本实验使用秉火开发板上自带的电位器 R60,电路如图 8-6 所示。电位器的两头分别接到3.3V 与 GND,中间抽头起分压作用,再接 PB0。跳线 J21 此时要短接,使得 PB0 能接收到中间抽头的分压。当旋动电位器 R60 时,PB0 的电压会随之改变,改变范围在 0～3.3V 之间。

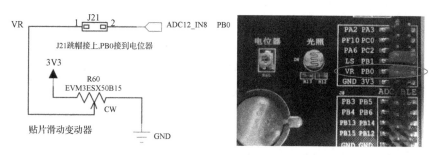

图 8-6　R60 电位器的分压作为 PB0 的模拟输入

8.3.2　工程模板

由于要使用串口 1 进行数据传输,因此我们拷贝上一个项目做好的串口工程文件夹 FW_USART,粘贴后将文件夹改名为 FW_ADC1(代表 ADC 独立单通道实验工程),在 Project 文件夹内将项目文件名 FL_USART. uvprojx 更改为 FL_ADC1. uvprojx。在 User 文件夹下添加 ADC1 文件夹,用于添加 ADC 驱动文件,然后在 ADC1 文件夹下新建 ADC1. c 与

ADC1. h 文件。完成添加 ADC1 目录到 Include Paths 内以及在 User 下添加 ADC1. c 到项目文件中的工作,最终完成工程模板。

本项目用最简单的 ADC 独立单通道模式,不禁止 DMA 模式,使用软件启动,当转换结束,使用转换结束中断读取转换数据,并使用串口 1 将数据传送到 PC 串口。

8.3.3　编写 ADC1.h

编写 ADC1. h 的方法类似于常规编写方法,主要对 ADC 所使用的 GPIO 做了宏定义,使用 ADC1 作为转换器。宏定义还包括了 ADC 的中断号。

```
#ifndef_ADC1_H
#define_ADC1_H
#include "stm32f4xx. h"


// ADC GPIO 宏定义
#define VR_ADC_GPIO_PORT        GPIOB
#define VR_ADC_GPIO_PIN         GPIO_Pin_0
#define VR_ADC_GPIO_CLK          RCC_AHB1Periph_GPIOB


// ADC 序号宏定义
#define VR_ADC              ADC1              // 使用的 ADC 为 ADC1
#define VR_ADC_CLK          RCC_APB2Periph_ADC1    // ADC1 对应的时钟
#define VR_ADC_CHANNEL      ADC_Channel_8        // PB0 对应的转换通道8,见表8-2


void VR_ADC_Init( void) ;
#endif / *  _ADC1_H  */
```

8.3.4　编写 ADC1.c

编写独立单通道 ADC 的驱动程序,开启转换结束中断的主要步骤如下:

1. 初始化配置 ADC 目标引脚为模拟输入模式

这一步主要是初始化结构体的设置,与 GPIO 模式设置的方法一致。

```
GPIO_InitTypeDef GPIO_InitStructure;

RCC_AHB1PeriphClockCmd( VR_ADC_GPIO_CLK, ENABLE);         // 使能 GPIO 时钟

GPIO_InitStructure. GPIO_Pin = VR_ADC_GPIO_PIN;          // 设置引脚

GPIO_InitStructure. GPIO_Mode = GPIO_Mode_AIN;          // 设置为复用功能

GPIO_InitStructure. GPIO_PuPd = GPIO_PuPd_NOPULL;        // 设置为既不上拉也不下拉

GPIO_Init( VR_ADC_GPIO_PORT, &GPIO_InitStructure);       // 初始化
```

2. 使能 ADC 时钟

使用 APB2 时钟开启函数:

```
RCC_APB2PeriphClockCmd( VR_ADC_CLK, ENABLE);
```

3. 配置通用 ADC 为独立模式

与前面内容一致,这里配置 ADC_CommonInitStructure 结构体,包括配置 ADC 模式、时钟、DMA 访问模式、采样周期数等参数。

```
ADC_CommonInitTypeDef ADC_CommonInitStructure;                    // 初始化结构体
ADC_CommonInitStructure. ADC_Mode = ADC_Mode_Independent;          // 设置为独立模式
ADC_CommonInitStructure. ADC_Prescaler = ADC_Prescaler_Div4;       // 设置时钟为 4 分频
/* 禁止 DMA 直接访问模式 */
ADC_CommonInitStructure. ADC_DMAAccessMode = ADC_DMAAccessMode_Disabled;
/* 采样时间间隔设置 */
ADC_CommonInitStructure. ADC_TwoSamplingDelay = ADC_TwoSamplingDelay_20Cycles;
ADC_CommonInit( &ADC_CommonInitStructure );                        // 初始化 ADC_CommonInit
```

4. 设置目标 ADC 为 12 位分辨率、1 通道的连续转换,不需要外部触发

```
ADC_InitTypeDef ADC_InitStructure;
ADC_StructInit( &ADC_InitStructure );                             // 预防漏设,恢复 ADC_InitStructure 默认值
ADC_InitStructure. ADC_Resolution = ADC_Resolution_12b;           // 设置 ADC 分辨率
ADC_InitStructure. ADC_ScanConvMode = DISABLE;                    // 禁止扫描模式,多通道采集才需要
ADC_InitStructure. ADC_ContinuousConvMode = ENABLE;               // 设置连续转换
ADC_InitStructure. ADC_ExternalTrigConvEdge =
    ADC_ExternalTrigConvEdge_None;                                // 禁止外部边沿触发
ADC_InitStructure. ADC_DataAlign = ADC_DataAlign_Right;           // 设置数据右对齐
ADC_InitStructure. ADC_NbrOfConversion = 1;                       // 设置转换通道为 1 个
ADC_Init( RHEOSTAT_ADC, &ADC_InitStructure );
```

5. 设置 ADC 转换通道顺序及采样时间

/* 配置 ADC1 转换,通道使用 ADC_Channel_8,ADC 通道转换顺序为 1,第一个转换,采样时间为 56 个时钟周期 */

```
    ADC_RegularChannelConfig( VR_ADC,VR_ADC_CHANNEL,1,ADC_SampleTime_56Cycles );
```

6. 配置使能 ADC 转换完成中断,在中断内读取转换完成的数据

```
ADC_ITConfig( VR_ADC, ADC_IT_EOC, ENABLE );                       // 设置 ADC 转换结束中断
ADC_Cmd( VR_ADC, ENABLE );                                        // 使能 ADC
```

7. 启动 ADC 转换

```
ADC_SoftwareStartConv( VR_ADC );                                  // 开始 ADC 转换,软件触发
```

8. 中断初始化设置

这里需要配置中断优先级,配置方法与外部中断类似:

```
NVIC_InitTypeDef NVIC_InitStructure;                              // 定义 NIVC 初始化结构体
NVIC_PriorityGroupConfig( NVIC_PriorityGroup_1 );                 // 设置优先级组别
NVIC_InitStructure. NVIC_IRQChannel = ADC_IRQn;                   // 设置 ADC 为中断源
NVIC_InitStructure. NVIC_IRQChannelPreemptionPriority = 1;        // 设置抢占优先级为 1
NVIC_InitStructure. NVIC_IRQChannelSubPriority = 1;               // 设置子优先级为 1
NVIC_InitStructure. NVIC_IRQChannelCmd = ENABLE;                  // 使能中断
```

```
NVIC_Init( &NVIC_InitStructure);                                    // 初始化中断
```

ADC1、ADC2、ADC3 的中断源号均为 ADC_IRQn,见表 5-2 与图 5-2。

根据以上步骤,将这些代码组织成三个函数,第一个是设置 ADC 的 GPIO 初始化函数 VR_ADC_GPIO_Config( ),第二个是设置 ADC 参数的函数 VR_ADC_Mode_Config( ),第三个是设置 ADC 中断的初始化函数 VR_ADC_NVIC_Config( )。因此最后编写的 ADC1. c 程序如下:

```
#include "ADC1. h"
static void VR_ADC_GPIO_Config( void)
{
    GPIO_InitTypeDef GPIO_InitStructure;
    RCC_AHB1PeriphClockCmd( VR_ADC_GPIO_CLK, ENABLE);        // 使能 GPIO 时钟
    GPIO_InitStructure. GPIO_Pin = VR_ADC_GPIO_PIN;          // 设置引脚
    GPIO_InitStructure. GPIO_Mode = GPIO_Mode_AIN;           // 设置为复用功能
    GPIO_InitStructure. GPIO_PuPd = GPIO_PuPd_NOPULL;        // 设置为既不上拉也不下拉
    GPIO_Init( VR_ADC_GPIO_PORT, &GPIO_InitStructure);       // 初始化
}


static void VR_ADC_Mode_Config( void)
{
RCC_APB2PeriphClockCmd( VR_ADC_CLK, ENABLE);                // 开启 ADC 时钟
/* ------------ADC Common 结构体参数初始化----------------- */
ADC_CommonInitTypeDef ADC_CommonInitStructure;                          // 初始化 CommonInit 结构体
ADC_CommonInitStructure. ADC_Mode = ADC_Mode_Independent;               // 设置为独立模式
ADC_CommonInitStructure. ADC_Prescaler = ADC_Prescaler_Div4;            // 设置时钟为 4 分频
    /* 禁止 DMA 直接访问模式 */
ADC_CommonInitStructure. ADC_DMAAccessMode = ADC_DMAAccessMode_Disabled;
    /* 采样时间间隔设置 */
ADC _CommonInitStructure. ADC_TwoSamplingDelay = ADC_TwoSamplingDelay_20Cycles;
ADC_CommonInit( &ADC_CommonInitStructure);                              // 初始化 ADC_CommonInit
    /* ----------ADC Init 结构体参数初始化------------------- */
ADC_InitTypeDef ADC_InitStructure;                                     // 初始化 InitStructure 结构体
ADC_StructInit( &ADC_InitStructure);
ADC_InitStructure. ADC_Resolution = ADC_Resolution_12b;                // ADC 分辨率
ADC_InitStructure. ADC_ScanConvMode = DISABLE;                         // 禁止扫描模式,多通道采集才需要
ADC_InitStructure. ADC_ContinuousConvMode = ENABLE;                    // 连续转换
ADC_InitStructure. ADC_ExternalTrigConvEdge =
    ADC_ExternalTrigConvEdge_None;                                     // 禁止外部边沿触发
ADC_InitStructure. ADC_DataAlign = ADC_DataAlign_Right;                // 数据右对齐
ADC_InitStructure. ADC_NbrOfConversion = 1;                            // 转换通道 1 个
ADC_Init( VR_ADC, &ADC_InitStructure);                                 // ADC 初始化
```

```
                // 配置规则通道转换顺序为1,第一个转换,采样时间为56个时钟周期
    ADC_RegularChannelConfig(VR_ADC,VR_ADC_CHANNEL,1,ADC_SampleTime_56Cycles);
    ADC_ITConfig(VR_ADC, ADC_IT_EOC, ENABLE);                    // 使能 ADC 转换结束中断
    ADC_Cmd(VR_ADC, ENABLE);                                     // 使能 ADC
    ADC_SoftwareStartConv(VR_ADC);                               // 开始 ADC 转换,软件触发
}


static void VR_ADC_NVIC_Config(void)
{
    NVIC_InitTypeDef NVIC_InitStructure;                          // 定义 NIVC 初始化结构体
    NVIC_PriorityGroupConfig(NVIC_PriorityGroup_1);              // 设置优先级组别
    NVIC_InitStructure. NVIC_IRQChannel = ADC_IRQn;             // 设置 ADC 为中断源
    NVIC_InitStructure. NVIC_IRQChannelPreemptionPriority = 1;   // 设置抢占优先级为1
    NVIC_InitStructure. NVIC_IRQChannelSubPriority = 1;         // 设置子优先级为1
    NVIC_InitStructure. NVIC_IRQChannelCmd = ENABLE;           // 使能中断
    NVIC_Init(&NVIC_InitStructure);                             // 初始化中断
}


void VR_ADC_Init(void)
{
    VR_ADC_GPIO_Config();
    VR_ADC_Mode_Config();
    VR_ADC_NVIC_Config();
}
```

8.3.5　编写 ADC 中断服务函数

由于使用 ADC 转换结束中断,ADC 在转换结束后会产生中断事件。与外部中断、串口中断一样,要使用中断,就必须在 stm32f4xx_it. c 文件内自行添加中断服务函数。对应 ADC 的中断服务函数名称为 ADC_IRQHandler。我们首先在 stm32f4xx_it. c 文件开头添加需要包含的 ADC1. h 头文件,添加代码 #include "ADC1. h"。然后在文件末尾添加如下代码:

```
extern_ _IO uint16_t ADC_ConvertedValue; // 引用外部变量 ADC_ConvertedValue
/* ---- ADC 转换完成中断服务程序 ---- */
void ADC_IRQHandler(void)
{
    if(ADC_GetITStatus(VR_ADC,ADC_IT_EOC) == SET)               // 获取 ADC 中断状态
        ADC_ConvertedValue = ADC_GetConversionValue(VR_ADC);   // 读取规则组 ADC 转换值
    ADC_ClearITPendingBit(VR_ADC,ADC_IT_EOC);                  // 清除 ADC 中断标志
}
```

由于中断服务函数不带返回值,将转换值传递给主(其他)函数的一般思路是:主(其

他)函数定义一个外部变量 ADC_ConvertedValue。发生 ADC 中断后,中断服务函数将获取的转换值赋值给 ADC_ConvertedValue,主(其他)函数则可以使用最新的 ADC_ConvertedValue。

因此第一行代码 extern_ _IO uint16_t ADC_ConvertedValue 的作用是引用主函数定义好的静态变量 ADC_ConvertedValue,在此处作为外部变量,用于传递 ADC 转换数据。

中断服务函数名称为 ADC_IRQHandler( ),与 ADC 中断匹配。中断服务函数非常简单,首先获取 ADC 中断状态,判断是否转换结束中断,如果是,则调用 ADC_GetConversionValue(VR_ADC)函数获取转换值,最后清除 ADC 中断标志。

8.3.6　编写 main.c

主函数要做的工作比较简单,使用原来 usart1.c 做好的驱动函数进行初始化,并且可以使用 printf 函数进行串口输出。电脑串口只接收来自开发板的信息。因此,为了简化程序,串口通信不使用中断模式,主函数定时使用 printf 函数发送转换数据。编写程序如下:

```
#include "stm32f4xx.h"
#include "usart1.h"
#include "ADC1.h"

_ _IO uint16_t ADC_ConvertedValue =0;    // 定义静态无符号16位整型变量,存放 ADC 转换数据
float ADC_Vol;                           // 局部变量,用于保存转换计算后的电压值

static void Delay(_ _IO uint32_t nCount)  // 简单的延时函数
{
    for( ; nCount ! =0; nCount -- );
}

int main( void)
{
    USART_Config( );          // 初始化 USART1 配置模式为 115200 8 – N – 1
    VR_ADC_Init( );           // 初始化 ADC
    while(1)
    {
        ADC_Vol = (float) ADC_ConvertedValue * (3.3/4096);  // 根据读取的 ADC 值计算采样电压
        printf(" \r\n The current AD value =0x%04X \r\n", ADC_ConvertedValue);
        printf(" \r\n The current AD value = %f V \r\n",ADC_Vol);
        Delay(0xffffee);
    }
}
```

程序比较简单,预先定义一个静态变量 ADC_ConvertedValue 存放 ADC 数据。把该变量设置为静态变量是为了在中断服务函数中能使用该变量。

编写软件延时函数 Delay( )是为了在主循环内不断间隔地发送 ADC 的转换数据。

因为 ADC_Vol 是浮点数,而传递的 ADC 转换值是 16 位无符号整型变量,所以此处需要进行数据类型转换,ADC_Vol = (float) ADC_ConvertedValue * (3.3/4096)。另外,计算公式中,12 位的 ADC 的分辨率是 $1/2^{12}$。对参考电压为 3.3V 的模拟电压进行采样,采用了公式:模拟电压值 = 转换值 × 分辨率 × 参考电压。

8.3.7 调试

编译成功后,将程序下载到开发板,打开串口助手,调节波特率为 115200bps,如图 8-7 所示。

图 8-7 串口助手接收的转换数据

串口助手接收并显示了两个数据:一个是转换值,为 16 位数,如 0x094D;另一个是通过计算得到的电压值,如 1.918286V。旋转电位器 R60,可以观察到数据随之变化。

8.4 独立模式下混合通道采集实验

利用开发板的另一个模拟电压电路,与 R60 电位器的模拟电压电路一起,建立一个独立模式的混合通道采集的例程。

8.4.1 硬件电路

本实验采用的模拟电压电路如图 8-8 所示。该电路利用光敏电阻 D8 感应外部光线强度。当光线增强后,光敏电阻内的载流子会增加,使得导电性增强,从伏安特性上看,可以看成光敏电阻的电阻变小了;反之,光线变暗,载流子变少,光敏电阻的电阻就变大。

光敏电阻是最简单的检测光照度的传感器。图 8-8 是一个最简单的检测电路,电阻随着光照度的增强而减少。检测 D8 与 R13 之间的分压,可以得到随光照变化而变化的模拟电压。即光照增强,R13 的分压变大;光照减少,R13 的分压变小。

根据电路图,J43 跳线短路后,模拟电压就被传送到 STM32F407 的 PB1 引脚,因此务必要将 J43 跳线短路。

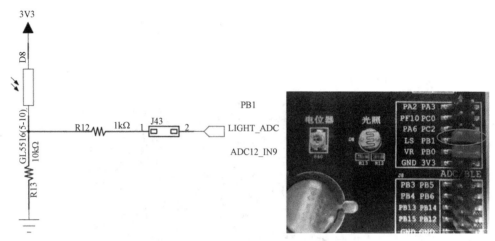

图 8-8　光敏电阻测量电路与跳线

8.4.2　建立项目工程

规则通道的 ADC 转换值只保存在规则数据寄存器 ADC_DR 内。由于寄存器只有一个,当多通道使用时,转换结束后,新的转换结果会直接覆盖此 ADC_DR,导致数据丢失,而 ADC 转换结束、中断发生时,也无法查询是哪个通道转换的数据。为了解决这个问题,STM32 可以使用 DMA 模式,ADC 会按转换顺序将顺序通道的转换值依次按数组的形式保存。而独立单通道模式不存在这个问题,因此没有使用 DMA 模式。

不使用 DMA 模式,能不能对两个信号进行采样呢? 答案是肯定的,可以使用注入通道与规则通道的混合通道的方式进行采样转换。注入通道包含有 4 个独立转换数据存储器,分别是 ADC_JDR1、ADC_JDR2、ADC_JDR3、ADC_JDR4。因此,要使用规则通道 + 注入通道的方式对两路模拟信号进行采集,将电位器模拟信号(PB0)作为规则通道,光敏电阻模拟信号(PB1)作为注入通道进行转换,程序中也必须要编写规则通道与注入通道的相应的函数。

我们在原来 ADC1 的项目工程上进行修改,可以复制 FL_ADC1 文件夹,粘贴后修改文件夹名字为 FL_ADC2,作为独立模式混合通道工程文件夹,其他设置不变。

8.4.3　修改 ADC1.h

ADC1.h 内还需对 PB1 引脚做相应的宏定义。由于光敏电阻与电位器的采集共用 ADC1,因此程序不需要改动太多。修改 ADC1.h 如下:

```
#ifndef_ADC1_H
```

```
#define_ADC1_H
#include "stm32f4xx. h"


/* ---- ADC GPIO 宏定义 ----- */
#define VR_ADC_GPIO_PORT        GPIOB
#define VR_ADC_GPIO_PIN         GPIO_Pin_0
#define LS_ADC_GPIO_PORT        GPIOB
#define LS_ADC_GPIO_PIN         GPIO_Pin_1
#define VR_ADC_GPIO_CLK         RCC_AHB1Periph_GPIOB
#define LS_ADC_GPIO_CLK         RCC_AHB1Periph_GPIOB


/* -------- ADC 序号宏定义 --------- */
#define LS_VR_ADC           ADC1                    // 独立模式双通道,因此光敏电阻也使用 ADC1
#define LS_VR_ADC_CLK       RCC_APB2Periph_ADC1     // ADC1 时钟
#define VR_ADC_CHANNEL      ADC_Channel_8           // PB0 对应的 ADC 通道 8,见表 8-2
#define LS_ADC_CHANNEL      ADC_Channel_9           // PB1 对应的 ADC 通道 9,见表 8-2


void LS_VR_ADC_Init( void) ;        // ADC1 初始化函数
void VR_ADC_Get_Val( void) ;        // 规则通道配置与启动函数,用于电位器获取 ADC 值函数
void LS_ADC_Get_Val( void) ;        // 注入通道配置与启动函数,用于光敏电阻获取 ADC 值函数


#endif /* _ADC1_H */
```

8.4.4　修改 ADC1.c

利用独立模式单通道的工程项目,因为多了 PB1 进行 ADC 转换这个步骤,因此我们在 ADC1.c 中需要对 PB1 对应的 ADC 进行各种初始化,过程与 PB0 一样。添加一个 PB1 的 GPIO 初始化函数 LS_ADC_GPIO_Config( )如下:

```
static void LS_ADC_GPIO_Config( void)
{
    GPIO_InitTypeDef GPIO_InitStructure;
    RCC_AHB1PeriphClockCmd( LS_ADC_GPIO_CLK, ENABLE);      // 使能 GPIO 时钟
    GPIO_InitStructure. GPIO_Pin = LS_ADC_GPIO_PIN;        // 设置引脚
    GPIO_InitStructure. GPIO_Mode = GPIO_Mode_AIN;         // 设置为复用功能
    GPIO_InitStructure. GPIO_PuPd = GPIO_PuPd_NOPULL;      // 设置为既不上拉也不下拉
    GPIO_Init( LS_ADC_GPIO_PORT, &GPIO_InitStructure);     // 初始化
}
```

在非 DMA 模式下,ADC 在一次转换完毕后必须从规则数据寄存器或者注入数据寄存器中将转换数据取走,否则下个转换结束的数据会将其覆盖,因此在非 DMA 模式下处理多路通道转换都要使用非连续方式,即转换一路模拟信号,结束后,取走数据,再进行下一路

模拟信号的转换、结束、取数。修改 ADC 初始化函数 LS_VR_ADC_Mode_Config( )如下：

```
static void LS_VR_ADC_Mode_Config(void)
{
    RCC_APB2PeriphClockCmd(LS_VR_ADC_CLK, ENABLE);          // 开启 ADC 时钟
/* ---------------ADC Common 结构体参数初始化-------------------- */
    ADC_CommonInitTypeDef ADC_CommonInitStructure;          // 初始化结构体
    ADC_CommonInitStructure.ADC_Mode = ADC_Mode_Independent;    // 设置为独立模式
    ADC_CommonInitStructure.ADC_Prescaler = ADC_Prescaler_Div4;   // 时钟为 4 分频
    /* 禁止 DMA 直接访问模式 */
    ADC_CommonInitStructure.ADC_DMAAccessMode = ADC_DMAAccessMode_Disabled;
    /* 采样时间间隔设置 */
    ADC_CommonInitStructure.ADC_TwoSamplingDelay = ADC_TwoSamplingDelay_20Cycles;
    ADC_CommonInit(&ADC_CommonInitStructure);               // 初始化 ADC_CommonInit
/* ---------------ADC Init 结构体参数初始化-------------------- */
    ADC_InitTypeDef ADC_InitStructure;                      // 初始化结构体
    ADC_StructInit(&ADC_InitStructure);
    ADC_InitStructure.ADC_Resolution = ADC_Resolution_12b;     // ADC 分辨率
    ADC_InitStructure.ADC_ScanConvMode = DISABLE;          // 禁止扫描模式,DMA 多通道需要
    ADC_InitStructure.ADC_ContinuousConvMode = DISABLE;     // 不连续转换
    ADC _InitStructure.ADC_ExternalTrigConvEdge =
        ADC_ExternalTrigConvEdge_None;                      // 禁止外部边沿触发
    ADC_InitStructure.ADC_DataAlign = ADC_DataAlign_Right;     // 数据右对齐
    ADC_InitStructure.ADC_NbrOfConversion = 1;             // 转换通道 1 个
    ADC_Init(LS_VR_ADC, &ADC_InitStructure);              // ADC 初始化
}
```

下面一部分代码只需将 ADC1 的工作模式设定好,把后面 ADC_RegularChannelConfig( )、ADC_ITConfig( )、ADC_Cmd( )、ADC_SoftwareStartConv( )等函数全部删除。另外,独立添加一个规则通道的设置启动函数 VR_ADC_Get_Val( )与注入通道的设置启动函数 LS_ADC_Get_Val( ),在这两个函数内分别设置 ADC 规则通道与注入通道的模式与启动。代码如下：

```
void VR_ADC_Get_Val(void)
{
    ADC _RegularChannelConfig(LS_VR_ADC,VR_ADC_CHANNEL,1,ADC_SampleTime_56Cycles);
                // 配置规则通道转换顺序为 1,第一个转换,采样时间为 56 个时钟周期
    ADC_ITConfig(LS_VR_ADC, ADC_IT_EOC, ENABLE);     // 使能 ADC 转换结束中断
    ADC_Cmd(LS_VR_ADC, ENABLE);                      // 使能 ADC
    ADC_SoftwareStartConv(LS_VR_ADC);                // 开始规则通道 ADC 转换,软件触发
}
```

```
void LS_ADC_Get_Val( void)
{

    ADC _InjectedChannelConfig( LS_VR_ADC,LS_ADC_CHANNEL,1,ADC_SampleTime_56Cycles) ;
                        // 配置注入通道转换顺序为1,第一个转换,采样时间为56个时钟周期
    ADC_ITConfig( LS_VR_ADC, ADC_IT_EOC, ENABLE) ;   // 使能 ADC 转换结束中断
    ADC_Cmd( LS_VR_ADC, ENABLE) ;                    // 使能 ADC
    ADC_SoftwareStartInjectedConv( LS_VR_ADC) ;      // 开始注入通道 ADC 转换,软件触发
}
```

剩下的代码不变。最终修改 ADC1. c 如下:

```
#include " ADC1. h"
static void VR_ADC_GPIO_Config( void)
{

    GPIO_InitTypeDef GPIO_InitStructure ;
    RCC_AHB1PeriphClockCmd( VR_ADC_GPIO_CLK, ENABLE) ;       // 使能 GPIO 时钟
    GPIO_InitStructure. GPIO_Pin = VR_ADC_GPIO_PIN ;         // 设置引脚
    GPIO_InitStructure. GPIO_Mode = GPIO_Mode_AIN ;          // 设置为复用功能
    GPIO_InitStructure. GPIO_PuPd = GPIO_PuPd_NOPULL ;       // 设置为既不上拉也不下拉
    GPIO_Init( VR_ADC_GPIO_PORT, &GPIO_InitStructure) ;      // 初始化

}


static void LS_ADC_GPIO_Config( void)
{

    GPIO_InitTypeDef GPIO_InitStructure ;
    RCC_AHB1PeriphClockCmd( LS_ADC_GPIO_CLK, ENABLE) ;       // 使能 GPIO 时钟
    GPIO_InitStructure. GPIO_Pin = LS_ADC_GPIO_PIN ;         // 设置引脚
    GPIO_InitStructure. GPIO_Mode = GPIO_Mode_AIN ;          // 设置为复用功能
    GPIO_InitStructure. GPIO_PuPd = GPIO_PuPd_NOPULL ;       // 设置为既不上拉也不下拉
    GPIO_Init( LS_ADC_GPIO_PORT, &GPIO_InitStructure) ;      // 初始化

}


static void LS_VR_ADC_Mode_Config( void)
{

    RCC_APB2PeriphClockCmd( LS_VR_ADC_CLK, ENABLE) ;         // 开启 ADC 时钟


    / * ----------- ADC Common 结构体参数初始化 -------------------- */
    ADC_CommonInitTypeDef ADC_CommonInitStructure ;          // 初始化结构体
    ADC_CommonInitStructure. ADC_Mode = ADC_Mode_Independent ;   // 设置为独立模式
    ADC_CommonInitStructure. ADC_Prescaler = ADC_Prescaler_Div4 ;   // 时钟为 4 分频
    / * 禁止 DMA 直接访问模式 */
    ADC_CommonInitStructure. ADC_DMAAccessMode = ADC_DMAAccessMode_Disabled ;
```

```
    /* 采样时间间隔设置 */
    ADC_CommonInitStructure. ADC_TwoSamplingDelay = ADC_TwoSamplingDelay_20Cycles;
    ADC_CommonInit( &ADC_CommonInitStructure );                    // 初始化 ADC_CommonInit


    /* ----------------ADC Init 结构体参数初始化 ---------------- */
    ADC_InitTypeDef ADC_InitStructure;                             // 初始化结构体
    ADC_StructInit( &ADC_InitStructure );
    ADC_InitStructure. ADC_Resolution = ADC_Resolution_12b;        // ADC 分辨率
    ADC_InitStructure. ADC_ScanConvMode = DISABLE;         // 禁止扫描模式,多通道采集才需要


    ADC_InitStructure. ADC_ContinuousConvMode = DISABLE;          // 不连续转换
    ADC _InitStructure. ADC_ExternalTrigConvEdge =
        ADC_ExternalTrigConvEdge_None;                            // 禁止外部边沿触发
    ADC_InitStructure. ADC_DataAlign = ADC_DataAlign_Right;       // 数据右对齐
    ADC_InitStructure. ADC_NbrOfConversion = 1;                   // 转换通道 1 个
    ADC_Init( LS_VR_ADC, &ADC_InitStructure );                    // ADC 初始化
}


void VR_ADC_Get_Val( void )
{
    ADC _RegularChannelConfig( LS_VR_ADC, VR_ADC_CHANNEL, 1, ADC_SampleTime_56Cycles );
                      // 配置规则通道转换顺序为 1,第一个转换,采样时间为 56 个时钟周期
    ADC_ITConfig( LS_VR_ADC, ADC_IT_EOC, ENABLE );        // 使能 ADC 转换结束中断
    ADC_Cmd( LS_VR_ADC, ENABLE );                          // 使能 ADC
    ADC_SoftwareStartConv( LS_VR_ADC );               // 开始规则通道 ADC 转换,软件触发
}


void LS_ADC_Get_Val( void )
{
    ADC_InjectedChannelConfig( LS_VR_ADC, LS_ADC_CHANNEL, 1, ADC_SampleTime_56Cycles );
                      // 配置注入通道转换顺序为 1,第一个转换,采样时间为 56 个时钟周期
    ADC_ITConfig( LS_VR_ADC, ADC_IT_EOC, ENABLE );          // 使能 ADC 转换结束中断
    ADC_Cmd( LS_VR_ADC, ENABLE );                           // 使能 ADC
    ADC_SoftwareStartInjectedConv( LS_VR_ADC );        // 开始注入通道 ADC 转换,软件触发
}


static void VR_ADC_NVIC_Config( void )
{
    NVIC_InitTypeDef NVIC_InitStructure;                    // 定义 NIVC 初始化结构体
    NVIC_PriorityGroupConfig( NVIC_PriorityGroup_1 );       // 设置优先级组别
```

```
    NVIC_InitStructure. NVIC_IRQChannel = ADC_IRQn;                // 设置 ADC 为中断源
    NVIC_InitStructure. NVIC_IRQChannelPreemptionPriority = 1;     // 设置抢占优先级为 1
    NVIC_InitStructure. NVIC_IRQChannelSubPriority = 1;            // 设置子优先级为 1
    NVIC_InitStructure. NVIC_IRQChannelCmd = ENABLE;              // 使能中断
    NVIC_Init( &NVIC_InitStructure);                              // 初始化中断
}


void LS_VR_ADC_Init( void)
{
    VR_ADC_GPIO_Config();
    LS_ADC_GPIO_Config();
    LS_VR_ADC_Mode_Config();
    VR_ADC_NVIC_Config();
}
```

8.4.5   修改中断服务函数

由于使用了规则通道与注入通道,与原来程序类似,因此 main. c 中需预先定义好两个变量用于存储两个通道的转换结果。两个变量分别是 VR_ADC_ConvertedValue(规则通道)与 LS_ADC_ConvertedValue(注入通道)。当发生 ADC 转换结束中断时,中断函数将这两个通道的转换值赋值给外部变量 VR_ADC_ConvertedValue 与 LS_ADC_ConvertedValue。我们只需根据宏定义修改的部分做对应修改即可。程序修改如下:

```
extern_ _IO uint16_t VR_ADC_ConvertedValue;                // 用于存储规则通道转换结果
extern_ _IO uint16_t LS_ADC_ConvertedValue;                // 用于存储注入通道转换结果

/* ---- ADC 转换完成中断服务程序 ---- */
void ADC_IRQHandler( void)
{
    if( ADC_GetITStatus( LS_VR_ADC,ADC_IT_EOC) == SET)         // 获取 ADC 中断状态
      { VR_ADC_ConvertedValue = ADC_GetConversion Value( LS_VR_ADC);
                                                              // 读取规则通道 ADC 转换值
        LS_ADC_ConvertedValue = ADC_GetInjectedConversionValue( LS_VR_ADC,
          ADC_InjectedChannel_1);                             // 读取注入通道 ADC 转换值
      }
        ADC_ClearITPendingBit( LS_VR_ADC,ADC_IT_EOC);         // 清除 ADC 中断标志
}
```

程序并没有判断是规则通道还是注入通道发生转换结束中断,实际上,也无法判断结束中断是哪个通道转换结束,但无论是哪个通道转换结束,两个变量都会被更新一次。从这一点来看,虽然其中一个变量并不是最新的转换值(这一点要注意到),但在本例程的低速转换过程中并不影响最终的串口输出。

8.4.6 修改 main.c

由于在非 DMA 模式下使用 ADC1 分别对两路模拟信号进行转换,因此我们需要对 main.c 做一些修改。

ADC1.c 中已经编写好 ADC1 的初始化函数、规则通道与注入通道的设置启动函数,而且 ADC1 是单次转换模式,因此主循环内每次都会调用电位器转换函数 VR_ADC_Get_Val()与光敏电阻转换函数 LS_ADC_Get_Val(),用于启动 ADC 转换,当转换结束后,发生 ADC 中断,中断服务函数则读取数值。修改 main.c 如下:

```
#include "stm32f4xx.h"
#include "usart1.h"
#include "ADC1.h"

/* 设置变量用于存储两个通道的 ADC 转换值 */
_ _IO uint16_t VR_ADC_ConvertedValue = 0;
_ _IO uint16_t LS_ADC_ConvertedValue = 0;
/* 用于保存转换计算后的电压值 */
float VR_ADC_Vol,LS_ADC_Vol;

static void Delay( __IO uint32_t nCount)            // 简单的延时函数
{
    for( ; nCount ! = 0; nCount -- );
}

int main( void)
{
    USART_Config( );                    // 初始化 USART 配置模式为 115200 8 - N - 1,中断接收
    LS_VR_ADC_Init( );                              // ADC1 初始化
    while(1)
    {
        VR_ADC_Get_Val( );                          // 启动规则通道转换
        VR_ADC_Vol = (float)VR_ADC_ConvertedValue * (3.3/4096);  // 计算采样的电压
        printf(" \r\n The VR AD value =0x%04X \r\n", VR_ADC_ConvertedValue);
        printf(" \r\n The VR AD value = %f V \r\n",VR_ADC_Vol);
        Delay(0xffffff);
        LS_ADC_Get_Val( );                          // 启动注入通道转换
        LS_ADC_Vol = (float)LS_ADC_ConvertedValue * (3.3/4096);   // 计算采样的电压
        printf(" \r\n The LS AD value =0x%04X \r\n", LS_ADC_ConvertedValue);
        printf(" \r\n The LS AD value = %f V \r\n",LS_ADC_Vol);
        Delay(0xffffff);
```

8.4.7　调试

最后编译成功并下载后,可以观察串口调试助手,如图 8-9 所示。

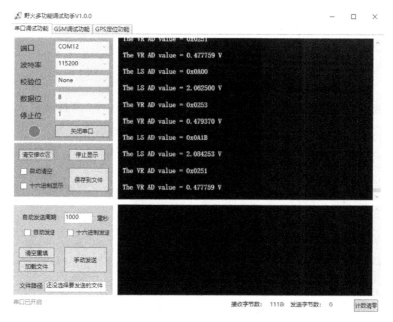

图 8-9　串口调试助手

用手遮挡光敏电阻,可以观察到 LS 的 AD 值与电压值均有变化,旋转电位器 VR 的 AD 值与电压值也同样发生变化。

8.5　小　结

ADC 是 STM 的一个重要的片内外设。读者通过本项目可实现 ADC 对两个传感器的模拟电压采集,掌握 STM32 的 ADC 架构与固件库编程方法。在使用 ADC 的过程中,要注意规则通道和注入通道的区别以及多通道转换过程中转换数据存储的问题。

项目 9　SPI 接口应用

SPI 是目前 MCU 使用得最广泛的接口之一。在本项目中,读者通过读写 SPI 接口的 Flash 芯片掌握 SPI 接口的使用方法,通过学习 SPI 固件库函数掌握 SPI 的应用。

9.1　SPI 接口

SPI 是 Serial Peripheral Interface 的缩写,是一种同步串行外设接口,它可以使 MCU 与各种外围设备以串行方式进行通信,交换信息。使用 SPI 的外围设备可以是 Flash、RAM、网络控制器、LCD 显示驱动器、AD 转换器和 MCU 等。SPI 是一种标准接口。通过它,CPU 和外围器件之间进行同步串行数据传输。在主设备的移位脉冲下,数据按位传输,速度可达到几兆比特/秒。

9.1.1　SPI 接口原理

SPI 总线系统可直接与各个厂家生产的多种标准外围器件直接接口。SPI 接口以主从方式工作。这种模式通常有一个主器件和一个或多个从设备。接口使用 4 条线:串行时钟线(SCLK)、主机输入/从机输出数据线(MISO)、主机输出/从机输入数据线(MOSI)和低电平有效的从机选择线($\overline{SS}$)。其接口传输的信号包括以下四种信号:

- MOSI:主设备数据输出,从设备数据输入。
- MISO:主设备数据输入,从设备数据输出。
- SCLK:时钟信号,由主设备产生,有些资料使用 SCK 表示,SCK 等同于 SCLK。
- $\overline{SS}$:从设备使能信号,由主设备控制,有些资料使用 SSEL、NSS 表示,SSEL、NSS 等同于 $\overline{SS}$。

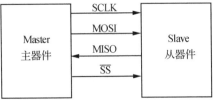

图 9-1　SPI 点对点通信

图 9-1 与图 9-2 分别为 SPI 的点对点通信接口与 SPI 的多机通信接口的电路接法。在点对点通信中,SPI 接口不需要进行寻址操作,显得简单高效,甚至可以不使用 $\overline{SS}$ 引脚连接,直接将从设备的 $\overline{SS}$ 引脚接地即可,主、从设备只需 SCLK、MOSI、MISO 三根数据线与 GND 共地即可。

在多个从设备的系统中,其原理是主设备分别控制每个从设备的使能,要与哪个从设备通信,就使能哪个从设备。因此,每个从器件需要独立的使能信号,如图 9-2 所示。当主设备要与某个从设备通信时,主设备必须先将其使能信号置 0(低电平有效),其他设备的使能信号置 1,完成与该从设备的点对点通信,相当于分时使用 SCLK、MOSI、MISO 总线。由此可见,从设备多的时候,主设备需要相应更多的使能控制线,通信效率也不高,因此 SPI 一般使用在点对点的高速设备当中。

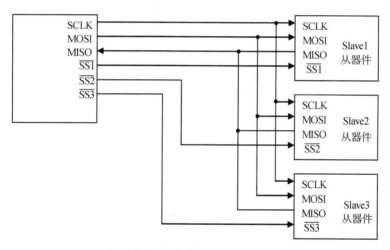

图 9-2   SPI 多从设备通信拓扑图

SPI 实际上就是一个同步的串行通信接口。以点对点为例,主机和从机都有一个高速移位寄存器,而且数据移动的方向是固定的,如图 9-3 所示,在主设备产生的脉冲与从设备使能信号下,按位传输,高位在前,低位在后,一个脉冲传递一位数。

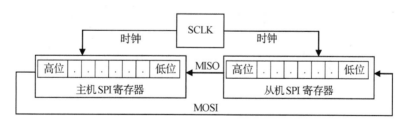

图 9-3   SPI 简化模型的寄存器

9.1.2   SPI 工作模式

在主设备的时钟驱动下,数据位如何定向移动? SPI 有四种工作模式。下面首先介绍两个概念:CPOL(Clock Polarity 时钟极性)与 CPHA(Clock Phase 时钟相位)。

SPI 通信的过程分为空闲时刻和通信时刻,如果 SCLK 在数据发送之前和之后的空闲状态是高电平,那么 CPOL = 1;相反,如果空闲状态下的 SCLK 是低电平,那么 CPOL = 0。

  SPI 在通信过程中,在时钟 SCLK 的驱动下移动数据。移位寄存器都是在时钟边沿进行采样,采样分上升沿采样和下降沿采样两种方式。为了区分,规定:当 CPHA = 0 时,MOSI 或 MISO 数据线上的信号将会在 SCLK 时钟线的"奇数边沿"采样;当 CPHA = 1 时,数据线在 SCLK 的"偶数边沿"采样。这时读者会产生疑问,为什么不直接规定上升沿还是下降沿采样呢? 这是因为一个时钟周期必定包含了一个上升沿和一个下降沿,但这两个沿的先后并无规定,而且因为数据从产生到稳定需要一定时间。如果主机在上升沿输出数据到 MOSI 上,从机就只能在下降沿去采样这个数据了;反之,如果一方在下降沿输出数据,那么另一方就必须在上升沿采样这个数据。CPHA = 1 表示数据的输出是在一个时钟周期的第一个沿(奇数)上。至于这个沿是上升沿还是下降沿,这要视 CPOL 的值而定;若 CPOL = 1,则为下降沿;反之就是上升沿。那么数据的采样自然就是在第二个沿(偶数)上了。这里使用了奇偶的方法进行区别。

  由于 CPOL 与 CPHA 的不同,SPI 产生了四种工作模式,如表 9-1 所示。

表 9-1 SPI 的四种工作模式

SPI 模式	CPOL	CPHA	SCLK 空闲状态	采样时刻
0	0	0	低电平	奇数边沿
1	0	1	低电平	偶数边沿
2	1	0	高电平	奇数边沿
3	1	1	高电平	偶数边沿

  例如,CPOL = 1,CPHA = 1,它的时序图如图 9-4 所示。SS 信号为高电平代表空闲,此时 SCLK 为高电平;当 SS 信号为低电平时,代表通信中(非空闲),此时数据在偶数边沿采样(如图 9-4 中第二个边沿)。

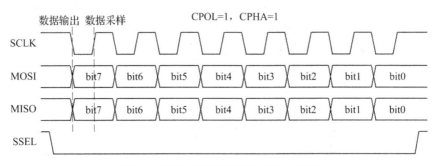

图 9-4 模式 3 下 SPI 数据传递时序图

  图 9-5 罗列出其他三种模式的时序图,读者通过与表 9-1 进行对比可以看出区别。这说明,在通信过程中,主从设备需按照统一的模式进行工作,才能有效地完成数据的交换。

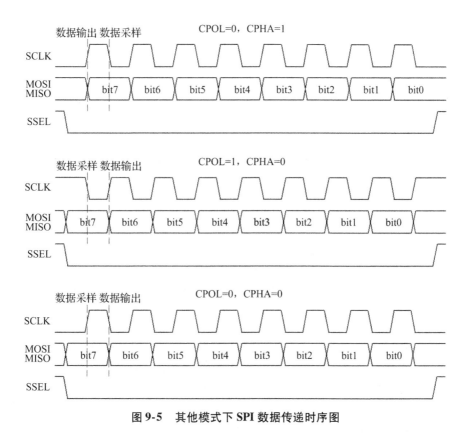

图 9-5　其他模式下 SPI 数据传递时序图

9.1.3　SPI 的其他知识

另外要注意,也有一些产家(比如 Microchip)以 SDO、SDI 来命名 MOSI 与 MISO,这是站在器件的角度根据数据流向来定义的。SDI 代表串行数据输入,而 SDO 代表串行数据输出。当主设备与从设备连接时,一方的 SDO 就应该连接另一方的 SDI。总之,由于 SPI 接口数据线是单向的,故设计电路时,一定要正确连接传输线,必须是一方的输出连接另一方的输入,不能弄反。

在某些情况下,SPI 的接线可以更简单。除了前面介绍的点对点通信省略 SS 接线外,还有其他场合:比如主机只给从机发送命令,从机不需要回复数据时,MISO 接线可以去掉;主机只读取从机的数据,不需要给从机发送指令时,MOSI 接线可以去掉。如果某些传感器模块只有 SDO、SCLK 与 GND 三根线,说明此传感器只有数据的单向输出,只负责输出数据。

9.2 STM32 的 SPI

STM32 的 SPI 外设可用作通信的主机及从机,支持最高的 SCK 时钟频率为 f_{pclk2} (STM32F407 型号的芯片默认 f_{pclk1} 为 84MHz,f_{pclk2} 为 42MHz),完全支持 SPI 协议的 4 种模式,数据帧长度可设置为 8 位或 16 位,可设置数据 MSB 先行或 LSB 先行。它还支持双线全双工、双线单向以及单线模式。其中双线单向模式可以同时使用 MOSI 及 MISO 数据线向一个方向传输数据,可以使传输速度加快一倍。而单线模式可以减少硬件接线,当然这样速率会受到影响。下面介绍最普遍的双线全双工模式。

9.2.1 STM32 的 SPI 硬件结构

与 USART、ADC 一样,STM32 的 SPI 也是通过 GPIO 复用来使用的。STM32F407 系列具体的 SPI 复用引脚如表 9-2 所示。

表 9-2 STM32F407 的 SPI 与复用 GPIO

引脚	SPI 编号					
	SPI1	SPI2	SPI3	SPI4	SPI5	SPI6
MOSI	PA7/PB5	PB15/PC3/PI3	PB5/PC12/PD6	PE6/PE14	PF9/PF11	PG14
MISO	PA6/PB4	PB14/PC2/PI2	PB4/PC11	PE5/PE13	PF8/PH7	PG12
SCLK	PA5/PB3	PB10/PB13/PD3	PB3/PC10	PE2/PE12	PF7/PH6	PG13
NSS	PA4/PA15	PB9/PB12/PI0	PA4/PA15	PE4/PE11	PF6/PH5	PG8

其中 SPI1、SPI4、SPI5、SPI6 是 APB2 上的设备,最高通信速率为 42Mbit/s;SPI2、SPI3 是 APB1 上的设备,最高通信速率为 21Mbit/s。

STM32F407 的 SPI 结构如图 9-6 所示,外围的 MOSI、MISO、SCLK 与 NSS 均有 GPIO 复用。它的主要核心部分是位于发送缓冲区与接收缓冲区中间的移位寄存器和用于产生 SCLK 的波特率发生器。图中可以看到几个主要的控制状态寄存器,如 SPI_CR1、SPI_CR2 与 SPI_SR,通过设置与查询进行 SPI 的设置与控制。这些寄存器均为 16 位。

值得注意的是,虽然 STM32 配置了 NSS 引脚的复用 GPIO,但实际应用中,NSS 也可以用 GPIO 的高低电平输出代替,非常方便,可以简化程序。另外,点对点传输的应用中甚至不需要 NSS 控制。

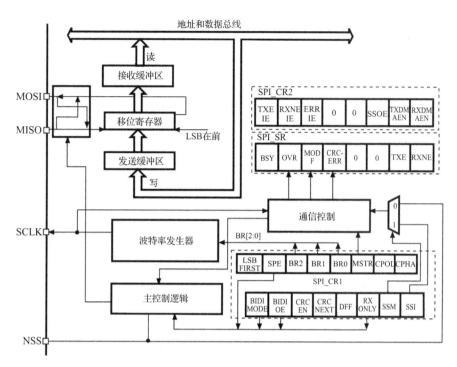

图 9-6　SPI 接口框图

1. 时钟 SCLK

STM32 可以作为主设备或者从设备工作。一般来说,MCU 作为主设备,外部设备作为从设备,主设备负责 SCLK 的产生工作。SCLK 线的时钟信号,由波特率发生器根据控制寄存器 SPI_CR1 中的 BR[0:2]位控制。这些位用于对 f_{pclk} 时钟的分频因子的设置。f_{pclk} 分频后的信号就是 SCLK 引脚的输出时钟频率,计算方法见表 9-3。其中 f_{pclk} 频率指的就是 SPI 所在的 APB 总线频率:APB1 为 f_{pclk1},APB2 为 f_{pclk2}。

表 9-3　BR[2:0]位对应 f_{pclk} 的分频

BR[2:0]	分频结果(SCLK 频率)
000	$f_{pclk}/2$
001	$f_{pclk}/4$
010	$f_{pclk}/8$
011	$f_{pclk}/16$
100	$f_{pclk}/32$
101	$f_{pclk}/64$
110	$f_{pclk}/128$
111	$f_{pclk}/256$

2. 通信控制

(1) SPI_CR1。

如同前面学习的内容,SPI 通信过程中需要设置 SPI_CR1 寄存器工作模式。以下设置位必须在通信前设置好,不能在通信过程中设置,否则会造成数据错乱。

SPI_CR1 的 CPOL 位与 CPHA 位用于设置 SPI 的工作模式。当 CPOL 为 0(表示空闲状态)时,SCLK 保持低电平;当 CPOL 为 1(表示空闲状态)时,SCLK 保持高电平。CPHA 为 0,表示从第一个时钟(奇数)边沿开始采样数据;CPHA 为 1,表示从第二个时钟(偶数)边沿开始采样数据。

SPI_CR1 的 DFF 位可配置 SPI 的传送模式为 8 位或 16 位模式,因为 SPI 属于同步串行通信,数据打包按 8 位或者 16 位。DEF 为 0,表示发送/接收选择 8 位数据帧格式;DEF 为 1,表示发送/接收选择 16 位数据帧格式。

SPI_CR1 的 LSBFIRST 位可配置选择 MSB 先行还是 LSB 先行,相当于移位寄存器的左移与右移。该位为 0 时 MSB 先发送,为 1 时 LSB 先发送。

SPI_CR1 的 BIDIMODE(Bidirectional Data Mode Enable)用于设置双向通信数据模式,为 0 表示选择双线单向通信数据模式,为 1 表示选择单线双向通信数据模式。所谓双线单向通信数据模式即标准 4 线的 SPI 通信模式;而单线双向通信数据模式指的是只有一根数据传输线,即 MOSI 与 MISO 共用一根数据线,分时工作。

SPI_CR1 的 BIDIOE(Output Enable in Bidirectional Mode)用于双向通信模式下的输出使能。此位结合 BIDIMODE 位,用于选择双向通信模式下的传输方向,为 0 时禁止输出(只接收模式),为 1 时使能输出(只发送模式)。注意:在主模式下,使用 MOSI 引脚;在从模式下,使用 MISO 引脚。

SPI_CR1 的 RXONLY(Receive Only)用于设置只接收。此位结合 BIDIMODE 位,用于选择双线单向模式下的传输方向。此位也适用于多从模式系统,此类系统不会访问特定从器件,也不会损坏访问的从器件的输出。该位为 0 表示全双工(发送和接收),为 1 表示关闭输出(只接收模式)。

SPI_CR1 的 SPE(SPI Enable)位用于 SPI 使能,为 0 时关闭外设,为 1 时使能外设。

SPI_CR1 的 MSTR(Master Selection)位用于设置主模式,为 0 时从设备配置,为 1 时主设备配置。

SPI_CR1 的 SSM(Software Slave Management)位用于软件从器件管理,当 SSM 位置 1 时,NSS 引脚输入替换为 SSI 位的值。0 代表禁止软件从器件管理,1 代表使能软件从器件管理。

SPI_CR1 的 SSI(Internal Slave Select)位用于内部从器件选择,仅当 SSM 位置 1 时,此位才有效。此位的值将作用到 NSS 引脚上,并忽略 NSS 引脚的 IO 值。

还有用于 CRC 校验的设置位 CRCEN 与 CRCNEXT,一般不使用 CRC 校验将其关闭(默认关闭)。

(2) SPI_CR2。

SPI_CR2 的 TXEIE(TX Buffer Empty Interrupt Enable)用于发送缓冲区空中断使能,0 代表屏蔽 TXE 中断,1 代表使能 TXE 中断。当 TXE 标志置 1 时产生中断请求。

SPI_CR2 的 RXNEIE(RX Buffer Not Empty Interrupt Enable)用于接收缓冲区非空中断

使能,0 代表屏蔽 RXNE 中断,1 代表使能 RXNE 中断。RXNE 标志置 1 时产生中断请求。

SPI_CR2 的 ERRIE(Error Interrupt Enable)用于错误中断使能。此位用于控制在发生错误状况时是否产生中断(SPI 模式中的 CRCERR、OVR、MODF 以及 I²S 模式中的 UDR、OVR 和 FRE),为 0 代表屏蔽错误中断,为 1 代表使能错误中断。

SPI_CR2 的 FRF(Frame Format)用于设置帧格式,为 0 代表采用 SPI Motorola 模式,为 1 代表采用 SPI TI 模式。SPI 首先由 Motorola 公司制定,TI 公司也推出了类似 SPI 的 SSI (Synchronous Serial Interface)的接口协议标准。二者的主要区别在于 SSI 有帧同步信号,而 SPI 没有:SPI 时序可设置,SSI 时序固定。在使用时,我们应了解设备使用哪种标准。

SPI_CR2 的 SSOE(SS Output Enable)用于 SS 输出使能,0 代表在主模式下禁止 SS 输出,可在多主模式配置下工作;1 代表在主模式下使能 SS 输出,不能在多主模式环境下工作。

SPI_CR2 的 TXDMAEN(TX Buffer DMA Enable)与 RXDMAEN(RX Buffer DMA Enable)用于发送缓冲区与接收缓冲区 DMA 使能,0 代表关闭,1 代表使能。不使用 DMA 模式时,默认关闭。

3. 接收和发送缓冲区

SPI 的发送与接收过程大致如下:在接收过程中,收到数据后,先存储到内部接收缓冲区中;而在发送过程中,先将数据存储到内部发送缓冲区中,然后发送数据。对 SPI_DR 寄存器的读访问将返回接收缓冲值,而对 SPI_DR 寄存器的写访问会将写入的数据存储到发送缓冲区中。这种操作与 USART 的数据缓冲区的操作类似,虽然只有一个名字 SPI_DR,但它是两个独立的缓冲区共用一个寄存器名字(地址)。

SPI_DR 寄存器具有 16 位,对于 8 位数据帧,缓冲区为 8 位,只有寄存器的 LSB(SPI_DR[7:0])用于发送/接收。在接收模式下,寄存器的 MSB(SPI_DR[15:8])强制为 0。对于 16 位数据帧,缓冲区为 16 位,整个寄存器 SPI_DR[15:0]均用于发送/接收。

4. SPI 状态寄存器

SPI_SR 寄存器输出 SPI 的工作状态,通过读取 SPI_SR,可以获取 SPI 的工作状态。主要的位信息如下:

SPI_SR 的 TXE(Transmit Buffer Empty)为发送缓冲区空标志,0 表示发送缓冲区非空,1 表示发送缓冲区为空。

SPI_SR 的 RXNE(Receive Buffer Not Empty)为接收缓冲区非空标志,0 表示接收缓冲区为空,1 表示接收缓冲区非空。

SPI_SR 的 BSY(Busy Flag)为输出忙标志,0 表示 SPI(或 I2S)不繁忙,1 表示 SPI(或 I2S)忙于通信或者发送缓冲区不为空。此标志由硬件置 1 和清 0。注意:请勿使用 BSY 标志处理每次数据发送或接收,最好改用 TXE 标志和 RXNE 标志。

SPI_SR 的 OVR(Overrun Flag)为上溢标志,0 表示未发生上溢,1 表示发生上溢。此标志由硬件置 1,可由软件序列复位。

SPI_SR 的 MODF(Mode Fault)为模式故障标志,0 表示未发生模式故障,1 表示发生模式故障。此标志由硬件置 1,可由软件序列复位。

SPI_SR 的 CRCERR(CRC Error Flag)为 CRC 错误标志,0 表示接收到的 CRC 值与 SPI_RXCRCR 值匹配,1 表示接收到的 CRC 值与 SPI_RXCRCR 值不匹配。此标志由硬件置 1,通过软件写入 0 来清 0。

9.2.2　STM32 的主模式工作流程

使用 STM32 与 SPI 外设连接时,STM32 一般设置为主设备,外设作为从设备。STM32 的主设备模式的工作流程如下:

(1)控制 NSS 信号线,产生起始信号。

(2)把要发送的数据写入 SPI_DR 寄存器中。该数据会被存储到发送缓冲区。

(3)通信开始,SCLK 时钟开始运行。MOSI 把发送缓冲区中的数据一位一位地传输出去;同时,MISO 则把数据一位一位地存储进接收缓冲区中。

(4)当发送完一帧数据的时候,SPI_SR 寄存器中的 TXE 标志位会被置 1,表示传输完一帧,发送缓冲区已空;同样,当接收完一帧数据的时候,RXNE 标志位会被置 1,表示传输完一帧,接收缓冲区非空。

(5)当 TXE 标志位为 1 时,若还要继续发送数据,CPU 可以再次往 SPI_DR 写入数据;当 RXNE 标志位为 1 时,通过读取 SPI_DR,可以获取接收缓冲区中的内容。

如果使能了 TXE 或 RXNE 中断,TXE 或 RXNE 置 1 时会产生 SPI 中断信号,进入同一个中断服务函数,在 SPI 中断服务函数中,通过检查寄存器位来了解是哪一个事件,再分别进行处理。另外,也可以使用更高级的方法,比如使用 DMA 方式来收发 SPI_DR 中的数据,这个内容留到以后学习。

9.3　SPI 接口的 Flash

9.3.1　W25Q128 芯片

秉火 STM32F407 开发板焊接了一片 SPI 接口的 NOR Flash,型号为 W25Q128,它位于核心板上,如图 9-7 所示。这块 Flash 的规格是 128M 位,相当于 16M 字节,标准 SPI 时钟频率可以达到 133MHz,在 DUAL 模式下使用快速读时相当于 266MHz,在 QUAD 模式下使用快速读时相当于 512MHz。它支持模式 0 与模式 3。

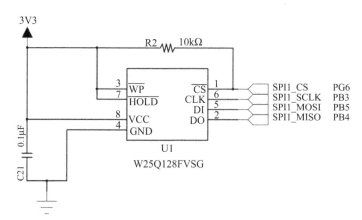

图 9-7　Flash 芯片 W25Q128 电路图

可以看到,第 5 脚 DI(相当于 SDI)和第 2 脚 DO(相当于 SDO)与 STM32 相连时,DI 应与 STM32(主设备)的 MOSI 相连,DO 应与 STM32(主设备)的 MISO 相连,分别是 PB5 与 PB4。第 6 脚 CLK 连接主设备 SCLK,连到了 PB3,根据表 9-2,说明使用了 STM32 的 SPI1。第 1 脚$\overline{CS}$相当于$\overline{SS}$,都是低电平有效,使用 GPIO 进行控制,连接 PG6。因此写程序时,该 NSS 使用软件控制的方法。

另外,第 3 脚$\overline{WP}$的作用是写保护,低电平有效,这里不需要写保护,因此接到了高电平。第 7 脚$\overline{HOLD}$的作用是暂停通信,低电平有效,这里也不需要,也接到了高电平。

9.3.2　W25Q128 芯片指令

要对 Flash 进行读写操作,应使用 W25Q128 的指令系统,由 MCU 向芯片输出指令与参数,再由芯片返回相应的数据。由于使用了 SPI 接口,数据按位传输。完成一个字节传输后,再发送下一个字节。有些指令是单字节指令,有些指令必须附加参数,会有好几个字节,因此 MCU 往 Flash 发送指令时也要按照 W25Q128 的指令表发送数据,标准 SPI 指令表如表 9-4 所示。

指令表中 Byte1 列是指令编码,之后的 Byte2、Byte3 等列是指令参数,比如第一个指令 Write Enable(写使能)是单字节指令,后面无指令参数。再比如指令 Read Data(读字节)是一个 5 字节指令,指令编码是 03h,Byte2 ~ Byte4 为读取的 Flash 目标单元地址,地址有 24 位,Byte5 为读取的数据,数据长度为 8 位(1 个字节)。表中的 Dummy 是任意数的意思,以 A 字母开头的代表地址的含义,以 D 字母开头的代表数据的含义,以 S 字母开头的代表状态的含义,以 MF 字母开头的代表厂家的含义,以 ID 字母开头的代表身份码的含义,比如 W25Q128 的产品的 ID 是 0xEF4018。移位时按 MSB 在前的模式输出。

表 9-4   W25Q128 SPI 指令表

Data Input Output	Byte1	Byte2	Byte3	Byte4	Byte5	Byte6	Byte7
Number of Clock(1-1-1)	8	8	8	8	8	8	8
Write Enable	06h						
Volatile SR Write Enable	50h						
Write Disable	04h						
Release Power-down/ID	ABh	Dummy	Dummy	Dummy	(ID7 ~ ID0)		
Manufacturer/Device ID	90h	Dummy	Dummy	00h	(MF7 ~ MF0)	(ID7 ~ ID0)	
JEDEC ID	9Fh	(MF7 ~ MF0)	(ID15 ~ ID8)	(ID7 ~ ID0)			
Read Unique ID	4Bh	Dummy	Dummy	Dummy	Dummy	(UID63 ~ 0)	
Read Data	03h	A23 ~ A16	A15 ~ A8	A7 ~ A0	(D7 ~ D0)		
Fast Read	0Bh	A23 ~ A16	A15 ~ A8	A7 ~ A0	Dummy	(D7 ~ D0)	
Page Program	02h	A23 ~ A16	A15 ~ A8	A7 ~ A0	D7 ~ D0	D7 ~ D0	...
Sector Erase (4KB)	20h	A23 ~ A16	A15 ~ A8	A7 ~ A0			
Block Erase (32KB)	52h	A23 ~ A16	A15 ~ A8	A7 ~ A0			
Block Erase (64KB)	D8h	A23 ~ A16	A15 ~ A8	A7 ~ A0			
Chip Erase	C7h/60h						
Read Status Register-1	05h	(S7 ~ S0)					
Write Status Register-1	01h	(S7 ~ S0)					
Read Status Register-2	35h	(S15 ~ S8)					
Write Status Register-2	31h	(S15 ~ S8)					
Read Status Register-3	15h	(S23 ~ S16)					
Write Status Register-3	11h	(S23 ~ S16)					
Read SFDP Register	5Ah	00	00	A7-A0	Dummy	(D7 ~ D0)	
Erase Security Register	44h	A23 ~ A16	A15 ~ A8	A7 ~ A0			
Program Security Register	42h	A23 ~ A16	A15 ~ A8	A7 ~ A0	D7 ~ D0	D7 ~ D0	
Read Security Register	48h	A23 ~ A16	A15 ~ A8	A7 ~ A0	Dummy	(D7 ~ D0)	
Global Block Lock	7Eh						
Global Block Unlock	98h						
Read Block Lock	3Dh	A23 ~ A16	A15 ~ A8	A7 ~ A0	(L7 ~ L0)		
Individual Block Lock	36h	A23 ~ A16	A15 ~ A8	A7 ~ A0			
Individual Block Unlock	39h	A23 ~ A16	A15 ~ A8	A7 ~ A0			
Erase/Program Suspend	75h						
Erase/Program Resume	7Ah						
Power-down	B9h						
Enable Reset	66h						
Reset Device	99						

注:带括号的数据代表从设备发生的数据。

除了标准的 SPI 指令外,W25Q128 还有 DUAL 与 QUAD SPI 指令集。这些指令集可以极大地增加 Flash 的读写效率。相对来说,这些增强指令集的字节数比标准 SPI 指令的长度要长。本项目旨在学习 SPI 的使用方法,因此使用标准 SPI 指令即可。对于具体的指令集,读者可以查阅 W25Q128 数据手册。

光看指令表还不足以掌握如何使用该 Flash,读者可查阅相关数据手册。对于其中一条最常见的指令 Read Data,读者可以查阅 W25Q128 数据手册找到时序图,通过对时序图的分析,掌握一般 SPI 器件的使用方法。图 9-8 为 Read Data 指令时序图。

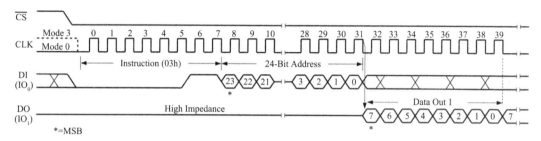

图 9-8　Read Data 指令时序图

首先,CS 引脚要在低电平时才进入有效通信状态,时钟 CLK 有模式 0 或者模式 3,因此使用了虚线表示模式 3,这并不影响解读时序关系。

W25Q128 的 DI 端口有第一个字节数据到达,字节内容为 03h,即 MCU 的 MOSI 端输出第一个字节 03h。查阅指令表可知,03h 代表 Read Data 指令,这时 W25Q128 解析该指令,等着接收余下的三个地址单元地址,而这段时间 DO 端输出高阻状态。

其次,DI 接收由 MCU 的 MOSI 端发过来的三个字节,即 A23 ~ A0 的 24 位目标单元地址,由于 W25Q128 已经识别了 Read Data 的指令,DO 端仍然相应连续输出 24 个时钟的高阻状态。

W25Q128 接收完 24 位地址后,从该地址读出数据(1 个字节),将该数据存放到输出缓冲区,在 DO 端移位输出。DI 端口处于接收状态,即使 MCU 的 MOSI 有数据传入 W25Q128,也不产生任何影响。

细心的读者可以发现指令表中没有写数据指令,只写了状态寄存器的指令。这是因为 W25Q128 的 128M 位被组织为 65536 个可编程的页(page),每页 256 Bytes。要对 W25Q128 写入数据,必须按页操作。哪怕只想写入一个字节,也必须将 256 个字节一起写入。

页编程指令允许将 1 ~ 256 字节写入存储器的某一页,而这一页必须是被擦除过的(也就是只能写 0,不能写 1,擦除时全写为 1),这是由 NOR Flash 特性决定的。

可以查阅到指令表中有 Page Program,该指令的时序图如图 9-9 所示。

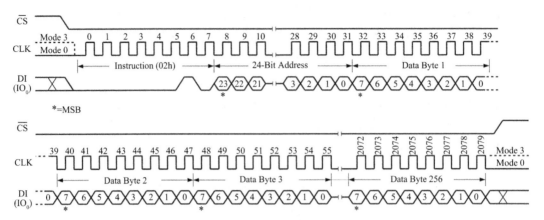

图 9-9   Page Program 时序图

首先拉低$\overline{CS}$端的电平,使之处于通信有效状态,然后在 DI 上传输指令代码 02h,接着传输 24 位的地址,再接着要传输的数据至少为一个字节,当要写入多个字节时,在 24 位地址后添加多个字节即可。

如果一次写一整页数据(256 字节),最后的地址字节(A7 ~ A0)应该全为 0。如果最后 8 位字节地址不为 0,但是要写入的数据长度超过页剩下的长度,那么芯片会回到当前页的开始地址写入数据。写入的数据少于 256 字节时,对页内的其他数据没有任何影响。对于这种情况的唯一要求是,时钟数不能超过剩下页的长度。如果一次写入多于 256 字节的数据,那么在页内会往回写,先前写的数据会被覆盖。

前面介绍了进行页编程前页必须是被擦除过的。在指令表中我们可以找到三条有关擦除的指令:Sector Erase(4KB)、Block Erase(32KB)与 Block Erase(64KB)。W25Q128 将 16M 字节的容量分成了 256 个块(Block),每个块大小为 64K 字节,每个块又分为 16 个扇区(Sector),每个扇区 4K 个字节,即 4096 个字节。使用这三条指令,可对 4KB、32KB、64KB 容量进行擦除操作。Sector Erase 指令时序图如图 9-10 所示。DI 输入 02h 的指令代码后跟随 3 个字节 24 位的地址,完成扇区擦除。

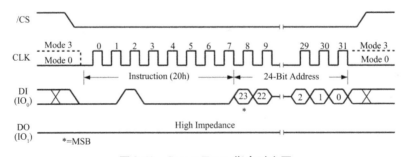

图 9-10   Sector Erase 指令时序图

器件的所有指令执行都需要时间,在芯片处理指令的过程中,状态寄存器的 BUSY 位 =1。当 BUSY =1 时,芯片不接受其他指令。

9.4　STM32F407 读写 W25Q128

了解完 STM32 的 SPI 与 W25Q128 后,读者可以根据流程与时序编写程序。通过学习 W25Q128 芯片的读写方法,掌握 STM32 的 SPI 固件库接口的使用方法。

9.4.1　SPI 的固件库

要使用 SPI,必须使用 GPIO 的复用功能,因此,使用 SPI 与使用其他 GPIO 应用类似,首先必须进行 GPIO 复用初始化,然后再对 SPI 进行初始化。在外设驱动文件 stm32f4xx_spi. h 与 stm32f4xx_spi. c 中我们可以找到 SPI 初始化结构体、SPI 初始化函数与其他 SPI 相关的驱动函数。常用的 SPI 结构体与库函数如下:

1. SPI 的初始化结构体

SPI 的初始化结构体是 SPI_InitTypeDef,在 stm32f4xx_spi. h 中找到的成员如下:

```
typedef struct
{
    uint16_t SPI_Direction;              //设置 SPI 的单双向模式
    uint16_t SPI_Mode;                   //设置 SPI 的主/从机端模式
    uint16_t SPI_DataSize;               //设置 SPI 的数据帧长度,可选 8 位或 16 位
    uint16_t SPI_CPOL;                   //设置时钟极性 CPOL,可选高/低电平
    uint16_t SPI_CPHA;                   //设置时钟相位,可选奇/偶数边沿采样
    uint16_t SPI_NSS;                    //设置 NSS 引脚由 SPI 硬件控制还是软件控制
    uint16_t SPI_BaudRatePrescaler;      //设置时钟分频因子,SCK = f_pclk/分频因子
    uint16_t SPI_FirstBit;               //设置 MSB/LSB 先行
    uint16_t SPI_CRCPolynomial;          //设置 CRC 校验的表达式
} SPI_InitTypeDef;
```

2. SPI 初始化函数 SPI_Init( )

初始化结构体完成后,使用 SPI 初始化函数 SPI_Init( )进行初始化。该函数的说明如图 9-11 所示。

```
276 /**
277   * @brief  Initializes the SPIx peripheral according to the specified
278   *         parameters in the SPI_InitStruct.
279   * @param  SPIx: where x can be 1, 2, 3, 4, 5 or 6 to select the SPI peripheral.
280   * @param  SPI_InitStruct: pointer to a SPI_InitTypeDef structure that
281   *         contains the configuration information for the specified SPI peripheral.
282   * @retval None
283   */
284 void SPI_Init(SPI_TypeDef* SPIx, SPI_InitTypeDef* SPI_InitStruct)
285 {
286     uint16_t tmpreg = 0;
287
288     /* check the parameters */
289     assert_param(IS_SPI_ALL_PERIPH(SPIx));
```

图 9-11　SPI_Init( )函数说明

该函数有两个形参,第一个形参是 SPI 编号,第二个形参是 SPI 初始化结构体指针。比如使用 SPI2 作为 SPI 接口,该函数可写为 SPI_Init(SPI2,&SPI_InitStructure)。

3. SPI 使能函数 SPI_Cmd( )

初始化完毕后,开启 SPI 接口工作,使用 SPI_Cmd( )函数进行使能。该函数说明如图 9-12 所示。使能 SPI2 时,该函数可写为 SPI_Cmd(SPI2, ENABLE)。

```
545 /**
546   * @brief  Enables or disables the specified SPI peripheral.
547   * @param  SPIx: where x can be 1, 2, 3, 4, 5 or 6 to select the SPI peripheral.
548   * @param  NewState: new state of the SPIx peripheral.
549   *               This parameter can be: ENABLE or DISABLE.
550   * @retval None
551   */
552 void SPI_Cmd(SPI_TypeDef* SPIx, FunctionalState NewState)
553 {
554     /* Check the parameters */
555     assert_param(IS_SPI_ALL_PERIPH(SPIx));
556     assert_param(IS_FUNCTIONAL_STATE(NewState));
```

图 9-12　SPI_Cmd( )函数说明

4. SPI 发送数据函数 SPI_I2S_SendData( )

发送数据用 SPI_I2S_SendData( )函数,这里多了一个 I2S 的字符。I2S 是集成电路内置音频总线的意思。STM32 将这个总线接口与 SPI 接口复用在了一起,因此多了 I2S 的字符。该函数说明如图 9-13 所示。该函数有两个形参,第一个形参是使用的 SPI 口,第二个形参是需要发送的无符号整型数据。使用 SPI2 发送时该函数可写成 SPI_I2S_SendData(SPI2, 0xA5)。

```
825 /**
826   * @brief  Transmits a Data through the SPIx/I2Sx peripheral.
827   * @param  SPIx: To select the SPIx/I2Sx peripheral, where x can be: 1, 2, 3, 4, 5 or 6
828   *              in SPI mode or 2 or 3 in I2S mode or I2Sxext for I2S full duplex mode.
829   * @param  Data: Data to be transmitted.
830   * @retval None
831   */
832 void SPI_I2S_SendData(SPI_TypeDef* SPIx, uint16_t Data)
833 {
834     /* Check the parameters */
835     assert_param(IS_SPI_ALL_PERIPH_EXT(SPIx));
```

图 9-13　SPI_I2S_SendData( )函数说明

5. SPI 接收数据函数 SPI_I2S_ReceiveData( )

接收数据函数有一个形参,返回值为 16 位无符号数,如图 9-14 所示。如要读取 SPI2 的接收数据,可以这样使用函数:

```
810 /**
811   * @brief  Returns the most recent received data by the SPIx/I2Sx peripheral.
812   * @param  SPIx: To select the SPIx/I2Sx peripheral, where x can be: 1, 2, 3, 4, 5 or 6
813   *              in SPI mode or 2 or 3 in I2S mode or I2Sxext for I2S full duplex mode.
814   * @retval The value of the received data.
815   */
816 uint16_t SPI_I2S_ReceiveData(SPI_TypeDef* SPIx)
817 {
818     /* Check the parameters */
819     assert_param(IS_SPI_ALL_PERIPH_EXT(SPIx));
820
821     /* Return the data in the DR register */
822     return SPIx->DR;
823 }
```

图 9-14　SPI_I2S_ReceiveData( )函数说明

uint16_t A;

A = SPI_I2S_ReceiveData(SPI2);

6. SPI 中断设置函数 SPI_I2S_ITConfig( )

与串行通信一样,SPI 通信也可以使用中断的方式。SPI_I2S_ITConfig( )函数用来使能 SPI 的中断。函数说明如图 9-15 所示。函数有三个形参:第一个形参是 SPI 号;第二个形参确定 SPI 的中断源,参数可选择 SPI_I2S_IT_TXE(发送缓冲空中断)、SPI_I2S_IT_RXNE (接收缓冲非空中断)、SPI_I2S_IT_ERR(错误中断);第三个形参可选择 ENABLE 或 DISABLE。

```
1119 ┌/**
1120 │   * @brief  Enables or disables the specified SPI/I2S interrupts.
1121 │   * @param  SPIx: To select the SPIx/I2Sx peripheral, where x can be: 1, 2, 3, 4, 5 or 6
1122 │   *         in SPI mode or 2 or 3 in I2S mode or I2Sxext for I2S full duplex mode.
1123 │   * @param  SPI_I2S_IT: specifies the SPI interrupt source to be enabled or disabled.
1124 │   *         This parameter can be one of the following values:
1125 │   *           @arg SPI_I2S_IT_TXE: Tx buffer empty interrupt mask
1126 │   *           @arg SPI_I2S_IT_RXNE: Rx buffer not empty interrupt mask
1127 │   *           @arg SPI_I2S_IT_ERR: Error interrupt mask
1128 │   * @param  NewState: new state of the specified SPI interrupt.
1129 │   *         This parameter can be: ENABLE or DISABLE.
1130 │   * @retval None
1131 │   */
1132  void SPI_I2S_ITConfig(SPI_TypeDef* SPIx, uint8_t SPI_I2S_IT, FunctionalState NewState)
1133 ┌{
```

图 9-15　SPI_I2S_ITConfig( )函数说明

7. SPI 获取中断标志函数 SPI_I2S_GetITStatus( )

SPI 在使用中断时,可以通过函数 SPI_I2S_GetITStatus( )查询 SPI 中断状态。函数带返回值 SET 或者 RESET。函数说明如图 9-16 所示。函数有两个形参,第一个形参是 SPI 号,第二个形参是状态标志位。比如读取 SPI2 的接收缓冲非空中断标志,编写函数如下:

```
1227 ┌/**
1228 │   * @brief  Checks whether the specified SPIx/I2Sx interrupt has occurred or not.
1229 │   * @param  SPIx: To select the SPIx/I2Sx peripheral, where x can be: 1, 2, 3, 4, 5 or 6
1230 │   *         in SPI mode or 2 or 3 in I2S mode or I2Sxext for I2S full duplex mode.
1231 │   * @param  SPI_I2S_IT: specifies the SPI interrupt source to check.
1232 │   *         This parameter can be one of the following values:
1233 │   *           @arg SPI_I2S_IT_TXE: Transmit buffer empty interrupt.
1234 │   *           @arg SPI_I2S_IT_RXNE: Receive buffer not empty interrupt.
1235 │   *           @arg SPI_I2S_IT_OVR: Overrun interrupt.
1236 │   *           @arg SPI_IT_MODF: Mode Fault interrupt.
1237 │   *           @arg SPI_IT_CRCERR: CRC Error interrupt.
1238 │   *           @arg I2S_IT_UDR: Underrun interrupt.
1239 │   *           @arg SPI_I2S_IT_TIFRFE: Format Error interrupt.
1240 │   * @retval The new state of SPI_I2S_IT (SET or RESET).
1241 │   */
1242  ITStatus SPI_I2S_GetITStatus(SPI_TypeDef* SPIx, uint8_t SPI_I2S_IT)
1243 ┌{
```

图 9-16　SPI_I2S_GetITStatus( )函数说明

ITStatus SPI_IT_Status;

SPI_IT_Status = SPI_I2S_GetITStatus(SPI2, SPI_I2S_IT_RXNE);

8. SPI 获取状态标志函数 SPI_I2S_GetFlagStatus( )

函数 SPI_I2S_GetFlagStatus( )用于获取 SPI 的状态信息,带返回值 SET 或者 RESET。函数说明如图 9-17 所示。该函数有两个形参,第一个形参是 SPI 号,第二个形参是需要检

查的 SPI 状态。比如要获取 SPI2 是否发送缓冲区空,编写函数如下:

```
1159 ┌/**
1160 │  * @brief  Checks whether the specified SPIx/I2Sx flag is set or not.
1161 │  * @param  SPIx: To select the SPIx/I2Sx peripheral, where x can be: 1, 2, 3, 4, 5 or 6
1162 │  *         in SPI mode or 2 or 3 in I2S mode or I2Sxext for I2S full duplex mode.
1163 │  * @param  SPI_I2S_FLAG: specifies the SPI flag to check.
1164 │  *         This parameter can be one of the following values:
1165 │  *            @arg SPI_I2S_FLAG_TXE: Transmit buffer empty flag.
1166 │  *            @arg SPI_I2S_FLAG_RXNE: Receive buffer not empty flag.
1167 │  *            @arg SPI_I2S_FLAG_BSY: Busy flag.
1168 │  *            @arg SPI_I2S_FLAG_OVR: Overrun flag.
1169 │  *            @arg SPI_FLAG_MODF: Mode Fault flag.
1170 │  *            @arg SPI_FLAG_CRCERR: CRC Error flag.
1171 │  *            @arg SPI_FLAG_TIFRFE: Format Error.
1172 │  *            @arg I2S_FLAG_UDR: Underrun Error flag.
1173 │  *            @arg I2S_FLAG_CHSIDE: Channel Side flag.
1174 │  * @retval The new state of SPI_I2S_FLAG (SET or RESET).
1175 └  */
1176 FlagStatus SPI_I2S_GetFlagStatus(SPI_TypeDef* SPIx, uint16_t SPI_I2S_FLAG)
1177 ┌{
```

图 9-17 SPI_I2S_ITConfig( )函数说明

FlagStatus Status;

Status = SPI_GetFlagStatus(SPI1, SPI_I2S_FLAG_TXE);

9.4.2 建立工程

使用 W25Q128 的读写功能,通过串口进行控制与显示,可以复制之前做好的串口工程文件夹,并重命名文件夹。比如要使用 FL_SPI,则将项目名字更改为 FL_SPI. uvprojx,并在 User 文件夹下添加名为 SPI 的文件夹,用于存放 SPI 的驱动程序。在 SPI 文件夹下新建 SPI_W25Q128. h 与 SPI_W25Q128. c 文件。

与之前建立工程步骤一样,在工程中的 User 目录下添加 SPI_W25Q128.c,在编译环境 "Include Paths"下添加 SPI 文件夹。

9.4.3 编写 SPI_W25Q128. h

首先编写 SPI_W25Q128. h,查阅 W25Q128 的数据手册,比如表9-4 的指令表。为了使用方便,将其指令集用宏定义表示。按数据手册说明,W25Q128 的页容量应为 256 字节。

#ifndef _SPI_W25Q128_H

#define _SPI_W25Q128_H

#include " stm32f4xx. h"

#include < stdio. h >

/* 芯片 ID 定义 ***************/

// #define   sFLASH_ID   0xEF3015   // W25X16 芯片 ID

// #define   sFLASH_ID   0xEF4015   // W25Q16 芯片 ID

// #define   sFLASH_ID   0xEF4017   // W25Q64 芯片 ID

#define   sFLASH_ID   0xEF4018   // W25Q128 芯片 ID

```
/* 页容量定义 *****************/
// #define SPI_FLASH_PageSize              4096
#define SPI_FLASH_PageSize                 256
#define SPI_FLASH_PerWritePageSize         256


/* W25Q128 命令宏定义 ****************************/
#define W25X_WriteEnable                   0x06
#define W25X_WriteDisable                  0x04
#define W25X_ReadStatusReg                 0x05
#define W25X_WriteStatusReg                0x01
#define W25X_ReadData                      0x03
#define W25X_FastReadData                  0x0B
#define W25X_FastReadDual                  0x3B
#define W25X_PageProgram                   0x02
#define W25X_BlockErase                    0xD8
#define W25X_SectorErase                   0x20
#define W25X_ChipErase                     0xC7
#define W25X_PowerDown                     0xB9
#define W25X_ReleasePowerDown              0xAB
#define W25X_DeviceID                      0xAB
#define W25X_ManufactDeviceID              0x90
#define W25X_JedecDeviceID                 0x9F


#define WIP_Flag                           0x01    //写过程标志位 Write In Progress（WIP）
#define Dummy_Byte                         0xFF


/* SPI 接口定义 ************************/
#define FLASH_SPI                          SPI1
#define FLASH_SPI_CLK                      RCC_APB2Periph_SPI1
#define FLASH_SPI_CLK_INIT                 RCC_APB2PeriphClockCmd

#define FLASH_SPI_SCK_PIN                  GPIO_Pin_3
#define FLASH_SPI_SCK_GPIO_PORT            GPIOB
#define FLASH_SPI_SCK_GPIO_CLK             RCC_AHB1Periph_GPIOB
#define FLASH_SPI_SCK_PINSOURCE            GPIO_PinSource3
#define FLASH_SPI_SCK_AF                   GPIO_AF_SPI1

#define FLASH_SPI_MISO_PIN                 GPIO_Pin_4
#define FLASH_SPI_MISO_GPIO_PORT           GPIOB
#define FLASH_SPI_MISO_GPIO_CLK            RCC_AHB1Periph_GPIOB
```

```
#define FLASH_SPI_MISO_PINSOURCE              GPIO_PinSource4
#define FLASH_SPI_MISO_AF                     GPIO_AF_SPI1

#define FLASH_SPI_MOSI_PIN                    GPIO_Pin_5
#define FLASH_SPI_MOSI_GPIO_PORT              GPIOB
#define FLASH_SPI_MOSI_GPIO_CLK               RCC_AHB1Periph_GPIOB
#define FLASH_SPI_MOSI_PINSOURCE              GPIO_PinSource5
#define FLASH_SPI_MOSI_AF                     GPIO_AF_SPI1

#define FLASH_CS_PIN                          GPIO_Pin_6
#define FLASH_CS_GPIO_PORT                    GPIOG
#define FLASH_CS_GPIO_CLK                     RCC_AHB1Periph_GPIOG

#define SPI_FLASH_CS_LOW()     {FLASH_CS_GPIO_PORT-> BSRRH = FLASH_CS_PIN;}
#define SPI_FLASH_CS_HIGH()    {FLASH_CS_GPIO_PORT-> BSRRL = FLASH_CS_PIN;}

/* 等待超时时间宏定义 */
#define SPIT_FLAG_TIMEOUT        ((uint32_t)0x1000)
#define SPIT_LONG_TIMEOUT        ((uint32_t)(10 * SPIT_FLAG_TIMEOUT))

/* 信息输出宏定义 */
#define FLASH_DEBUG_ON          1
#define FLASH_INFO(fmt,arg,…)    printf("<<- FLASH - INFO->> "fmt"\n",##arg)
#define FLASH_ERROR(fmt,arg,…)   printf("<<- FLASH - ERROR->> "fmt"\n",##arg)
#define FLASH_DEBUG(fmt,arg,…)   do{ \
                    if(FLASH_DEBUG_ON) \
                    printf("<<- FLASH - DEBUG->>[%d]"fmt"\n",_ _LINE_ _, ##arg); \
                    }while(0)

void SPI_FLASH_Init(void);                    // SPI1 初始化
u8 SPI_FLASH_SendByte(u8 byte);               // 写单字节函数
u8 SPI_FLASH_ReadByte(void);                  // 读单字节函数
u16 SPI_FLASH_SendHalfWord(u16 HalfWord);     // 写双字节函数
void SPI_FLASH_WriteEnable(void);             // 写允许函数
void SPI_FLASH_WaitForWriteEnd(void);         // 等待写结束函数
void SPI_FLASH_SectorErase(u32 SectorAddr);   // 扇区删除函数
void SPI_FLASH_BulkErase(void);               // 卷删除函数
void SPI_FLASH_PageWrite(u8* pBuffer, u32 WriteAddr, u16 NumByteToWrite);
                                              // 页写函数
void SPI_FLASH_BufferWrite(u8* pBuffer, u32 WriteAddr, u16 NumByteToWrite);
```

```
                                        // 缓冲写函数
void SPI_FLASH_BufferRead(u8* pBuffer, u32 ReadAddr, u16 NumByteToRead);
                                        // 缓冲读函数
u32 SPI_FLASH_ReadID(void);             // W25Q128 产品 ID 读函数
u32 SPI_FLASH_ReadDeviceID(void);       // W25Q128 制造商 ID 和设备 ID 读函数
void SPI_FLASH_StartReadSequence(u32 ReadAddr);  // W25Q128 开始顺序读函数
void SPI_Flash_PowerDown(void);         // W25Q128 断电函数
void SPI_Flash_WAKEUP(void);            // W25Q128 唤醒函数

#endif /* End of _SPI_W25Q128_H */
```

基本读写函数预先定义好了。信息输出宏定义的作用主要是测试芯片信息,比如:

```
#define FLASH_INFO(fmt,arg…)   printf("<<- FLASH - INFO-> "fmt" \n",##arg)
```

这行代码的含义是:FLASH_INFO(fmt,arg,…)等价于函数 printf("<<- FLASH - INFO-> "fmt" \n",##arg)。printf 函数的形参对应 FLASH_INFO(fmt,arg,…)的 fmt 与 arg。程序中#define FLASH_DEBUG_ON 1 这行代码代表将 FLASH_DEBUG_ON 宏定义为 1。

```
#define FLASH_DEBUG(fmt,arg…)    do{ \
                    if(FLASH_DEBUG_ON) \
                    printf("<<- FLASH - DEBUG->> [%d]"fmt" \n",_ _LINE_ _,
                    ##arg); \
                    } while(0)
```

这段代码中,"\"表示与下一行衔接,即不空行。这一段代码意味着若 FLASH_DEBUG_ON 为 1,则打印输出;若不为 1,则不执行任何操作。

9.4.4　编写 SPI_W25Q128.c

1. 编写 SPI 的基本操作函数

在 SPI_W25Q128.c 中编写 SPI 的驱动函数。

(1) SPI 初始化函数 SPI_FLASH_Init()。

初始化函数按照步骤:使能时钟、初始化结构体、初始化函数,代码如下:

```
void SPI_FLASH_Init(void)
{
  SPI_InitTypeDef   SPI_InitStructure;          // 初始化 SPI 初始化结构体
  GPIO_InitTypeDef GPIO_InitStructure;          // 初始化 GPIO 初始化结构体
  /* 使能 GPIO 时钟 ******/
  RCC _AHB1PeriphClockCmd (FLASH_SPI_SCK_GPIO_CLK | FLASH_SPI_MISO_GPIO_CLK|
      FLASH_SPI_MOSI_GPIO_CLK|FLASH_CS_GPIO_CLK, ENABLE);

  /* 使能 SPI 时钟 ******/
  FLASH_SPI_CLK_INIT(FLASH_SPI_CLK, ENABLE);
  GPIO_PinAFConfig(FLASH_SPI_SCK_GPIO_PORT,FLASH_SPI_SCK_PINSOURCE,
```

```
                                                  // SCK 的 GPIO 复用设置
            FLASH_SPI_SCK_AF);
    GPIO_PinAFConfig(FLASH_SPI_MISO_GPIO_PORT,FLASH_SPI_MISO_PINSOURCE,
            FLASH_SPI_MISO_AF);                   // MISO 的 GPIO 复用设置
    GPIO_PinAFConfig(FLASH_SPI_MOSI_GPIO_PORT,FLASH_SPI_MOSI_PINSOURCE,
            FLASH_SPI_MOSI_AF);                   // MOSI 的 GPIO 复用设置


    /* SCK 引脚的模式设置 *********/
    GPIO_InitStructure.GPIO_Pin = FLASH_SPI_SCK_PIN;
    GPIO_InitStructure.GPIO_Speed = GPIO_Speed_50MHz;
    GPIO_InitStructure.GPIO_Mode = GPIO_Mode_AF;
    GPIO_InitStructure.GPIO_OType = GPIO_OType_PP;
    GPIO_InitStructure.GPIO_PuPd = GPIO_PuPd_NOPULL;
    GPIO_Init(FLASH_SPI_SCK_GPIO_PORT, &GPIO_InitStructure);


    /* MISO 引脚的模式设置 *********/
    GPIO_InitStructure.GPIO_Pin = FLASH_SPI_MISO_PIN;
    GPIO_Init(FLASH_SPI_MISO_GPIO_PORT, &GPIO_InitStructure);


    /* MOSI 引脚的模式设置 *********/
    GPIO_InitStructure.GPIO_Pin = FLASH_SPI_MOSI_PIN;
    GPIO_Init(FLASH_SPI_MOSI_GPIO_PORT, &GPIO_InitStructure);


    /* CS 引脚的模式设置 *********/
    GPIO_InitStructure.GPIO_Pin = FLASH_CS_PIN;
    GPIO_InitStructure.GPIO_Mode = GPIO_Mode_OUT;
    GPIO_Init(FLASH_CS_GPIO_PORT, &GPIO_InitStructure);


    SPI_FLASH_CS_HIGH();                          // 片选 CS(SS)控制高电平


    /* SPI 模式设置,W25Q128 支持 CPOL 与 CPHA 的模式 0 和模式 3,设置为模式 3 *********/
    SPI_InitStructure.SPI_Direction = SPI_Direction_2Lines_FullDuplex;
                                                  // 设置为双线双工模式
    SPI_InitStructure.SPI_Mode = SPI_Mode_Master;         // 设置为 SPI 主设备
    SPI_InitStructure.SPI_DataSize = SPI_DataSize_8b;     // 设置数据帧容量为 8 位
    SPI_InitStructure.SPI_CPOL = SPI_CPOL_High;           // 设置时钟空闲为高
    SPI_InitStructure.SPI_CPHA = SPI_CPHA_2Edge;          // 设置为偶数边沿采样
    SPI_InitStructure.SPI_NSS = SPI_NSS_Soft;             // 设置 NSS 片选为软件控制
    SPI_InitStructure.SPI_BaudRatePrescaler = SPI_BaudRatePrescaler_2;
                                                  // 设置预分频因子为 2
    SPI_InitStructure.SPI_FirstBit = SPI_FirstBit_MSB;    // 设置高位先移
```

```
SPI_InitStructure. SPI_CRCPolynomial = 7;
SPI_Init( FLASH_SPI, &SPI_InitStructure);              // 使用 SPI 初始化函数进行初始化

/ * 使能 SPI * * * * * * * */
SPI_Cmd( FLASH_SPI, ENABLE);
}
```

SPI_FLASH_Init( )完成了 SPI 接口的初始化工作,但这只是接口上的初始化,完成接口的设置而已,因此我们还需继续编写 W25Q128 读与写的操作函数。

（2）写单字节函数 SPI_FLASH_SendByte( )。

同样地,为了更方便地实现写单个字节,我们需要编写一个写单字节函数。由 SPI 的通信原理知,主设备向从设备发送数据移位的同时,从设备也向主设备发送数据移位,因此主设备发送 1 字节数据后,应该接收了从设备发送过来的 1 字节数据。该函数带返回值。函数编写如下:

```
u8 SPI_FLASH_SendByte( u8 byte)
{
SPITimeout = SPIT_FLAG_TIMEOUT;
while( SPI_I2S_GetFlagStatus( FLASH_SPI, SPI_I2S_FLAG_TXE) == RESET)
                                        // 等待发送缓冲区为空,查询 TXE 事件
    if( ( SPITimeout -- ) == 0) return SPI_TIMEOUT_UserCallback( 0) ; // 超时
SPI_I2S_SendData( FLASH_SPI, byte) ;        // 写入数据寄存器,把要写入的数据写入发送缓冲区
SPITimeout = SPIT_FLAG_TIMEOUT;
while( SPI_I2S_GetFlagStatus( FLASH_SPI, SPI_I2S_FLAG_RXNE) == RESET)
                                        // 等待接收缓冲区非空,查询 RXNE 事件
    if( ( SPITimeout -- ) == 0) return SPI_TIMEOUT_UserCallback( 1) ; // 超时
return SPI_I2S_ReceiveData( FLASH_SPI) ;    // 读取数据寄存器,获取接收缓冲区数据
}
```

该函数有 1 个形参,有返回值,形参是需要发送的无符号单字节数据,返回值的类型也是无符号单字节。

（3）读单字节函数 SPI_FLASH_ReadByte( )。

为了更方便地实现 Flash 的单字节读操作,单字节的读取函数定义如下:

```
u8 SPI_FLASH_ReadByte( void)
{
    return( SPI_FLASH_SendByte( Dummy_Byte) ) ;
}
```

因为发送与接收是同时进行的,读接收数据的 8 位,意味着需要向从设备发送 8 位数据,因此函数发送一个字节的 Dummy(随机数据),返回接收值。该函数无形参,有返回值,返回值的类型为无符号单字节。

（4）写双字节函数 SPI_FLASH_SendHalfWord( )。

编写函数如下：

```
u16 SPI_FLASH_SendHalfWord(u16 HalfWord)
{
    SPITimeout = SPIT_FLAG_TIMEOUT;
    /***********发送缓冲非空时***********/
    while(SPI_I2S_GetFlagStatus(FLASH_SPI, SPI_I2S_FLAG_TXE) == RESET)
        if((SPITimeout --) ==0) return SPI_TIMEOUT_UserCallback(2);
    SPI_I2S_SendData(FLASH_SPI, HalfWord);                    // 16 位数
    SPITimeout = SPIT_FLAG_TIMEOUT;
    /***********接收缓冲空时***********/
    while(SPI_I2S_GetFlagStatus(FLASH_SPI, SPI_I2S_FLAG_RXNE) == RESET)
        if((SPITimeout --) ==0) return SPI_TIMEOUT_UserCallback(3);
    return SPI_I2S_ReceiveData(FLASH_SPI);                    // 返回接收数据
}
```

该函数用于发送 16 位数（适用于帧格式 16 位模式），与写字节函数类似，只有一个形参，带返回值，返回值也是从设备返回的 16 位数。

（5）写允许函数 SPI_FLASH_WriteEnable( )。

编写函数如下：

```
void SPI_FLASH_WriteEnable(void)
{
        SPI_FLASH_CS_LOW();                        // 通信开始:CS 低电平
        SPI_FLASH_SendByte(W25X_WriteEnable);      // 发送写使能命令
        SPI_FLASH_CS_HIGH();                       // 通信结束:CS 高电平
}
```

该函数作用很简单，在写数据之前，通过 SendByte 函数发送写使能指令。

（6）等待写结束函数 SPI_FLASH_WaitForWriteEnd( )。

编写函数如下：

```
void SPI_FLASH_WaitForWriteEnd(void)
{
    u8 FLASH_Status =0;
    SPI_FLASH_CS_LOW();                         // 选择 FLASH:CS 低电平
    SPI_FLASH_SendByte(W25X_ReadStatusReg);     // 发送读状态寄存器命令
    SPITimeout = SPIT_FLAG_TIMEOUT;
    do                                          // 若 FLASH 忙碌,则等待
    {
        Flash_Status = SPI_FLASH_SendByte(Dummy_Byte);   // 读取 FLASH 芯片的状态寄存器
            if((SPITimeout --) ==0)                       // 超时
            {
```

```
                SPI_TIMEOUT_UserCallback(4);
                return;
            }
    }
    while((FLASH_Status & WIP_Flag) == SET);
    SPI_FLASH_CS_HIGH();                                    // 停止信号 FLASH:CS 高电平
}
```

等待写结束函数无形参与返回值，只有写结束了，才能进行下一步操作。

（7）扇区删除函数 SPI_FLASH_SectorErase()。

编写函数如下：

```
void SPI_FLASH_SectorErase(u32 SectorAddr)
{
  /* 发送 FLASH 写使能命令 ********/
    SPI_FLASH_WriteEnable();
    SPI_FLASH_WaitForWriteEnd();
    /* 擦除扇区 *********/
    SPI_FLASH_CS_LOW();                                     // 选择 FLASH:CS 低电平
    SPI_FLASH_SendByte(W25X_SectorErase);                  // 发送扇区擦除指令
    SPI_FLASH_SendByte((SectorAddr & 0xFF0000) >> 16);    // 发送擦除扇区地址的高位
    SPI_FLASH_SendByte((SectorAddr & 0xFF00) >> 8);       // 发送擦除扇区地址的中位
    SPI_FLASH_SendByte(SectorAddr & 0xFF);                 // 发送擦除扇区地址的低位
    SPI_FLASH_CS_HIGH();                                    // 停止信号 FLASH:CS 高电平
    SPI_FLASH_WaitForWriteEnd();                            // 等待擦除完毕
}
```

函数的形参是扇区首地址。函数执行后，首地址之后的一个扇区（4KB）全部被删除。扇区删除指令的格式如表 9-5 指示。函数首先进行写使能，然后输出片选低电平（低电平有效），再根据指令的数据格式，开始以 8 个位为扇区删除指令，后面 8 个位为高地址，再后面 8 个位为中地址，最后 8 个位为低地址，传送完数据后，输出片选高电平，等待写结束。

表 9-5　SectorErase（4KB）指令格式

Data Input Output	Byte1	Byte2	Byte3	Byte4	Byte5	Byte6	Byte7
Number of Clock(1 − 1 − 1)	8	8	8	8	8	8	8
SectorErase（4KB）	20h	A23 ~ A16	A15 ~ A8	A7 ~ A0	—	—	—

FLASH 在写数据之前需要对其进行删除（擦除），这是由 FLASH 工作原理决定的，为了快速地进行操作，总是将一大片区域的单元一起擦除。为了更好地管理大容量存储器，存储器都会将单元地址组织成块（Block）、扇区（Sector）和页（Page）。块与扇区的关系如图 9-18 所示。

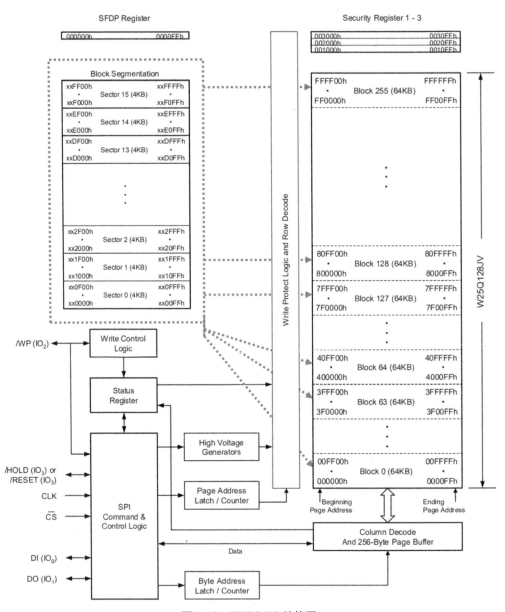

图 9-18　W25Q128 结构图

一块 W25Q128 芯片的 16M 字节被分为了 256 个块,每一个块容量为 64K 字节,256 个块的地址编号从高 2 位开始,比如:Block0 的首地址是 000000H,块内单元地址范围是000000H ~ 00FFFFH;Block1 的首地址是 010000H,块内单元地址范围是 010000H ~ 01FFFFH。以此类推。每一个块分为 16 个扇区,每个扇区为 4K 字节。若 Sector0 的首地址是 xx0000H(xx 代表不同块),Sector1 的首地址是 xx1000H,以此可类推出 16 个扇区地址首地址。我们主要关心的是每个扇区、每个块的首地址,比如 Block1 的 Sector1 的首地址是011000H。为什么只关心首地址呢? 因为使用了 SectorErase (4KB)指令后,它会把指令后的 24 位地址开始的连续 4KB 的单元全部擦除。假设输入的擦除地址不是每个扇区的首地址,会导致一种情况,即函数擦除了两个扇区的数据,但这两个扇区没有完全被擦除。假设输入的擦除地址是 011800H,此时的地址落在 Sector1 ~ Sector2 之间,而扇区擦除是擦除连续 4KB 的单元,因此 Sector1 的后半部分与 Sector2 的前半部分会被擦除,如图9-19 所示,因此在使用该函数时,应该输入的地址是扇区的首地址,即 4K 对齐。

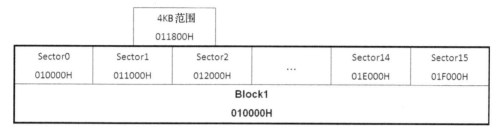

图 9-19　首地址与地址范围分布图

　　而在每一个块与扇区内,都有一个最小区域单位:页(Page),每一页的容量是 256B,W25Q128 有 64K 个页。写 FLASH 时为了提高写入效率,不可能一个字节一个字节地写,在写数据时一次最少写入一页,即一次最少写 256B,每页有对应的首地址。

(8) 卷删除函数 SPI_FLASH_BulkErase( )。

编写函数如下:

```
void SPI_FLASH_BulkErase( void)
{
  SPI_FLASH_WriteEnable( );                   // 发送 FLASH 写使能命令
  SPI_FLASH_CS_LOW( );                        // 选择 FLASH:CS 低电平
  SPI_FLASH_SendByte( W25X_ChipErase);        // 发送整块擦除指令
  SPI_FLASH_CS_HIGH( );                       // 停止信号 FLASH:CS 高电平
  SPI_FLASH_WaitForWriteEnd( );               // 等待擦除完毕
}
```

使用该函数将会整卷删除数据,应慎用。

(9) 页写函数 SPI_FLASH_PageWrite( )。

编写函数如下:

```
void SPI_FLASH_PageWrite( u8 * pBuffer, u32 WriteAddr, u16 NumByteToWrite)
{
  SPI_FLASH_WriteEnable( );                        // 发送 FLASH 写使能命令
  SPI_FLASH_CS_LOW( );                             // 选择 FLASH:CS 低电平
  SPI_FLASH_SendByte( W25X_PageProgram);           // 发送页写指令
  SPI_FLASH_SendByte( ( WriteAddr & 0xFF0000) >> 16);   // 发送写地址的高位
  SPI_FLASH_SendByte( ( WriteAddr & 0xFF00) >> 8);      // 发送写地址的中位
  SPI_FLASH_SendByte( WriteAddr & 0xFF);           // 发送写地址的低位
  /* 判断写入字节数是否超过页容量 */
  if( NumByteToWrite > SPI_FLASH_PerWritePageSize)
  {
```

```
    NumByteToWrite = SPI_FLASH_PerWritePageSize;
    FLASH_ERROR("SPI_FLASH_PageWrite too large!");
}

/* 写入数据 */
while(NumByteToWrite --)
{
    SPI_FLASH_SendByte( * pBuffer);              // 发送当前要写入的字节数据
    pBuffer ++;                                   // 指向下一字节数据
}
SPI_FLASH_CS_HIGH();                              // 停止信号 FLASH:CS 高电平
SPI_FLASH_WaitForWriteEnd();                      // 等待写入完毕
}
```

　　记住,页写入之前,必须对该地址进行删除。页写入函数的形参有三个:第一个形参是需要写入数据的数组的指针(需要写入的数据为 8 位数,以一维数组形式),第二个形参是需要写入的起始地址(32 位数),第三个形参是需要写入的数据的容量(多少个 8 位数)。页写入不像块删除指令那样需要对齐,写入地址可以是非页首地址。写入数据之前,要先擦除这些存储单元。

　　(10) 缓冲写入函数 SPI_FLASH_BufferWrite( )。

　　页写入函数相对来说比较简单,但不够严谨方便。若要将一个数组的数据写入指定地址,可以编写如下写函数:

```
void SPI_FLASH_BufferWrite(u8 * pBuffer, u32 WriteAddr, u16 NumByteToWrite)
{
    u8 NumOfPage = 0, NumOfSingle = 0, Addr = 0, count = 0, temp = 0;
    Addr = WriteAddr% SPI_FLASH_PageSize;          // 若 WriteAddr 是页容量整数倍,Addr 值为 0
    count = SPI_FLASH_PageSize - Addr;             // 差 count 个数据值,刚好可以对齐到页
地址
    NumOfPage = NumByteToWrite/SPI_FLASH_PageSize;   // 计算出要写多少整数页
    NumOfSingle = NumByteToWrite% SPI_FLASH_PageSize; // 计算出剩余不满一页的字节数
    /****** Addr = 0,则 WriteAddr 刚好按页对齐 ******/
    if(Addr == 0)
    {
        if(NumOfPage == 0)                          // 当写入的数据不够 1 页时
            SPI_FLASH_PageWrite(pBuffer, WriteAddr, NumByteToWrite);
        else                                        // 当写入数据大于 1 页时
        {
            while(NumOfPage --)                     // 按页递增写
            {
                SPI_FLASH_PageWrite(pBuffer, WriteAddr, SPI_FLASH_PageSize);
                WriteAddr += SPI_FLASH_PageSize;
```

```
                pBuffer += SPI_FLASH_PageSize;
            }
        SPI_FLASH_PageWrite(pBuffer, WriteAddr, NumOfSingle);  // 多于 1 页的将它写完
    }
}
/******** Addr 不为 0,写入地址与页不对齐 ********/
else
{
    if (NumOfPage == 0)// 写入数据小于页容量时
    {
        if (NumOfSingle > count)                      // 不对齐的数据在当前地址写不完时
        {
            temp = NumOfSingle – count;
            SPI_FLASH_PageWrite(pBuffer, WriteAddr, count); // 先写满当前页
            WriteAddr += count;
            pBuffer += count;
            SPI_FLASH_PageWrite(pBuffer, WriteAddr, temp); // 再写剩余的数据
        }
        else                                          // 不对齐的数据能在当前页剩余的地址写完时
        {
            SPI_FLASH_PageWrite(pBuffer, WriteAddr, NumByteToWrite);
        }
    }
    else// 写入的数据大于页容量时
    {
        /********** 地址不对齐时,先写前面多出的数据 **********/
        NumByteToWrite –= count;
        NumOfPage = NumByteToWrite/SPI_FLASH_PageSize;
        NumOfSingle = NumByteToWrite % SPI_FLASH_PageSize;
        SPI_FLASH_PageWrite(pBuffer, WriteAddr, count);
        WriteAddr += count;
        pBuffer += count;
        /********** 再写中间页对齐的整数页数据 **********/
        while(NumOfPage –– ) // 把整数页都写了
        {
            SPI_FLASH_PageWrite(pBuffer, WriteAddr, SPI_FLASH_PageSize);
            WriteAddr += SPI_FLASH_PageSize;
            pBuffer += SPI_FLASH_PageSize;
        }
        /****** 最后若有多余的不满一页的数据,把它写完 ******/
```

```
        if( NumOfSingle ！= 0 )
          SPI_FLASH_PageWrite( pBuffer, WriteAddr, NumOfSingle) ;
        }
      }
    }
```

上述这段代码是最常用的写函数,也是最长、最复杂的函数。读者通过该函数可以掌握 FLASH 这一类存储芯片的数据管理方式。该函数有三个形参:第一个形参是需要写入数据数组的指针,第二个形参是写入地址,第三个形参是写入数据长度。程序的基本流程图如图 9-20 所示。

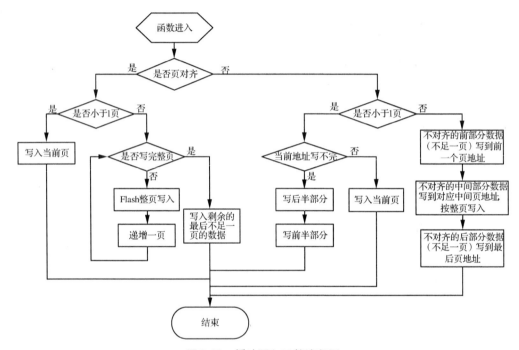

图 9-20　缓冲写入函数流程图

图 9-20 中的流程主要在于对数据长度的判断与地址的判断,如果写入地址正好页对齐,就比较容易处理,直接在其地址(也是某页的首地址)写数据直到结束。如果不对齐,那么这些数据将跨越某个页,即一部分数据在某页首地址前,一部分数据在某页首地址后,要分开处理这两部分数据。在首地址前的数据在该首地址的前一个页地址写入后,首地址后的数据才开始整页写入。比如要在 000155H 地址开始写入 500 个字节的数据,这个地址并没有与页的首地址对齐,而写数据又是按页写入的,因此它涉及 3 个页,如图 9-21 所示,500 个字节中有 171 个字节在 Page1 中,256 个字节在 Page2 中,73 个字节在 Page3 中,程序通过公式计算出前 171 字节先在 Page1 页写入,中间 256 个字节在 000200H(Page2 的首地址)的地址写入,剩下的 73 字节在 000300H(Page3 的首地址)的地址写入。

图 9-21　当地址不对齐且大于页容量的地址分布

（11）缓冲读函数 SPI_FLASH_BufferRead( )。

编写函数如下：

```
void SPI_FLASH_BufferRead( u8 * pBuffer, u32 ReadAddr, u16 NumByteToRead)
{
    SPI_FLASH_CS_LOW( );                                  // 开始通信:CS 低电平
    SPI_FLASH_SendByte(W25X_ReadData);                   // 发送读指令
    SPI_FLASH_SendByte(( ReadAddr & 0xFF0000) >> 16);    // 发送读地址高位
    SPI_FLASH_SendByte(( ReadAddr& 0xFF00) >> 8);        // 发送读地址中位
    SPI_FLASH_SendByte( ReadAddr & 0xFF);                // 发送读地址低位
/ * * * * * * * * * * * 读取数据 * * * * * * * * * * * * /
    while( NumByteToRead -- )
    {
        * pBuffer = SPI_FLASH_SendByte( Dummy_Byte);     // 读取一个字节
        pBuffer ++ ;                                      // 指向下一个字节缓冲区
    }
    SPI_FLASH_CS_HIGH( );                                 // 停止通信:CS 高电平
}
```

FLASH 的读就比较简单了，函数有三个形参：第一个形参是存放读取数据的数组的指针地址，第二个形参是需要读取的地址，第三个形参是读取的数量。使用时要注意形参的数据格式。

（12）芯片 ID 读函数 SPI_FLASH_ReadID( )。

编写函数如下：

```
u32 SPI_FLASH_ReadID( void)
{
    u32 Temp = 0, Temp0 = 0, Temp1 = 0, Temp2 = 0;
    SPI_FLASH_CS_LOW( );                                 // 开始通信:CS 低电平
    SPI_FLASH_SendByte(W25X_JedecDeviceID);             // 发送 JEDEC 指令,读取 ID
    Temp0 = SPI_FLASH_SendByte( Dummy_Byte);            // 读取一个字节数据
    Temp1 = SPI_FLASH_SendByte( Dummy_Byte);            // 读取一个字节数据
    Temp2 = SPI_FLASH_SendByte( Dummy_Byte);            // 读取一个字节数据
    SPI_FLASH_CS_HIGH( );                                // 停止通信:CS 高电平
    Temp = ( Temp0 << 16) | ( Temp1 << 8) | Temp2;      // 把数据组合起来,作为函数的返回值
    return Temp;
```

```
}
```

该函数没有形参,只对 W25Q128 的 ID 进行读取,数据返回类型为 32 位无符号数。

(13) 制造商 ID 和设备 ID 读函数 SPI_FLASH_ReadDeviceID( )。

编写函数如下:

```
u32 SPI_FLASH_ReadDeviceID(void)
{
    u32 Temp = 0;
    SPI_FLASH_CS_LOW( );                        // 开始通信:CS 低电平
    SPI_FLASH_SendByte(W25X_DeviceID);          // 发送设备 ID 读取指令,读取 ID
    SPI_FLASH_SendByte(Dummy_Byte);
    SPI_FLASH_SendByte(Dummy_Byte);
    SPI_FLASH_SendByte(Dummy_Byte);
    Temp = SPI_FLASH_SendByte(Dummy_Byte);      // 读取 ID 并赋值
    SPI_FLASH_CS_HIGH( );                        // 停止通信:CS 高电平
    return Temp;
}
```

其使用方法与 SPI_FLASH_ReadDeviceID( )函数类似。

(14) 开始顺序读函数 SPI_FLASH_StartReadSequence( )。

编写函数如下:

```
void SPI_FLASH_StartReadSequence(u32 ReadAddr)
{
    SPI_FLASH_CS_LOW( );                         // 开始通信:CS 低电平
    SPI_FLASH_SendByte(W25X_ReadData);           // 发送设备读指令
    SPI_FLASH_SendByte((ReadAddr & 0xFF0000) >> 16);  // 发送读地址高位
    SPI_FLASH_SendByte((ReadAddr& 0xFF00) >> 8);     // 发送读地址中位
    SPI_FLASH_SendByte(ReadAddr & 0xFF);         // 发送读地址低位
}
```

该函数相当于开始读取的信号,只有一个形参,形参为读取数据的目的地址。

(15) W25Q128 断电函数 SPI_Flash_PowerDown( )。

编写函数如下:

```
void SPI_Flash_PowerDown(void)
{
    SPI_FLASH_CS_LOW( );                         // 开始通信:CS 低电平
    SPI_FLASH_SendByte(W25X_PowerDown);          // 发送掉电命令
    SPI_FLASH_CS_HIGH( );                        // 停止信号 FLASH:CS 高电平
}
```

该函数用于为 W25Q128 断电,可以节约能耗。

(16) W25Q128 唤醒函数 SPI_Flash_WAKEUP( )。

编写函数如下:

```
void SPI_Flash_WAKEUP( void)
{
    SPI_FLASH_CS_LOW( );                          // 停止通信:CS 低电平
    SPI_FLASH_SendByte( W25X_ReleasePowerDown);   // 发送上电命令
    SPI_FLASH_CS_HIGH( );                         // 停止信号 FLASH:CS 高电平
}
```

该函数用于唤醒被断电了的 W25Q128。

(17) 超时函数。

编写函数如下:

```
static uint16_t SPI_TIMEOUT_UserCallback( uint8_t errorCode)
{
    FLASH_ERROR( "SPI 等待超时!errorCode = % d" ,errorCode);
                                        // 等待超时后输出错误信息码
    return 0;
}
```

该函数用于检测总线是否有超时,有一个形参,也有返回值。形参是错误码,若出现超时,函数输出超时错误信息码,返回 0。

上述 17 个函数构成了 W25Q128 的基本操作函数,这些函数可以作为通用 W25Q128/64/32 等芯片的函数使用。

2. 编写 SPI_W25Q128.c

SPI_W25Q128.c 函数如下:

```
#include "SPI_W25Q128.h"
/****************用于设置超时处理****************/
static __IO uint32_t SPITimeout = SPIT_LONG_TIMEOUT;
static uint16_t SPI_TIMEOUT_UserCallback( uint8_t errorCode);

void SPI_FLASH_Init( void)
{
    SPI_InitTypeDef SPI_InitStructure;        // 初始化 SPI 初始化结构体
    GPIO_InitTypeDef GPIO_InitStructure;      // 初始化 GPIO 初始化结构体

    /*使能 GPIO 时钟******/
    RCC _AHB1PeriphClockCmd (FLASH_SPI_SCK_GPIO_CLK | FLASH_SPI_MISO_GPIO_CLK|
        FLASH_SPI_MOSI_GPIO_CLK|FLASH_CS_GPIO_CLK, ENABLE);

    /*使能 SPI 时钟******/
    FLASH_SPI_CLK_INIT( FLASH_SPI_CLK, ENABLE);

    GPIO_PinAFConfig( FLASH_SPI_SCK_GPIO_PORT,FLASH_SPI_SCK_PINSOURCE,
```

```
        FLASH_SPI _SCK_AF）;                              // SCK 的 GPIO 复用设置
    GPIO_PinAFConfig( FLASH_SPI_MISO_GPIO_PORT,FLASH_SPI_MISO_PINSOURCE,
        FLASH_ SPI_MISO_AF）;                             // MISO 的 GPIO 复用设置
    GPIO_PinAFConfig( FLASH_SPI_MOSI_GPIO_PORT,FLASH_SPI_MOSI_PINSOURCE,
        FLASH_ SPI_MOSI_AF）;                             // MOSI 的 GPIO 复用设置

    / * SCK 引脚的模式设置 * * * * * * * * * /
    GPIO_InitStructure. GPIO_Pin = FLASH_SPI_SCK_PIN;
    GPIO_InitStructure. GPIO_Speed = GPIO_Speed_50MHz;
    GPIO_InitStructure. GPIO_Mode = GPIO_Mode_AF;
    GPIO_InitStructure. GPIO_OType = GPIO_OType_PP;
    GPIO_InitStructure. GPIO_PuPd = GPIO_PuPd_NOPULL;
    GPIO_Init( FLASH_SPI_SCK_GPIO_PORT, &GPIO_InitStructure) ;

    / * MISO 引脚的模式设置 * * * * * * * * * /
    GPIO_InitStructure. GPIO_Pin = FLASH_SPI_MISO_PIN;
    GPIO_Init( FLASH_SPI_MISO_GPIO_PORT, &GPIO_InitStructure) ;

    / * MOSI 引脚的模式设置 * * * * * * * * * /
    GPIO_InitStructure. GPIO_Pin = FLASH_SPI_MOSI_PIN;
    GPIO_Init( FLASH_SPI_MOSI_GPIO_PORT, &GPIO_InitStructure) ;

    / * CS 引脚的模式设置 * * * * * * * * * /
    GPIO_InitStructure. GPIO_Pin = FLASH_CS_PIN;
    GPIO_InitStructure. GPIO_Mode = GPIO_Mode_OUT;
    GPIO_Init( FLASH_CS_GPIO_PORT, &GPIO_InitStructure) ;

    SPI_FLASH_CS_HIGH( ) ;                               // 片选 CS(SS)控制高电平

    / * SPI 模式设置,W25Q128 支持 CPOL 与 CPHA 的模式 0 和模式 3,设置为模式 3 * * * * * * * /
    SPI_InitStructure. SPI_Direction = SPI_Direction_2Lines_FullDuplex;
                                                         // 设置为双线双工模式
    SPI_InitStructure. SPI_Mode = SPI_Mode_Master;       // 设置为 SPI 主设备
    SPI_InitStructure. SPI_DataSize = SPI_DataSize_8b;   // 设置数据帧容量为 8 位
    SPI_InitStructure. SPI_CPOL = SPI_CPOL_High;         // 设置时钟空闲为高
    SPI_InitStructure. SPI_CPHA = SPI_CPHA_2Edge;        // 设置为偶数边沿采样
    SPI_InitStructure. SPI_NSS = SPI_NSS_Soft;           // 设置 NSS 片选为软件控制
    SPI_InitStructure. SPI_BaudRatePrescaler = SPI_BaudRatePrescaler_2;  // 设置预分频因子为 2
    SPI_InitStructure. SPI_FirstBit = SPI_FirstBit_MSB;  // 设置高位先移
    SPI_InitStructure. SPI_CRCPolynomial = 7;
```

```
SPI_Init(FLASH_SPI, &SPI_InitStructure);                              // 使用 SPI 初始化函数进行初始化

    / * 使能 SPI ********/
    SPI_Cmd(FLASH_SPI, ENABLE);
}


u8 SPI_FLASH_SendByte(u8 byte)
{
    SPITimeout = SPIT_FLAG_TIMEOUT;
    while(SPI_I2S_GetFlagStatus(FLASH_SPI, SPI_I2S_FLAG_TXE) == RESET)
                                                    // 等待发送缓冲区为空,查询 TXE 事件
        if((SPITimeout --) == 0) return SPI_TIMEOUT_UserCallback(0);  // 超时
    SPI_I2S_SendData(FLASH_SPI, byte);  // 写入数据寄存器,把要写入的数据写入发送缓冲区
    SPITimeout = SPIT_FLAG_TIMEOUT;
    while(SPI_I2S_GetFlagStatus(FLASH_SPI, SPI_I2S_FLAG_RXNE) == RESET)
                                                    // 等待接收缓冲区非空,查询 RXNE 事件
        if((SPITimeout --) == 0) return SPI_TIMEOUT_UserCallback(1);  // 超时
    return SPI_I2S_ReceiveData(FLASH_SPI);              // 读取数据寄存器,获取接收缓冲区数据
}


u8 SPI_FLASH_ReadByte(void)
{
    return(SPI_FLASH_SendByte(Dummy_Byte));
}


u16 SPI_FLASH_SendHalfWord(u16 HalfWord)
{
    SPITimeout = SPIT_FLAG_TIMEOUT;
    /*********发送缓冲非空时**********/
    while(SPI_I2S_GetFlagStatus(FLASH_SPI, SPI_I2S_FLAG_TXE) == RESET)
        if((SPITimeout --) == 0) return SPI_TIMEOUT_UserCallback(2);
    SPI_I2S_SendData(FLASH_SPI, HalfWord);                    // 16 位数
    SPITimeout = SPIT_FLAG_TIMEOUT;
    /**********接收缓冲空时**********/
    while(SPI_I2S_GetFlagStatus(FLASH_SPI, SPI_I2S_FLAG_RXNE) == RESET)
        if((SPITimeout --) == 0) return SPI_TIMEOUT_UserCallback(3);
    return SPI_I2S_ReceiveData(FLASH_SPI);                    // 返回接收数据
}


void SPI_FLASH_WriteEnable(void)
```

```
{
    SPI_FLASH_CS_LOW( );                              // 通信开始:CS 低电平
    SPI_FLASH_SendByte( W25X_WriteEnable );           // 发送写使能命令
    SPI_FLASH_CS_HIGH( );                             // 通信结束:CS 高电平
}


void SPI_FLASH_WaitForWriteEnd( void )
{
    u8 FLASH_Status = 0;
    SPI_FLASH_CS_LOW( );                              // 选择 FLASH:CS 低电平
    SPI_FLASH_SendByte( W25X_ReadStatusReg );         // 发送读状态寄存器命令
    SPITimeout = SPIT_FLAG_TIMEOUT;
    do                                                // 若 FLASH 忙碌,则等待
    {
        FLASH_Status = SPI_FLASH_SendByte( Dummy_Byte );   // 读取 FLASH 芯片的状态寄存器
        if( ( SPITimeout -- ) == 0 )                  // 超时
        {
            SPI_TIMEOUT_UserCallback( 4 );
            return;
        }
    }
    while( ( FLASH_Status & WIP_Flag) == SET );
    SPI_FLASH_CS_HIGH( );                             // 停止信号 FLASH:CS 高电平
}


void SPI_FLASH_SectorErase( u32 SectorAddr )
{
    /* 发送 FLASH 写使能命令 ********/
    SPI_FLASH_WriteEnable( );
    SPI_FLASH_WaitForWriteEnd( );
    /* 擦除扇区 ********/
    SPI_FLASH_CS_LOW( );                              // 选择 FLASH:CS 低电平
    SPI_FLASH_SendByte( W25X_SectorErase );           // 发送扇区擦除指令
    SPI_FLASH_SendByte( ( SectorAddr & 0xFF0000 ) >> 16 );  // 发送擦除扇区地址的高位
    SPI_FLASH_SendByte( ( SectorAddr & 0xFF00 ) >> 8 );     // 发送擦除扇区地址的中位
    SPI_FLASH_SendByte( SectorAddr & 0xFF );          // 发送擦除扇区地址的低位
    SPI_FLASH_CS_HIGH( );                             // 停止信号 FLASH:CS 高电平
    SPI_FLASH_WaitForWriteEnd( );                     // 等待擦除完毕
}
```

```
void SPI_FLASH_BulkErase( void)
{
    SPI_FLASH_WriteEnable( );                          // 发送 FLASH 写使能命令
    SPI_FLASH_CS_LOW( );                               // 选择 FLASH:CS 低电平
    SPI_FLASH_SendByte( W25X_ChipErase);               // 发送整块擦除指令
    SPI_FLASH_CS_HIGH( );                              // 停止信号 FLASH:CS 高电平
    SPI_FLASH_WaitForWriteEnd( );                      // 等待擦除完毕
}


void SPI_FLASH_PageWrite( u8 * pBuffer, u32 WriteAddr, u16 NumByteToWrite)
{
    SPI_FLASH_WriteEnable( );                          // 发送 FLASH 写使能命令
    SPI_FLASH_CS_LOW( );                               // 选择 FLASH:CS 低电平
    SPI_FLASH_SendByte( W25X_PageProgram);             // 发送页写指令
    SPI_FLASH_SendByte( ( WriteAddr & 0xFF0000) >> 16);    // 发送写地址高位
    SPI_FLASH_SendByte( ( WriteAddr & 0xFF00) >> 8);       // 发送写地址中位
    SPI_FLASH_SendByte( WriteAddr & 0xFF);                 // 发送写地址低位
    /* 判断写入字节数是否超过页容量 */
    if( NumByteToWrite > SPI_FLASH_PerWritePageSize)
    {
        NumByteToWrite = SPI_FLASH_PerWritePageSize;
        FLASH_ERROR( "SPI_FLASH_PageWrite too large!");
    }
    /* 写入数据*/
    while( NumByteToWrite -- )
    {
        SPI_FLASH_SendByte( * pBuffer);                // 发送当前要写入的字节数据
        pBuffer ++;                                    // 指向下一字节数据
    }
    SPI_FLASH_CS_HIGH( );                              // 停止信号 FLASH:CS 高电平
    SPI_FLASH_WaitForWriteEnd( );                      // 等待写入完毕
}


void SPI_FLASH_BufferWrite( u8 * pBuffer, u32 WriteAddr, u16 NumByteToWrite)
{
    u8 NumOfPage = 0, NumOfSingle = 0, Addr = 0, count = 0, temp = 0;
    Addr = WriteAddr% SPI_FLASH_PageSize;              // 若 WriteAddr 是页容量整数倍,Addr 值为 0
    count = SPI_FLASH_PageSize - Addr;                 // 差 count 个数据值,刚好可以对齐到页地址
    NumOfPage = NumByteToWrite/SPI_FLASH_PageSize;     // 计算出要写多少整数页
    NumOfSingle = NumByteToWrite% SPI_FLASH_PageSize;  // 计算出剩余不满一页的字节数
```

```
/****** Addr =0,则 WriteAddr 刚好按页对齐 *******/
if( Addr ==0)
{
    if( NumOfPage ==0)                              // 当写入的数据不够 1 页时
        SPI_FLASH_PageWrite( pBuffer, WriteAddr, NumByteToWrite);
    else                                            // 当写入数据大于 1 页时
    {
        while( NumOfPage -- )                       // 按页递增写
        {
            SPI_FLASH_PageWrite( pBuffer, WriteAddr, SPI_FLASH_PageSize);
            WriteAddr += SPI_FLASH_PageSize;
            pBuffer += SPI_FLASH_PageSize;
        }
        SPI_FLASH_PageWrite( pBuffer, WriteAddr, NumOfSingle);  // 多于 1 页的将它写完
    }
}
/******** Addr 不为 0,写入地址与页不对齐 *******/
else
{
    if( NumOfPage ==0)                              // 写入数据小于页容量时
    {
        if( NumOfSingle > count)                    // 不对齐的数据在当前地址写不完时
        {
            temp = NumOfSingle - count;
            SPI_FLASH_PageWrite( pBuffer, WriteAddr, count);  // 先写满当前页
            WriteAddr += count;
            pBuffer += count;
            SPI_FLASH_PageWrite( pBuffer, WriteAddr, temp);  // 再写剩余的数据
        }
        else                                        // 不对齐的数据能在当前页剩余的地址写完时
        {
            SPI_FLASH_PageWrite( pBuffer, WriteAddr, NumByteToWrite);
        }
    }
    else                                            // 写入的数据大于页容量时
    {
        /********* 地址不对齐时,先写前面多出的数据 *********/
        NumByteToWrite -= count;
        NumOfPage = NumByteToWrite/SPI_FLASH_PageSize;
        NumOfSingle = NumByteToWrite % SPI_FLASH_PageSize;
```

```
        SPI_FLASH_PageWrite(pBuffer, WriteAddr, count);
        WriteAddr += count;
        pBuffer += count;
        /*********再写中间页对齐的整数页数据*********/
        while(NumOfPage --)                              // 把整数页都写了
        {
          SPI_FLASH_PageWrite(pBuffer, WriteAddr, SPI_FLASH_PageSize);
          WriteAddr += SPI_FLASH_PageSize;
          pBuffer += SPI_FLASH_PageSize;
        }
        /******最后若有多余的不满一页的数据,把它写完*/
        if(NumOfSingle ! = 0)
            SPI_FLASH_PageWrite(pBuffer, WriteAddr, NumOfSingle);
      }
    }
}


void SPI_FLASH_BufferRead(u8 * pBuffer, u32 ReadAddr, u16 NumByteToRead)
{
  SPI_FLASH_CS_LOW();                              // 开始通信:CS 低电平
  SPI_FLASH_SendByte(W25X_ReadData);              // 发送读指令
  SPI_FLASH_SendByte((ReadAddr & 0xFF0000) >> 16); // 发送读地址高位
  SPI_FLASH_SendByte((ReadAddr& 0xFF00) >> 8);    // 发送读地址中位
  SPI_FLASH_SendByte(ReadAddr & 0xFF);            // 发送读地址低位
  /***********读取数据***********/
  while(NumByteToRead --)
  {
    * pBuffer = SPI_FLASH_SendByte(Dummy_Byte);   // 读取一个字节
    pBuffer ++;                                    // 指向下一个字节缓冲区
  }
  SPI_FLASH_CS_HIGH();                            // 停止信号 FLASH:CS 高电平
}


u32 SPI_FLASH_ReadID(void)
{
  u32 Temp = 0, Temp0 = 0, Temp1 = 0, Temp2 = 0;
  SPI_FLASH_CS_LOW();                            // 开始通信:CS 低电平
  SPI_FLASH_SendByte(W25X_JedecDeviceID);        // 发送 JEDEC 指令,读取 ID
  Temp0 = SPI_FLASH_SendByte(Dummy_Byte);        // 读取一个字节数据
  Temp1 = SPI_FLASH_SendByte(Dummy_Byte);        // 读取一个字节数据
```

```
    Temp2 = SPI_FLASH_SendByte(Dummy_Byte);           // 读取一个字节数据
    SPI_FLASH_CS_HIGH();                              // 停止通信:CS 高电平
    Temp = (Temp0 << 16) | (Temp1 << 8) | Temp2;     // 把数据组合起来,作为函数的返回值
    return Temp;
}


u32 SPI_FLASH_ReadDeviceID(void)
{
    u32 Temp = 0;
    SPI_FLASH_CS_LOW();                               // 开始通信:CS 低电平
    SPI_FLASH_SendByte(W25X_DeviceID);                // 发送设备 ID 读取指令,读取 ID
    SPI_FLASH_SendByte(Dummy_Byte);
    SPI_FLASH_SendByte(Dummy_Byte);
    SPI_FLASH_SendByte(Dummy_Byte);
    Temp = SPI_FLASH_SendByte(Dummy_Byte);           // 读取 ID 并赋值
    SPI_FLASH_CS_HIGH();                              // 停止通信:CS 高电平
    return Temp;
}


void SPI_FLASH_StartReadSequence(u32 ReadAddr)
{
    SPI_FLASH_CS_LOW();                               // 开始通信:CS 低电平
    SPI_FLASH_SendByte(W25X_ReadData);                // 发送设备读指令
    SPI_FLASH_SendByte((ReadAddr & 0xFF0000) >> 16);  // 发送读地址高位
    SPI_FLASH_SendByte((ReadAddr & 0xFF00) >> 8);     // 发送读地址中位
    SPI_FLASH_SendByte(ReadAddr & 0xFF);              // 发送读地址低位
}


void SPI_Flash_PowerDown(void)
{
    SPI_FLASH_CS_LOW();                               // 开始通信:CS 低电平
    SPI_FLASH_SendByte(W25X_PowerDown);               // 发送掉电命令
    SPI_FLASH_CS_HIGH();                              // 停止通信:CS 高电平
}


void SPI_Flash_WAKEUP(void)
{
    SPI_FLASH_CS_LOW();                               // 开始通信:CS 低电平
    SPI_FLASH_SendByte(W25X_ReleasePowerDown);        // 发送上电命令
    SPI_FLASH_CS_HIGH();                              // 停止通信:CS 高电平
}
```

```
    }

static uint16_t SPI_TIMEOUT_UserCallback(uint8_t errorCode)
{
    FLASH_ERROR("SPI 等待超时!errorCode = % d", errorCode);
                                    // 等待超时后输出错误信息码
    return 0;
}
```

9.4.5　编写 main. c

主函数的思路是将数组存储到 W25Q128 中,然后将其读出,将写入的数据与读出的数据逐个比较,若完全一样,输出正常的提示;若有不同,输出错误的提示。所有输出使用串口输出到 PC,用串口助手观察。

注意:由于秉火实验板上的 W25Q128 芯片默认已经存储了特定用途的数据,擦除这些数据,会影响某些程序的运行。芯片的"第 0 扇区(0—4096 地址)"预留了空白区域给用户使用,如非必要,请勿擦除其他地址的内容。

由于使用串口的工程模板,主函数可以直接调用串口初始化。编写程序如下:

```
#include "stm32f4xx. h"
#include "usart1. h"
#include "SPI_W25Q128. h"


typedef enum { FAILED = 0, PASSED = !FAILED} TestStatus;


/* 获取缓冲区的长度 */
#define TxBufferSize1    (countof(TxBuffer1) – 1)      // 发送缓冲区长度
#define RxBufferSize1    (countof(TxBuffer1) – 1)      // 接收缓冲区长度
#define countof(a)       (sizeof(a)/sizeof( *(a)))     // 计算元素数量
#define   BufferSize(countof(Tx_Buffer) – 1)           // 缓冲区大小,字符串要减去1


#define   FLASH_WriteAddress       0x00000             // 写入起始地址,只写扇区 0 内
#define   FLASH_ReadAddress        FLASH_WriteAddress  // 读地址
#define   FLASH_SectorToErase      FLASH_WriteAddress  // 擦除首地址


/* 发送缓冲区初始化 */
uint8_t Tx_Buffer[ ] = "Hello!Foshan Polytech";       // 发送的字符串数组
uint8_t Rx_Buffer[ BufferSize];                        // 读取 ID 存储位置


_ _IO uint32_t DeviceID = 0;
_ _IO uint32_t FlashID = 0;
```

```
_ _IO TestStatus TransferStatus1 = FAILED;

TestStatus Buffercmp(uint8_t* pBuffer1, uint8_t* pBuffer2, uint16_t BufferLength);
                                              // 比较两个数组的函数
void Delay(_ _IO uint32_t nCount);            // 简单的延时函数

int main(void)
{
    USART_Config()                            // 配置串口 1 为 115200 8 - N - 1
    printf("\r\nW25Q128 读写验证实验 \r\n");

    SPI_FLASH_Init();                         // SPI 初始化
    DeviceID = SPI_FLASH_ReadDeviceID();      // 获取 Flash Device ID
    Delay(200);
    FlashID = SPI_FLASH_ReadID();             // 获取 Flash ID
    printf("\r\nFlashID is 0x%X,Manufacturer Device ID is 0x%X\r\n", FlashID, DeviceID);

    /*********** 检验 SPI Flash ID ***********/
    if(FlashID == sFLASH_ID)
    {
        printf("\r\n 检测到 SPI FLASH W25Q128 !\r\n");
        SPI_FLASH_SectorErase(FLASH_SectorToErase);
                        // 擦除将要写入的 FLASH 扇区,FLASH 写入前要先擦除
        SPI_FLASH_BufferWrite(Tx_Buffer, FLASH_WriteAddress, BufferSize);
                        // 将发送缓冲区的数据写到 FLASH
        printf("\r\n 写入的数据为:\r\n%s", Tx_Buffer);
        SPI_FLASH_BufferRead(Rx_Buffer, FLASH_ReadAddress, BufferSize);
                        // 将写入的数据读出来放到接收缓冲区
        printf("\r\n 读出的数据为:\r\n%s", Rx_Buffer);
        TransferStatus1 = Buffercmp(Tx_Buffer, Rx_Buffer, BufferSize);
                        // 检查写入的数据与读出的数据是否相等
        if(PASSED == TransferStatus1)         // 检查结果正确
            printf("\r\nW25Q128 测试成功!\n\r");
        else                                  // 检查结果失败
            printf("\r\nW25Q128 测试失败!\n\r");
    }
    else
        printf("\r\n 获取不到 W25Q128 ID!\n\r");
    SPI_Flash_PowerDown();
    while(1);
```

```
        }

        void Delay( _ _IO uint32_t nCount)                    // 简单的延时函数
        {
            for( ; nCount ! = 0; nCount -- );
        }


/ * * * * * * * * * * * 比较函数 * * * * * * * * * * * * * * * * * * * /
TestStatus Buffercmp( uint8_t* pBuffer1, uint8_t* pBuffer2, uint16_t BufferLength)
{
    while( BufferLength -- )
    {
        if( * pBuffer1 ! = * pBuffer2)
            return FAILED;
        pBuffer1 ++ ;
        pBuffer2 ++ ;
    }
    return PASSED;
}
```

与其他主程序一样,程序的开头需包含头文件,这里说明一下第四行的宏定义。

typedef enum { FAILED = 0, PASSED = !FAILED} TestStatus;

typedef 在计算机编程语言中用来为复杂的声明定义简单的别名,它与宏定义有些差异。它本身是一种存储类的关键字,与 auto、extern、mutable、static、register 等关键字不能出现在同一个表达式中。可为数据类型另外指派一个名称,比如"typedef int Counter",这样 Counter 就等同于 int。例如,"Counter m,n;"相当于"int m,n;"。

enum 叫作枚举,它是计算机编程语言中的一种数据类型。在实际应用中,有些变量的取值被限定在一个有限的范围内。例如,一个星期只有七天,一个班每周有六门课程等。这些量说明不能归属为整型、字符型或其他类型。为此,C 语言提供了一种称为"枚举"的类型,在"枚举"类型的定义中列举出所有可能的取值,被声明为该"枚举"类型的变量取值不能超过定义中的范围。使用格式如下:

enum 枚举名{枚举值表};

枚举值表应罗列出所有可用值。这些值也称为枚举元素。

例如,定义一个枚举类型 Weekday,里面的枚举元素有 Mon、Tue、Wed、Thu、Fri、Sat、Sun,则可以这样定义:

enum Weekday{Mon,Tue,Wed,Thu,Fri,Sat,Sun};

凡被说明为 Weekday 类型变量的取值只能是七个元素的某一个。如说明 a 为 Weekday 数据变量:

enum Weekday a;

则 a 可以等于 Mon 等 7 个枚举元素中的一个。

上面两行语句也可以使用下面一条语句表示：

enum Weekday｛Mon，Tue，Wed，Thu，Fri，Sat，Sun｝a；

typedef 与 enum 放在一块的含义是用 typedef 关键字将枚举类型定义成别名，并利用该别名进行变量声明，用法如下：

typedef enum ｛Mon，Tue，Wed，Thu，Fri，Sat，Sun｝Weekday；

Weekday 为枚举类型 enum Weekday 的别名。声明之后可以直接使用"Weekday a；"对变量 a 进行说明，与上面的过程一致。

再看主程序的第四行宏定义，TestStatus 为枚举类型｛FAILED = 0, PASSED = ! FAILED｝的别名。后面程序可以直接使用 TestStatus 说明变量。这些说明的变量只能取 FAILED 与 PASSED 两个结果，而且 FAILED 已经赋值为 0，PASSED 为非 0。例如，语句 TestStatus TransferStatus1，变量 TransferStatus1 只能等于 FAILED 或者 PASSED 这两个中的其中一个。

下面再介绍#define countof(a) (sizeof(a)/sizeof (*(a)))语句。sizeof 是计算对象所占的字节数，通常用来查看变量、数组或结构体等所占的字节个数。比如"int a[ ] =｛1,2,3｝；"，则 sizeof(a)的值等于 12。sizeof(*(a))相当于 sizeof(a[0])，即计算数组单个元素的字节数，因此 sizeof(a)/sizeof(*(a))相当于计算数据有多少个元素。通过#define 对 countof (a)进行宏定义，这等同于 sizeof(a)/sizeof(*(a))，后面只需用 countof( )即可计算元素数量了。

#define BufferSize(countof(Tx_Buffer) - 1)语句用于计算缓冲区大小。注意，这里计算缓冲区大小时要减 1。由于发送的数组是字符串(uint8_t Tx_Buffer[ ] = " Hello! Foshan Polytech"；)，而字符串数组中的最后会以空字符\0 作为终止符(这个是自动加上去的)，使用 sizeof( )时会算上这个空字符，因此需要在计算缓冲区大小时将这个空字符减掉。如果发送的数组不是字符串形式，则计算时不能减 1。

比较函数 TestStatus Buffercmp(uint8_t * pBuffer1， uint8_t * pBuffer2， uint16_t BufferLength)带返回值，形参有数组 1 的指针、数组 2 的指针、数量。程序通过循环，逐一比较每一个数组成员，只要有一个不相同，则返回 FAILED；若全等，则返回 PASSED。

主函数流程图如图 9-22 所示。需要注意的是，要先擦除扇区，再写入数据。

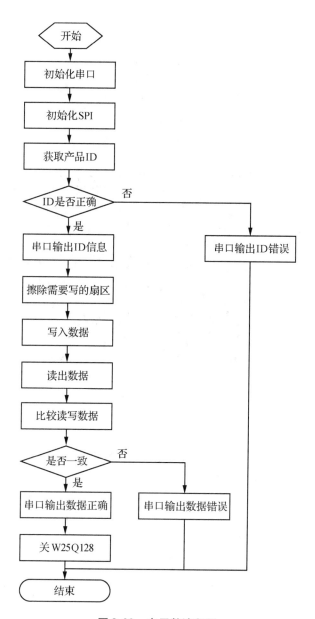

图 9-22　主函数流程图

9.4.6　编译调试

编译成功后读者可将程序下载到开发板,通过串口助手查看,如图 9-23 所示。数据测试成功后,在接收窗口中可以看到相关的信息。

FLASH 的 ID 是 0xEF4018,这是 W25Q128 的产品 ID。0x17 是芯片的 ID,不同芯片的 ID 不一样。可以将写入数据更改为其他字符串,再次查看显示结果。

图 9-23   FLASH 读写实验调试窗口

9.5 小 结

SPI 是常用的外设接口,结构简单。大量的传感器模块与通信模块都在使用 SPI 接口。STM32 自带 SPI 接口,通过 GPIO 的复用,可以很方便地接入 SPI 外设。本项目可作为 STM32 的 SPI 通信模板。此外,通过 W25Q128 芯片的学习,读者可掌握 FLASH 芯片的使用方法。作为大容量数据存储芯片,FLASH 应用面非常广。本项目的案例可作为 W25Q128 系列芯片驱动模板使用。

项目
10

I2C 总线的应用

I2C 通信协议(Inter-Integrated Circuit)由 Philips 公司开发,由于它引脚少,硬件实现简单,可扩展性强,被广泛地用于系统内多个集成电路(IC)间的通信。

10.1　I2C 协议

10.1.1　I2C 硬件层

I2C 总线是一种简单、双向二线制同步串行总线。它只需要两根线,即可在连接于总线上的器件之间传送信息,和异步串口类似,但可以支持多个设备,如图 10-1 所示。总线上有一个主器件(Master),一般是 MCU;还有若干个从器件(Slave),从器件一般是各种各样的传感器、控制器、存储器等芯片。

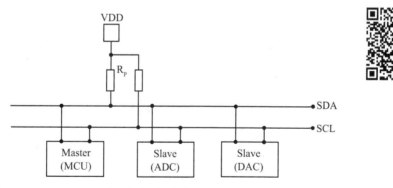

图 10-1　I2C 网络拓扑图

I2C 总线是由数据线 SDA 和时钟 SCL 构成的串行总线,SDA 和 SCL 构成双向漏极开路(Open Drain)并利用电阻将电位上拉。I2C 协议 V2.1 版的标准模式下的数据传输速率为 100kbps,快速模式下的数据传输速率为 400kbps,高速模式下的数据传输速率可达 3.4Mbps。

主器件与从器件之间、从器件与从器件之间均可以进行双向传送。从网络结构看,各器件均并联在这条总线上,每个器件模块都有唯一的地址(这个唯一是电路板上的唯一,不是全球唯一),主设备通过地址码选通从设备。因此主器件发出的控制信号分为地址码和控制量两部分。地址码用来选址,即接通需要控制的器件;控制量决定该调整的类别及需要调整的量(各种数据值)。虽然各控制电路挂在同一条总线上,却彼此独立,互不相关,但同一时间内,I2C 的总线上只能传输一对设备的通信信息,所以同一时间只能有一个从设备和主设备通信,其他从设备处于高阻状态。

I2C 也支持多主设备系统,如图 10-2 所示,允许多个 Master 并且每个 Master 都可以与所有的 Slaves 通信,但 Master 之间不可通过 I2C 通信,并且每个 Master 只能轮流使用 I2C 总线。

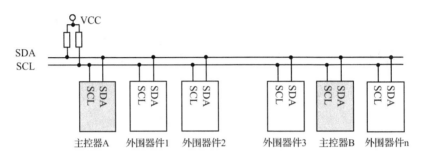

图 10-2   多主设备的 I2C

10.1.2   I2C 协议的通信过程

I2C 的协议定义了通信的起始和停止信号、数据有效性、响应、仲裁、时钟同步和地址广播等环节。

1. 主设备向从设备发送数据

过程如下(图 10-3):

(1)主设备在检测到总线为"空闲状态"(即 SDA、SCL 线均为高电平)时,发送一个启动信号 S,开始一次通信。

(2)主设备接着发送一个命令字节。该字节由 7 位的从器件地址和 1 位读写控制位 R/W 组成(R/W 的 1 代表读,0 代表写),此时的 R/W=0。

(3)相对应的从设备收到命令字节后向主设备反馈应答信号 ACK(ACK=0)。

(4)主设备收到被控器的应答信号后开始发送第一个字节的数据。

(5)从设备收到数据后返回一个应答信号 ACK。

(6)主设备收到应答信号后再发送下一个数据字节,可重复多次传送多个数据。

(7)当主设备发送最后一个数据字节并收到从设备的 ACK 后,通过向从设备发送一个停止信号 P,结束本次通信并释放总线。从设备收到 P 信号后退出与主设备之间的通信。

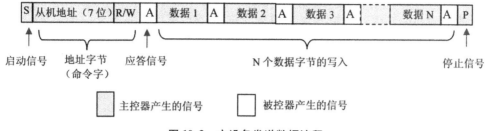

图 10-3   主设备发送数据流程

对应的主设备发送数据时序图如图 10-4 所示。

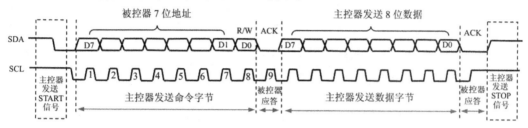

图 10-4   主设备发送数据时序图

起始信号 S 是在时钟 SCL 高电平下 SDA 的下降沿产生的,标志着一次数据传输的开始。

接着数据传输时钟 SCL 与 SDA 相互配合,进行数据传送时,时钟信号为高电平期间,数据线上的数据必须保持稳定;只有在时钟线上的信号为低电平期间,数据线上的高电平或低电平状态才允许变化,如图 10-5 所示。在 SCL 时钟的配合下,在 SDA 上逐位地串行传送每一位数据,传送过程中,每一位数据都是边沿触发。

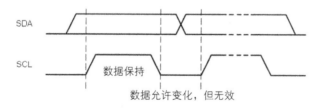

图 10-5   数据传输过程的时序图

作为数据接收端时,设备(无论是主设备还是从设备)接收到 I2C 传输的一个字节数据或地址后,若希望对方继续发送数据,则需要向对方发送应答信号 ACK,发送方会继续发送下一个数据;若接收端希望结束数据传输,则向对方发送非应答信号 NAK,发送方接收到该信号后会产生一个停止信号,结束信号传输。

ACK 与 NAK 都是在 SCL 数据帧的第 9 个脉冲(传送完一个字节后)。数据发送端会释放 SDA 的控制权,由数据接收端控制 SDA。如果 SDA 是低电平,代表信号为 ACK 应答信号;如果 SDA 是高电平,则代表信号为 NAK 非应答信号。

结束信号 P 是在时钟 SCL 高电平下 SDA 的上升沿产生的,标志着一次数据传输的结束。

2. I2C 的基本操作格式

对 I2C 总线的操作实际就是主从设备之间的读写操作。大致可分为以下三种操作情况：

（1）主设备往从设备中写数据（图 10-6）。

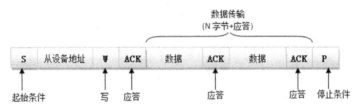

图 10-6　主设备往从设备中写数据格式

（2）主设备从从设备中读数据（图 10-7）。

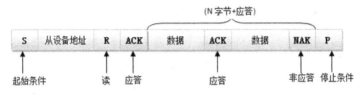

图 10-7　主设备从从设备中读数据格式

（3）主设备从或往从设备中读写数据（图 10-8）。

主设备往从设备中写数据，然后重启起始条件，紧接着从从设备中读取数据；或者主设备从从设备中读取数据，然后重启起始条件，紧接着主设备往从设备中写数据。

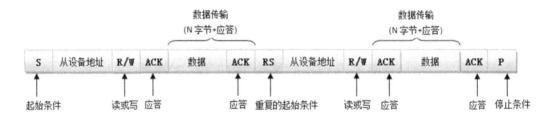

图 10-8　主设备与从设备的读写数据格式

以上是三种基本操作的数据格式，当然我们也可以通过单独写后再单独读来实现读写操作。很明显，第三种操作在单个主设备系统中不需要结束信号 P，不用释放总线，效率较高。

10.2　STM32 的 I2C

只要掌握了 I2C 的通信过程与时序，就可以使用 I2C 器件了。许多 51 系列单片机的 I2C 的例程中，基本都是使用单片机 I/O 脚编写程序，模拟 SDA 和 SCL 的时序以及各 I2C 芯片通信和控制。STM32 则内置了 I2C 模块，不需要用户另外编写模拟时序的程序，利用固件库编程,可以很容易地实现 I2C 的控制。

10.2.1   STM32 的 I2C 硬件结构

与 SPI 类似,STM32 内置了三个 I2C,对应复用的 GPIO 如表 10-1 所示。

表 10-1   STM32F407 的 I2C

引脚	I2C 编号		
	I2C1	I2C2	I2C3
SCL	PB6/PB8	PH4/PF1/PB10	PH7/PA8
SDA	PB7/PB9	PH5/PF0/PB11	PH8/PC9

每个 I2C 的架构如图 10-9 所示,除了 SDA 与 SCL 外,端口还多了一个 SMBA。系统管理总线(SMBus)是一个双线制接口。各器件可通过它在彼此之间或者与系统的其余部分进行通信。由于它以 I2C 的工作原理为基础,因此归在了 I2C 模块。实际使用 I2C 时,不需要使用 SMBA。

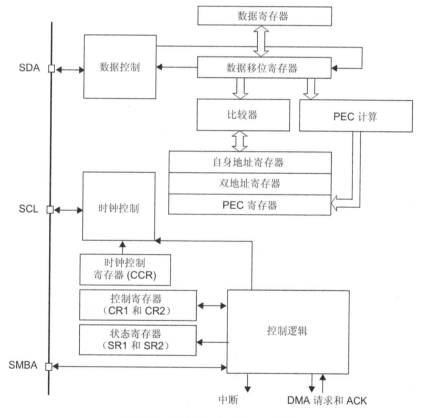

图 10-9   STM32F407 的 I2C 架构

1. 时钟控制

从架构图可以看到,SCL 是双向传输的,作为主设备时,时钟主要由时钟控制寄存器 CCR 控制产生并由 SCL 输出;作为从设备时,SCL 处于接收状态,接收主设备传输过来的时钟。

CCR 寄存器可选择 I2C 通信的标准或快速模式,分别对应 100kbps 与 400kbps 的通信速率。在快速模式下对于 SCL 时钟的占空比可选 $T_{low}/T_{high} = 2$ 或 $T_{low}/T_{high} = 16/9$ 模式,通过占空比的设置适应从器件的特性。一般来说,这两个模式的比例差别并不大,若不是要求非常严格的从器件,都可以正常工作。

CCR 寄存器中还有一个 12 位的配置因子 CCR,它与 I2C 外设的输入时钟源共同作用,产生 SCL 时钟。与 SPI 类似,STM32 的 I2C 外设都挂载在 APB1 总线上,使用 APB1 的时钟源 PCLK1。SCL 输出时钟公式计算如下:

标准模式 100kbps: $T_{high} = CCR \times T_{pclk1}$, $T_{low} = CCR \times T_{pclk1}$

快速模式 400kbps,当 $T_{low}/T_{high} = 2$ 时: $T_{high} = CCR \times T_{pclk1}$, $T_{low} = 2 \times CCR \times T_{pclk1}$

快速模式 400kbps,当 $T_{low}/T_{high} = 16/9$ 时: $T_{high} = 9 \times CCR \times T_{pclk1}$, $T_{low} = 16 \times CCR \times T_{pclk1}$

因此设置 SCL 时钟频率,可根据 PCLK1 与配置因子配合,比如 $f_{pclk1} = 42\,MHz$ 时,配置 100kbps,计算 CCR 的过程如下:

PCLK1 的周期 $T_{pclk1} = 1/42000000$,SCL(实际就是波特率)的周期 $T_{SCL} = 1/100000$,由

$$T_{high} = T_{low} = CCR \times T_{pclk}, T_{SCL} = T_{high} + T_{low}$$

计算出 $CCR = 210$。

配置 400kpbs,$T_{SCL} = 1/400000$,占空比 $T_{low}/T_{high} = 16/9$ 时,由

$$T_{low} = 16 * CCR \times T_{pclk1}, T_{high} = 9 \times CCR \times T_{pclk1}, T_{SCL} = T_{high} + T_{low}$$

计算出 $CCR = 4.2$。

配置 400kpbs,$T_{SCL} = 1/400000$,占空比 $T_{low}/T_{high} = 2$ 时,由

$$T_{low} = 2 \times CCR \times T_{pclk1}, T_{high} = 1 \times CCR \times T_{pclk1}, T_{SCL} = T_{high} + T_{low}$$

计算出 $CCR = 35$。

从计算结果可以看出,不同传送速度与不同占空比计算出的 CCR 有不同的数值。由于 CCR 寄存器只能存储整数,若 CCR 的计算结果为 3.5,只能向下取整为 3,这样得到的波特率会稍小或者稍大,但由于是同步通信,因此结果对传输的影响不大。

2. 数据控制

STM32 的 I2C 模块的数据控制寄存器包含数据寄存器(DR)、地址寄存器(OAR)与 PEC 寄存器。根据前面学习的 I2C 知识,SDA 线上传送的信息包括两种:地址与数据。因此寄存器 DR 专门用于 I2C 的数据接收存储与发送存储,地址寄存器专门用于存放地址,而 PEC 寄存器则存放数据校验的结果(在控制寄存器中使能了数据校验)。

当在从机模式,接收到设备地址信号时,数据移位寄存器会把接收到的地址与 STM32 自身的 I2C 地址寄存器的值做比较,以便响应主机的寻址。STM32 自身的 I2C 地址可通过修改自身地址寄存器修改,支持同时使用两个 I2C 设备地址,两个地址分别存储在 OAR1 和 OAR2 中。

3. 控制逻辑

配置控制寄存器(CR1/CR2)的参数,对 I2C 的工作模式进行控制,读取状态寄存器

（SR1 与 SR2），可以获取 I2C 的工作状态。除此之外，控制逻辑还负责控制产生 I2C 中断信号、DMA 请求及各种 I2C 的通信信号（起始、停止、响应信号等）。

10.2.2　STM32 的 I2C 通信流程

STM32 主要是作为主设备使用，这是要重点学习的部分。主设备通信分为发送过程与接收过程。发送与接收的时序逻辑图分别如图 10-10 与图 10-11 所示。

图 10-10　STM32 作为主设备发送通信时序逻辑图

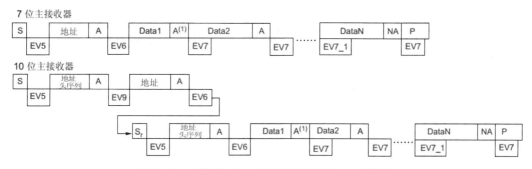

图 10-11　STM32 作为主设备接收通信时序逻辑图

1. 发送过程

与 I2C 主设备通信发送数据的时序一致，在通信过程中 STM32 会在发送每帧数据后产生不同事件，让 CPU 知道 I2C 的状态。比如 7 位地址格式发送的数据的时序逻辑如下：

（1）控制产生起始信号（S），当发生起始信号后，STM32 产生事件 EV5，并会对 SR1 寄存器的 SB 位置 1，表示起始信号已经发送。

（2）紧接着发送设备地址并等待应答信号，若有从设备应答，则 STM32 产生事件 EV6 及 EV8。这时 SR1 寄存器的 ADDR 位及 TXE 位被置 1。ADDR 为 1 表示地址已经发送，TXE 为 1 表示数据寄存器为空。

（3）以上步骤正常执行且 ADDR 位被清零后，STM32 往 I2C 的数据寄存器 DR 写入要发送的数据，这时 TXE 位会被重置 0，表示数据寄存器非空。I2C 外设通过 SDA 信号线一位一位把数据发送出去后，又会产生 EV8 事件，即 TXE 位被置 1。这个过程，会不断重复，直至多个字节数据发送完毕。

（4）当发送数据完成后，控制 I2C 设备产生一个停止信号（P），这个时候 EV2 事件会产生，SR1 的 TXE 位及 BTF 位都被置 1，表示通信结束。

如果使能了 I2C 中断，以上所有事件产生时，都会产生 I2C 中断信号，进入同一个中断服务函数,到 I2C 中断服务程序后,CPU 再通过检查寄存器位来了解是哪一个事件。

2. 接收过程

以 7 位地址格式为例,接收过程如下:

(1)起始信号(S)是由主机端产生的。控制发生起始信号后,STM32 产生事件 EV5,并会对 SR1 寄存器的 SB 位置 1,表示起始信号已经发送。

(2)紧接着发送设备地址并等待应答信号,若有从设备应答,则产生事件 EV6,这时 SR1 寄存器的 ADDR 位被置 1,表示地址已经发送。

(3)从设备端接收到地址后,开始向主设备端发送数据。当主设备端接收到这些数据后,会产生 EV7 事件,SR1 寄存器的 RXNE 被置 1,表示接收数据寄存器非空,我们读取该寄存器后,可对数据寄存器清空,以便接收下一次数据。此时我们可以控制 I2C 发送应答信号(ACK)或非应答信号(NACK),若应答,则重复以上步骤接收数据;若非应答,则停止传输。

(4)发送非应答信号后,产生停止信号(P),结束传输。

可以发现,STM32 通过 EV 事件的查询可以得知 I2C 的工作状态,这些状态标志均在 SR1 与 SR2 状态寄存器中。STM32 通过不断访问与控制这些状态(包括清零)标志来使用 I2C,过程比较复杂。若使用固件库编程,开发人员不需要深入了解其工作过程。

10.3   使用 I2C 的 EEPROM

开发板上有一片 I2C 接口的 EEPROM 芯片(AT24C02)。本项目通过学习该芯片的读写方法,读者可学习 I2C 的使用方法。

AT24C02 引脚接线如图 10-12 所示。芯片主要有三根地址线 A2、A1、A0,写保护 WP 与 SCL、SDA。该型芯片为 7 位地址码,其中高 4 位固定为 1010B,低 3 位由 A2、A1、A0 配置电平确定。如图 10-12 中 AT24C02,地址码为 1010000B。WP 写保护用于只读设置。WP 置高电平时,为只读模式;WP 置低电平时,为读写模式。

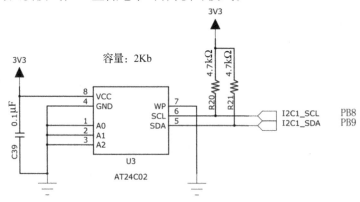

图 10-12   AT24C02 接线图

AT24C02 的容量为 2Kb,被分到 256 个单元存储,每个单元存储一个字节(8 位)。

10.3.1　AT24C02 写操作

写操作下地址码为 7 位地址 + "0",构成 8 位地址数据。

1. 字节写

在字节写模式下,主设备发送起始信号与从设备地址给从设备。主设备收到应答后,将需写入的地址发送,从设备应答,主设备收到应答后再将需要写入的数据发送,此时 AT24C02 收到数据产生应答,主设备产生停止信号。与此同时,AT24C02 开始在内部地址单元写入数据。在写入数据过程中,AT24C02 不响应任何请求。

2. 页写

为了快速写入,AT24C02 支持页写入,最多一次可以写入 16 个字节,与字节操作类似,区别在于传送完第一个字节后,AT24C02 响应一个应答,地址自动加 1,直到最后一个字节传送完毕后,主设备才发送停止信号。如果主设备在发送停止信号前发送的字节数超过 16 个字节,地址计数器就会自动翻转,之前写入的数据会被自动覆盖。

10.3.2　AT24C02 读操作

读操作下地址码为 7 位地址 + "1",构成 8 位地址数据。

1. 立即地址读

读取的地址为最后操作字节的地址加 1。比如,上次的读或者写的地址是 0x05,立即读的地址则是 0x06。若上次的地址为存储芯片的最后一个地址,本次的地址加 1 溢出,回到地址 0x00。

2. 选择地址读

选择地址读方式首先进行一次空写操作。主设备发送起始地址、从设备地址与要读取的地址。在 AT24C02 应答后,主设备重新发起起始条件和从设备地址位,R/W 置 1。AT24C02 响应并返回应答后向主设备发送存储地址的 8 位数据。主设备不发送应答,但是产生一个停止位。

3. 连续读

连续读操作,首先执行立即读或者选择读操作。在 AT24C02 输送完一个字节数据后,主设备产生一个应答响应,告诉 AT24C02 主设备还有更多的地址需要读取。对应主设备一个应答,从设备 AT24C02 发送一个字节的数据。主设备发送非应答信号时读操作结束,最后主设备发送停止信号。在连续读操作过程中,当读地址超过芯片最大的地址时,读地址同样会循环回到地址 0x00。

10.4 I2C 的固件库读写 EEPROM

10.4.1 STM32 的 I2C 固件库结构体

跟其他外设一样,STM32 固件库提供了 I2C 初始化结构体及初始化函数来配置 I2C 外设。与前面学习的内容一致,关于 I2C 的固件库初始化结构体及函数定义在库文件 stm32f4xx_i2c.h 及 stm32f4xx_i2c.c 中。下面对常用的函数进行说明。对其他更多的函数,读者可以尝试查看说明来理解其使用方法。

1. I2C 初始化结构体 I2C_InitTypeDef

```
typedef struct
{
    uint32_t I2C_ClockSpeed;
    uint16_t I2C_Mode;
    uint16_t I2C_DutyCycle;
    uint16_t I2C_OwnAddress1;
    uint16_t I2C_Ack;
    uint16_t I2C_AcknowledgedAddress;
}I2C_InitTypeDef;
```

结构体成员说明如下:

• I2C_ClockSpeed:I2C 的传输速率。在调用初始化函数时,函数会根据我们输入的数值经过运算后把时钟因子写入 I2C 的时钟控制寄存器 CCR。这个传输速度参数值不得高于 400kHz。前面学习到 CCR 寄存器不能写入小数类型的时钟因子,固件库计算出 CCR 值后会向下取整,因此 SCL 的实际频率可能会低于输入的参数值,但不会影响工作。

• I2C_Mode:选择 I2C 的使用方式。使用方式有:I2C 模式(I2C_Mode_I2C)和 SMBus 主、从模式(I2C_Mode_SMBusHost、I2C_Mode_SMBusDevice)。I2C 不需要在此处区分主从模式,直接设置 I2C_Mode_I2C 即可。

• I2C_DutyCycle:设置 I2C 的 SCL 时钟的占空比。该配置有两个选择,低电平时间:高电平时间分别为2∶1(I2C_DutyCycle_2)和 16∶9(I2C_DutyCycle_16_9)。一般地,对没有特殊要求的器件,这两种占空比差别不大,可以任选一个。

• I2C_OwnAddress1:STM32 的 I2C 设备自己的地址。每个连接到 I2C 总线上的设备都要有一个自己的地址,主设备也不例外。地址可设置为 7 位或 10 位,只要该地址是 I2C 总线上唯一的即可。STM32 的 I2C 外设可同时使用两个地址,即同时对两个地址做出响应。I2C_OwnAddress1 配置的是默认的、OAR1 寄存器存储的地址。若需要设置第二个地址寄存器 OAR2,可使用 I2C_OwnAddress2Config 函数来配置。OAR2 不支持 10 位地址。

• I2C_Ack:I2C 应答使能设置。作用是使能发送响应信号。该成员值一般配置为允许应答(I2C_Ack_Enable),这是绝大多数遵循 I2C 标准的设备的通信要求。若改为禁止应答(I2C_Ack_Disable),往往会导致通信错误。

- I2C_AcknowledgeAddress:选择 I2C 的寻址模式是 7 位还是 10 位地址。这需要根据实际连接到 I2C 总线上设备的地址进行选择。这个成员的配置也影响到 I2C_OwnAddress1 成员,只有这里设置成 10 位模式时,I2C_OwnAddress1 才支持 10 位地址。

配置完这些结构体成员值,调用库函数 I2C_Init( ),即可把结构体的配置写入寄存器中。

2. I2C 初始化函数 I2C_Init( )

I2C 初始化函数在 stm32f4xx_i2c.c 中可找到,如图 10-13 所示。

```
168 ┌/**
169 │  * @brief  Initializes the I2Cx peripheral according to the specified
170 │  *         parameters in the I2C_InitStruct.
171 │  *
172 │  * @note   To use the I2C at 400 KHz (in fast mode), the PCLK1 frequency
173 │  *         (I2C peripheral input clock) must be a multiple of 10 MHz.
174 │  *
175 │  * @param  I2Cx: where x can be 1, 2 or 3 to select the I2C peripheral.
176 │  * @param  I2C_InitStruct: pointer to a I2C_InitTypeDef structure that contains
177 │  *         the configuration information for the specified I2C peripheral.
178 │  * @retval None
179 └  */
180  void I2C_Init(I2C_TypeDef* I2Cx, I2C_InitTypeDef* I2C_InitStruct)
181 ┌{
182 │   uint16_t tmpreg = 0, freqrange = 0;
```

图 10-13　I2C_Init( ) 函数说明

由函数说明得知,该函数有两个形参,第一个形参是 I2C 号,第二个形参是 I2C 初始化结构体。另外,在函数说明中要注意:在使用 400kHz 频率(高速模式)时,PCLK1 的频率应该是 10MHz 的倍数。这说明要保障高速模式,需要有足够高的 PCLK1 的频率。

3. I2C 使能函数 I2C_Cmd( )

I2C_Cmd( )用于使能 I2C,函数说明如图 10-14 所示。形参有两个,第一个形参是 I2C 号,第二个形参是使能 ENABLE 或者 DISABLE。

```
306 ┌/**
307 │  * @brief  Enables or disables the specified I2C peripheral.
308 │  * @param  I2Cx: where x can be 1, 2 or 3 to select the I2C peripheral.
309 │  * @param  NewState: new state of the I2Cx peripheral.
310 │  *          This parameter can be: ENABLE or DISABLE.
311 │  * @retval None
312 └  */
313  void I2C_Cmd(I2C_TypeDef* I2Cx, FunctionalState NewState)
314 ┌{
```

图 10-14　I2C_Cmd( ) 函数说明

4. I2C 起始信号产生函数 I2C_GenerateSTART( ) 与停止函数 I2C_GenerateSTOP( )

I2C_GenerateSTART( )函数说明如图 10-15 所示。该函数用于发送起始信号 S,形参有两个,第一个形参是 I2C 号,第二个形参是使能 ENABLE 或者 DISABLE。

```
392  /**
393    * @brief  Generates I2Cx communication START condition.
394    * @param  I2Cx: where x can be 1, 2 or 3 to select the I2C peripheral.
395    * @param  NewState: new state of the I2C START condition generation.
396    *         This parameter can be: ENABLE or DISABLE.
397    * @retval None.
398    */
399  void I2C_GenerateSTART(I2C_TypeDef* I2Cx, FunctionalState NewState)
400  {
```

图 10-15   I2C_GenerateSTART( ) 函数说明

相对应的 I2C 停止信号也有停止函数。I2C_GenerateSTOP(I2C_TypeDef * I2Cx,
FunctionalState NewState) 函数的说明,其用法与 I2C_GenerateSTART( ) 一样,这里不再
描述。

5. 发送 7 位地址函数 I2C_Send7bitAddress( )

I2C 在发送起始信号 S 后开始发送 7 位地址与 1 位读写信号,共同组成地址信号。I2C
_Send7bitAddress( ) 函数说明如图 10-16 所示。函数有三个形参:第一个形参是 I2C 号;第
二个形参是需要发送数据的从设备地址;第三个形参是读写的方向,参数可以是 I2C_
Direction_Transmitter,代表发送者模式,即写模式,也可以是 I2C_Direction_Receiver,代表接
收者模式,即读模式。

```
440  /**
441    * @brief  Transmits the address byte to select the slave device.
442    * @param  I2Cx: where x can be 1, 2 or 3 to select the I2C peripheral.
443    * @param  Address: specifies the slave address which will be transmitted
444    * @param  I2C_Direction: specifies whether the I2C device will be a Transmitter
445    *         or a Receiver.
446    *         This parameter can be one of the following values
447    *            @arg I2C_Direction_Transmitter: Transmitter mode
448    *            @arg I2C_Direction_Receiver: Receiver mode
449    * @retval None.
450    */
451  void I2C_Send7bitAddress(I2C_TypeDef* I2Cx, uint8_t Address, uint8_t I2C_Direction)
452  {
```

图 10-16   I2C_Send7bitAddress( ) 函数说明

比如,要往 I2C1 总线(从器件地址为 0xA8)发送地址码 0xA8,函数如下:
I2C_Send7bitAddress(I2C1, 0xA8, I2C_Direction_Transmitter) ;

6. 应答使能函数 I2C_AcknowledgeConfig( )

I2C_AcknowledgeConfig( ) 函数说明如图 10-17 所示,该函数有两个形参,用法很简单:
第一个形参是 I2C 号,第二个形参是使能 ENABLE 或者 DISABLE。

```
471  /**
472    * @brief  Enables or disables the specified I2C acknowledge feature.
473    * @param  I2Cx: where x can be 1, 2 or 3 to select the I2C peripheral.
474    * @param  NewState: new state of the I2C Acknowledgement.
475    *         This parameter can be: ENABLE or DISABLE.
476    * @retval None.
477    */
478  void I2C_AcknowledgeConfig(I2C_TypeDef* I2Cx, FunctionalState NewState)
479  {
```

图 10-17   I2C_AcknowledgeConfig( ) 函数说明

7. 事件检测函数 I2C_CheckEvent( )

函数说明如图 10-18 所示,用于通信过程中事件的检测,参考图 10-10 与图 10-11。

```
1124 /**
1125   * @brief  Checks whether the last I2Cx Event is equal to the one passed
1126   *         as parameter.
1127   * @param  I2Cx: where x can be 1, 2 or 3 to select the I2C peripheral.
1128   * @param  I2C_EVENT: specifies the event to be checked.
1129   *         This parameter can be one of the following values:
1130   *           @arg I2C_EVENT_SLAVE_TRANSMITTER_ADDRESS_MATCHED: EV1
1131   *           @arg I2C_EVENT_SLAVE_RECEIVER_ADDRESS_MATCHED: EV1
1132   *           @arg I2C_EVENT_SLAVE_TRANSMITTER_SECONDADDRESS_MATCHED: EV1
1133   *           @arg I2C_EVENT_SLAVE_RECEIVER_SECONDADDRESS_MATCHED: EV1
1134   *           @arg I2C_EVENT_SLAVE_GENERALCALLADDRESS_MATCHED: EV1
1135   *           @arg I2C_EVENT_SLAVE_BYTE_RECEIVED: EV2
1136   *           @arg (I2C_EVENT_SLAVE_BYTE_RECEIVED | I2C_FLAG_DUALF): EV2
1137   *           @arg (I2C_EVENT_SLAVE_BYTE_RECEIVED | I2C_FLAG_GENCALL): EV2
1138   *           @arg I2C_EVENT_SLAVE_BYTE_TRANSMITTED: EV3
1139   *           @arg (I2C_EVENT_SLAVE_BYTE_TRANSMITTED | I2C_FLAG_DUALF): EV3
1140   *           @arg (I2C_EVENT_SLAVE_BYTE_TRANSMITTED | I2C_FLAG_GENCALL): EV3
1141   *           @arg I2C_EVENT_SLAVE_ACK_FAILURE: EV3_2
1142   *           @arg I2C_EVENT_SLAVE_STOP_DETECTED: EV4
1143   *           @arg I2C_EVENT_MASTER_MODE_SELECT: EV5
1144   *           @arg I2C_EVENT_MASTER_TRANSMITTER_MODE_SELECTED: EV6
1145   *           @arg I2C_EVENT_MASTER_RECEIVER_MODE_SELECTED: EV6
1146   *           @arg I2C_EVENT_MASTER_BYTE_RECEIVED: EV7
1147   *           @arg I2C_EVENT_MASTER_BYTE_TRANSMITTING: EV8
1148   *           @arg I2C_EVENT_MASTER_BYTE_TRANSMITTED: EV8_2
1149   *           @arg I2C_EVENT_MASTER_MODE_ADDRESS10: EV9
1150   *
1151   * @note   For detailed description of Events, please refer to section I2C_Events
1152   *         in stm32f4xx_i2c.h file.
1153   *
1154   * @retval An ErrorStatus enumeration value:
1155   *          - SUCCESS: Last event is equal to the I2C_EVENT
1156   *          - ERROR: Last event is different from the I2C_EVENT
1157   */
1158 ErrorStatus I2C_CheckEvent(I2C_TypeDef* I2Cx, uint32_t I2C_EVENT)
1159 {
```

图 10-18　I2C_CheckEvent( )函数说明

事件列表如函数说明。使用该函数时,需要输入形参 I2C 号与检测的事件。比如要检测 I2C1 上的 EV5,函数如下:

if(I2C_CheckEvent(I2C1, I2C_EVENT_MASTER_MODE_SELECT));

就可以完成判断。

8. I2C 发送数据函数 I2C_SendData( )

I2C 最基本的数据发送函数 I2C_SendData( ),其函数说明如图 10-19 所示。其使用方法非常简单,主要是对数据寄存器 DR 操作,只需在形参处写入 I2C 号与要写入的数据(单字节)。

```
751   |* @brief  Sends a data byte through the I2Cx peripheral.
752   * @param  I2Cx: where x can be 1, 2 or 3 to select the I2C peripheral.
753   * @param  Data: Byte to be transmitted..
754   * @retval None
755   */
756 void I2C_SendData(I2C_TypeDef* I2Cx, uint8_t Data)
757 {
758   /* Check the parameters */
759   assert_param(IS_I2C_ALL_PERIPH(I2Cx));
760   /* Write in the DR register the data to be sent */
761   I2Cx->DR = Data;
762 }
```

图 10-19　I2C_SendData( )函数说明

9. I2C 读取数据函数 I2C_ReceiveData( )

该函数与 I2C_SendData( )对应,作为最基本的读取 I2C 数据函数。函数有一个形参,带返回值。使用时,写入 I2C 号,函数读取 DR 中的数据后返回读取的单字节数。

```
765        * @brief  Returns the most recent received data by the I2Cx peripheral.
766        * @param  I2Cx: where x can be 1, 2 or 3 to select the I2C peripheral.
767        * @retval The value of the received data.
768        */
769      uint8_t I2C_ReceiveData(I2C_TypeDef* I2Cx)
770     {
771        /* Check the parameters */
772        assert_param(IS_I2C_ALL_PERIPH(I2Cx));
773        /* Return the data in the DR register */
774        return (uint8_t)I2Cx->DR;
775     }
```

图 10-20   I2C_SendData( )函数说明

10. 标志位读取函数 I2C_GetFlagStatus( )

该函数用于读取 I2C 状态标志,函数说明如图 10-21 所示。图中列出了各种状态标志。

```
1232     /**
1233        * @brief  Checks whether the specified I2C flag is set or not.
1234        * @param  I2Cx: where x can be 1, 2 or 3 to select the I2C peripheral.
1235        * @param  I2C_FLAG: specifies the flag to check.
1236        *          This parameter can be one of the following values:
1237        *            @arg I2C_FLAG_DUALF: Dual flag (Slave mode)
1238        *            @arg I2C_FLAG_SMBHOST: SMBus host header (Slave mode)
1239        *            @arg I2C_FLAG_SMBDEFAULT: SMBus default header (Slave mode)
1240        *            @arg I2C_FLAG_GENCALL: General call header flag (Slave mode)
1241        *            @arg I2C_FLAG_TRA: Transmitter/Receiver flag
1242        *            @arg I2C_FLAG_BUSY: Bus busy flag
1243        *            @arg I2C_FLAG_MSL: Master/Slave flag
1244        *            @arg I2C_FLAG_SMBALERT: SMBus Alert flag
1245        *            @arg I2C_FLAG_TIMEOUT: Timeout or Tlow error flag
1246        *            @arg I2C_FLAG_PECERR: PEC error in reception flag
1247        *            @arg I2C_FLAG_OVR: Overrun/Underrun flag (Slave mode)
1248        *            @arg I2C_FLAG_AF: Acknowledge failure flag
1249        *            @arg I2C_FLAG_ARLO: Arbitration lost flag (Master mode)
1250        *            @arg I2C_FLAG_BERR: Bus error flag
1251        *            @arg I2C_FLAG_TXE: Data register empty flag (Transmitter)
1252        *            @arg I2C_FLAG_RXNE: Data register not empty (Receiver) flag
1253        *            @arg I2C_FLAG_STOPF: Stop detection flag (Slave mode)
1254        *            @arg I2C_FLAG_ADD10: 10-bit header sent flag (Master mode)
1255        *            @arg I2C_FLAG_BTF: Byte transfer finished flag
1256        *            @arg I2C_FLAG_ADDR: Address sent flag (Master mode) "ADSL"
1257        *                                Address matched flag (Slave mode)"ENDAD"
1258        *            @arg I2C_FLAG_SB: Start bit flag (Master mode)
1259        * @retval The new state of I2C_FLAG (SET or RESET).
1260        */
1261      FlagStatus I2C_GetFlagStatus(I2C_TypeDef* I2Cx, uint32_t I2C_FLAG)
1262     {
```

图 10-21   I2C_GetFlagStatus( )函数说明

函数有两个形参,第一个形参是 I2C 号,第二个形参是需要查询的状态标志。函数带返回值 SET 或者 RESET。比如要查询 I2C1 是否忙,函数如下:

    if(I2C_GetFlagStatus(I2C1,I2C_FLAG_BUSY));

11. 清除状态标志位函数 I2C_ClearFlag( )

该函数可以将状态标志清除,函数说明如图 10-22 所示。可以清除的标志如函数说明的形参列表所示。函数有两个形参,第一个形参是 I2C 号,第二个形参是需要清除的标志。

```
1308    * @brief  Clears the I2Cx's pending flags.
1309    * @param  I2Cx: where x can be 1, 2 or 3 to select the I2C peripheral.
1310    * @param  I2C_FLAG: specifies the flag to clear.
1311    *         This parameter can be any combination of the following values:
1312    *           @arg I2C_FLAG_SMBALERT: SMBus Alert flag
1313    *           @arg I2C_FLAG_TIMEOUT: Timeout or Tlow error flag
1314    *           @arg I2C_FLAG_PECERR: PEC error in reception flag
1315    *           @arg I2C_FLAG_OVR: Overrun/Underrun flag (Slave mode)
1316    *           @arg I2C_FLAG_AF: Acknowledge failure flag
1317    *           @arg I2C_FLAG_ARLO: Arbitration lost flag (Master mode)
1318    *           @arg I2C_FLAG_BERR: Bus error flag
1319    *
1320    * @note   STOPF (STOP detection) is cleared by software sequence: a read operation
1321    *         to I2C_SR1 register (I2C_GetFlagStatus()) followed by a write operation
1322    *         to I2C_CR1 register (I2C_Cmd() to re-enable the I2C peripheral).
1323    * @note   ADD10 (10-bit header sent) is cleared by software sequence: a read
1324    *         operation to I2C_SR1 (I2C_GetFlagStatus()) followed by writing the
1325    *         second byte of the address in DR register.
1326    * @note   BTF (Byte Transfer Finished) is cleared by software sequence: a read
1327    *         operation to I2C_SR1 register (I2C_GetFlagStatus()) followed by a
1328    *         read/write to I2C_DR register (I2C_SendData()).
1329    * @note   ADDR (Address sent) is cleared by software sequence: a read operation to
1330    *         I2C_SR1 register (I2C_GetFlagStatus()) followed by a read operation to
1331    *         I2C_SR2 register ((void)(I2Cx->SR2)).
1332    * @note   SB (Start Bit) is cleared by software sequence: a read operation to I2C_SR1
1333    *         register (I2C_GetFlagStatus()) followed by a write operation to I2C_DR
1334    *         register (I2C_SendData()).
1335    *
1336    * @retval None
1337    */
1338   void I2C_ClearFlag(I2C_TypeDef* I2Cx, uint32_t I2C_FLAG)
1339 {
```

图 10-22　I2C_ClearFlag( )函数说明

比如要清除 I2C1 的应答失败标志,函数如下:

I2C_ClearFlag(I2C1 , I2C_FLAG_AF) ;

12. 使能应答函数 I2C_AcknowledgeConfig( )

利用该函数,用户可以手动关闭或开启 I2C 的应答,函数说明如图 10-23 所示。

```
472    * @brief  Enables or disables the specified I2C acknowledge feature.
473    * @param  I2Cx: where x can be 1, 2 or 3 to select the I2C peripheral.
474    * @param  NewState: new state of the I2C Acknowledgement.
475    *         This parameter can be: ENABLE or DISABLE.
476    * @retval None
477    */
478   void I2C_AcknowledgeConfig(I2C_TypeDef* I2Cx, FunctionalState NewState)
479 {
```

图 10-23　I2C_AcknowledgeConfig( )函数说明

该函数有两个形参,第一个形参是 I2C 号,第二个形参是使能 ENABLE 与 DISABLE。

10.4.2　建立模板

与 SPI 的读写类似,建立模板时继续使用串口查看 EEPROM 的读写信息,复制 FL_
USART 工程文件夹,并重命名为 FL_I2C 文件夹。修改项目文件,重命名为 FL_I2C.
uvprojx。在 User 文件夹下新建 I2C 文件夹,用于存放 I2C 驱动文件。在 I2C 文件夹下新建
EEPROM. h 与 EEPROM. c 文件,用于编写 AT24C02 的驱动程序。最后在项目 User 中添加
EEPROM. c,并且在编译环境目录中添加 I2C 文件夹。

10.4.3　编写 EEPROM.h

代码如下：

```
#ifndef_EEPROM_H
#define_EEPROM_H

#include "stm32f4xx.h"

/* AT24C01/02 每页有 8 个字节 */
#define I2C_PageSize      8

/* STM32 I2C 快速模式 */
#define I2C_Speed      400000
/* STM32 的 I2C 地址 */
#define I2C_OWN_ADDRESS7      0x0A                    // 地址唯一即可

/* I2C1 对应的 GPIO 初始化设置 */
#define EEPROM_I2C                      I2C1
#define EEPROM_I2C_CLK                  RCC_APB1Periph_I2C1
#define EEPROM_I2C_CLK_INIT             RCC_APB1PeriphClockCmd

#define EEPROM_I2C_SCL_PIN              GPIO_Pin_8
#define EEPROM_I2C_SCL_GPIO_PORT        GPIOB
#define EEPROM_I2C_SCL_GPIO_CLK         RCC_AHB1Periph_GPIOB
#define EEPROM_I2C_SCL_SOURCE           GPIO_PinSource8
#define EEPROM_I2C_SCL_AF               GPIO_AF_I2C1

#define EEPROM_I2C_SDA_PIN              GPIO_Pin_9
#define EEPROM_I2C_SDA_GPIO_PORT        GPIOB
#define EEPROM_I2C_SDA_GPIO_CLK         RCC_AHB1Periph_GPIOB
#define EEPROM_I2C_SDA_SOURCE           GPIO_PinSource9
#define EEPROM_I2C_SDA_AF               GPIO_AF_I2C1

/* 设置等待超时时间 */
#define I2CT_FLAG_TIMEOUT               ((uint32_t)0x1000)
#define I2CT_LONG_TIMEOUT               ((uint32_t)(10 * I2CT_FLAG_TIMEOUT))

/* 信息输出 */
#define EEPROM_DEBUG_ON                 0
#define EEPROM_INFO(fmt,arg,…)          printf("<<- EEPROM - INFO->> "fmt"\n",##arg)
```

```
#define EEPROM_ERROR(fmt,arg,…)          printf("<<- EEPROM - ERROR->>  "fmt" \n" ,##arg)
#define EEPROM_DEBUG(fmt,arg,…)          do{ \
                                           if( EEPROM_DEBUG_ON) \
                    printf("<<- EEPROM - DEBUG->>  [ % d]"fmt" \n" ,__LINE__, ##arg); \
                                         } while(0)
```

```
void I2C_GPIO_Config(void);
void I2C_Mode_Config(void);
uint32_t I2C_EEPROM_ByteWrite(u8 ∗ pBuffer, u8 WriteAddr);
uint32_t I2C_EEPROM_PageWrite(u8 ∗ pBuffer, u8 WriteAddr, u8 NumByteToWrite);
void I2C_EEPROM_BufferWrite(u8 ∗ pBuffer, u8 WriteAddr, u16 NumByteToWrite);
void I2C_EEPROM_WaitStandbyState(void);
uint32_t I2C_EEPROM_BufferRead(u8 ∗ pBuffer, u8 ReadAddr, u16 NumByteToRead);
#endif                                  // _EEPROM_H
```

由图 10-12 电路图可以看出,AT24C02 接到了 I2C1,引脚分别是 PB8 与 PB9,使用宏定义定义了 GPIO 的引脚、复用时钟等。STM32 作为 I2C 的器件,自身有一个 7 位地址,由用户设置,这个地址只要在系统中唯一即可。

为了高效地使用 AT24C02,也可以使用页与块进行管理:将 AT24C02 设置为 32 页,每页有 8 个字节;如果有多片 AT24C02 接入 I2C(A2/A1/A0 地址不同),可以将一个 AT24C02 作为一个块,即 256 个字节为一个块,每个 AT24C02 的地址偏移为一个块,第一块 AT24C02 的地址为 0xA0。板载只有一片 AT24C02,因此无须管理块地址。

另外,程序还设置了等待时间,防止系统一直处理 EEPROM 的读写而进入死机状态。程序还设置了一个出错信息宏,用于打印错误信息输出。

以下几个函数在 EEPROM.c 中进行编写,预先在头文件中定义。

```
void I2C_GPIO_Config(void);
void I2C_Mode_Config(void);
uint32_t I2C_EEPROM_ByteWrite(u8 ∗ pBuffer, u8 WriteAddr);
uint32_t I2C_EEPROM_PageWrite(u8 ∗ pBuffer, u8 WriteAddr, u8 NumByteToWrite);
void I2C_EEPROM_BufferWrite(u8 ∗ pBuffer, u8 WriteAddr, u16 NumByteToWrite);
void I2C_EEPROM_WaitStandbyState(void);
uint32_t I2C_EEPROM_BufferRead(u8 ∗ pBuffer, u8 ReadAddr, u16 NumByteToRead);
```

10.4.4 编写 EEPROM.c

EEPROM 驱动程序中,需要处理复用 GPIO 初始化与 I2C 的设置,为了更好地读写 EEPROM,字节写入、缓冲写入、页写入、缓冲读取与等待状态读等函数需要编写。下面就这些函数进行编写。

1. 设置 GPIO 的 I2C 复用函数

函数如下:

```
void I2C_GPIO_Config(void)
{
    GPIO_InitTypeDef   GPIO_InitStructure;

    /* I2C 时钟使能 */
    EEPROM_I2C_CLK_INIT(EEPROM_I2C_CLK, ENABLE);

    /* I2C 的 GPIO 复用引脚时钟使能 */
    RCC_AHB1PeriphClockCmd(EEPROM_I2C_SCL_GPIO_CLK | EEPROM_I2C_SDA_GPIO_CLK,
        ENABLE);

    /* 设置 PB8 复用为 SCL */
    GPIO_PinAFConfig(EEPROM_I2C_SCL_GPIO_PORT, EEPROM_I2C_SCL_SOURCE, EEPROM_I2C
        _SCL_AF);

    /* 设置 PB9 复用为 SDA */
    GPIO_PinAFConfig(EEPROM_I2C_SDA_GPIO_PORT, EEPROM_I2C_SDA_SOURCE, EEPROM_
        I2C_SDA_AF);

    /* 设置 SCL(PB8)GPIO 初始化结构体 */
    GPIO_InitStructure.GPIO_Pin = EEPROM_I2C_SCL_PIN;
    GPIO_InitStructure.GPIO_Mode = GPIO_Mode_AF;
    GPIO_InitStructure.GPIO_Speed = GPIO_Speed_50MHz;
    GPIO_InitStructure.GPIO_OType = GPIO_OType_OD;
    GPIO_InitStructure.GPIO_PuPd = GPIO_PuPd_NOPULL;
    GPIO_Init(EEPROM_I2C_SCL_GPIO_PORT, &GPIO_InitStructure);

    /* 设置 SDA(PB9)GPIO 初始化结构体 */
    GPIO_InitStructure.GPIO_Pin = EEPROM_I2C_SDA_PIN;
    GPIO_Init(EEPROM_I2C_SDA_GPIO_PORT, &GPIO_InitStructure);
}
```

这部分代码与之前写过的 GPIO 初始化代码基本一致,但这里需要注意,GPIO 的输出模式必须是漏极开路 GPIO_OType_OD,以满足 I2C 的电路特性的要求。

2. 设置 I2C 的工作模式函数

函数如下:

```
void I2C_Mode_Config(void)
{
```

```
I2C_InitTypeDef   I2C_InitStructure;                                    // 定义 I2C 初始化结构体
I2C_InitStructure. I2C_Mode = I2C_Mode_I2C;                             // 配置 I2C 模式
I2C_InitStructure. I2C_DutyCycle = I2C_DutyCycle_2;                     // 设置 SCL 时钟线的占空比
I2C_InitStructure. I2C_OwnAddress1 = I2C_OWN_ADDRESS7;                  // 设置 STM32 的 7 位地址
I2C_InitStructure. I2C_Ack = I2C_Ack_Enable;                           // 使能应答
I2C_InitStructure. I2C_AcknowledgedAddress = I2C_AcknowledgedAddress_7bit;
                                                                        // 7 位地址模式
I2C_InitStructure. I2C_ClockSpeed = I2C_Speed;                         // 设置通信速率
I2C_Init( EEPROM_I2C, &I2C_InitStructure);                             // I2C1 初始化
I2C_Cmd( EEPROM_I2C, ENABLE);                                          // I2C1 使能
I2C_AcknowledgeConfig( EEPROM_I2C, ENABLE);                            // I2C1 事件使能
}
```

设置 I2C 工作模式,首先定义初始化结构体,并根据实际情况对结构体赋值设置。完成初始化结构体后,使用 I2C 初始化函数,然后是使能 I2C1、使能 I2C1 事件。

3. 字节写入函数

编写 I2C_EEPROM_ByteWrite() 函数,目的是写一个字节到 I2C EEPROM 中,若写入成功,则返回 1;若超时,则返回相应的错误代码。函数有两个形参,第一个形参是写入数据的指针,第二个形参是写入的目的地址。程序代码如下:

```
uint32_t I2C_EEPROM_ByteWrite( u8 * pBuffer, u8 WriteAddr)
{
/* 产生起始信号 S */
I2C_GenerateSTART( EEPROM_I2C, ENABLE);
I2CTimeout = I2CT_FLAG_TIMEOUT;                                         // 设置 Timeout 时间

/* 检测 EV5 事件并清除 */
while( !I2C_CheckEvent( EEPROM_I2C, I2C_EVENT_MASTER_MODE_SELECT))
  if( ( I2CTimeout -- ) ==0) return I2C_TIMEOUT_UserCallback(0);       // 若超时,返回错误代码 0

/* 发送 AT24C02 的 7 位地址 */
I2C_Send7bitAddress( EEPROM_I2C, EEPROM_ADDRESS, I2C_Direction_Transmitter);
I2CTimeout = I2CT_FLAG_TIMEOUT;                                         // 设置 Timeout 时间

/* 检测 EV6 事件并清除 */
while( !I2C_CheckEvent( EEPROM_I2C, I2C_EVENT_MASTER_TRANSMITTER_MODE_SELECTED))
  if( ( I2CTimeout -- ) ==0) return I2C_TIMEOUT_UserCallback(1);       // 若超时,返回错误代码 1

/* 发送 EEPROM 内部需要写入的地址 */
I2C_SendData( EEPROM_I2C, WriteAddr);
I2CTimeout = I2CT_FLAG_TIMEOUT;                                         // 设置 Timeout 时间
```

```
            /* 检测 EV8 事件并清除 */
            while( !I2C_CheckEvent(EEPROM_I2C, I2C_EVENT_MASTER_BYTE_TRANSMITTED))
                if((I2CTimeout--)==0) return I2C_TIMEOUT_UserCallback(2);    // 若超时,返回错误代码2


            /* 发送需要写入的数据 */
            I2C_SendData(EEPROM_I2C, *pBuffer);
            I2CTimeout = I2CT_FLAG_TIMEOUT;


            /* 检测 EV8 事件并清除 */
            while( !I2C_CheckEvent(EEPROM_I2C, I2C_EVENT_MASTER_BYTE_TRANSMITTED))
                if((I2CTimeout--)==0) return I2C_TIMEOUT_UserCallback(3);    // 若超时,返回错误代码3


            /* 发送结束信号 P */
            I2C_GenerateSTOP(EEPROM_I2C, ENABLE);
            return 1;                                                        // 若写入成功,返回1
        }
```

程序流程图与图 10-10 的时序逻辑图一致,在程序中加入了超时错误检测,以方便检查是哪个环节出现问题。

4. 页写入函数

为了更高效地写入数据,我们编写页写入函数,一次可以写入多个字节,但一次写入的字节数不能超过 EEPROM 页的大小。AT24C02 每页有 8 个字节。与字节写入函数类似,该函数有三个形参,第一个形参是写入数据的指针,第二个形参是写入的目的地址,第三个形参是写入的字节数。函数带返回值,若写入成功,则返回 1;若发生超时错误,则返回相应的超时代码。

```
uint32_t I2C_EEPROM_PageWrite(u8 * pBuffer, u8 WriteAddr, u8 NumByteToWrite)
{
    I2CTimeout = I2CT_LONG_TIMEOUT;
    while(I2C_GetFlagStatus(EEPROM_I2C, I2C_FLAG_BUSY))
        if((I2CTimeout--)==0) return I2C_TIMEOUT_UserCallback(4);    // 若超时,返回代码4


    /* 发送起始信号 S */
    I2C_GenerateSTART(EEPROM_I2C, ENABLE);
    I2CTimeout = I2CT_FLAG_TIMEOUT;                                  // 设置 Timeout 时间


    /* 检测事件 EV5 并清除 */
    while( !I2C_CheckEvent(EEPROM_I2C, I2C_EVENT_MASTER_MODE_SELECT))
        if((I2CTimeout--)==0) return I2C_TIMEOUT_UserCallback(5);    // 若超时,返回错误代码5


    /* 发送 AT24C02 的 7 位地址 */
```

```
I2C_Send7bitAddress(EEPROM_I2C, EEPROM_ADDRESS, I2C_Direction_Transmitter);
I2CTimeout = I2CT_FLAG_TIMEOUT;


/* 检测事件 EV6 并清除 */
while(!I2C_CheckEvent(EEPROM_I2C,I2C_EVENT_MASTER_TRANSMITTER_MODE_SELECTED))
  if((I2CTimeout -- ) ==0) return I2C_TIMEOUT_UserCallback(6);
                                                    // 若超时,返回错误代码6
/* 发送 EEPROM 要写入的目的地址 */
I2C_SendData(EEPROM_I2C, WriteAddr);
I2CTimeout = I2CT_FLAG_TIMEOUT;


/* 检测事件 EV8 并清除 */
while(!I2C_CheckEvent(EEPROM_I2C, I2C_EVENT_MASTER_BYTE_TRANSMITTED))
  if((I2CTimeout -- ) ==0) return I2C_TIMEOUT_UserCallback(7);
                                                    // 若超时,返回错误代码7
/* 循环写入数据 */
while(NumByteToWrite -- )
{
  I2C_SendData(EEPROM_I2C, * pBuffer);              // 发送当前字节数据
  pBuffer ++ ;                                      // 指针加1,下一个字节数据准备
  I2CTimeout = I2CT_FLAG_TIMEOUT;
  /* 检测事件 EV8 并清除 */
  while(!I2C_CheckEvent(EEPROM_I2C, I2C_EVENT_MASTER_BYTE_TRANSMITTED))
    if((I2CTimeout -- ) ==0) return I2C_TIMEOUT_UserCallback(8);
                                                    // 若超时,返回错误代码8
}


/* 发送结束信号 P */
I2C_GenerateSTOP(EEPROM_I2C, ENABLE);


return 1;                                            // 写入成功,返回1
}
```

　　编写页写入函数主要是为了快捷写入多个字节(字节数小于页容量),当然字节写入函数也可以循环使用,但是效率会比页写入函数低。函数的流程图与图 10-10 的时序逻辑图描述一致,只不过写入多个字节过程中间没有发送停止信号 P。

5. 缓冲写入函数

　　为了高效地写入更多的数据,我们编写缓冲写入函数。写入字节数可以超过页容量。函数的形参有三个,第一个形参是写入数据的指针,第二个形参是写入的目的地址,第三个形参是写入的字节数。写入的字节数可以超过页容量。

```
void I2C_EEPROM_BufferWrite(u8 * pBuffer, u8 WriteAddr, u16 NumByteToWrite)
{
    u8 NumOfPage = 0, NumOfSingle = 0, Addr = 0, count = 0;
    Addr = WriteAddr % I2C_PageSize;                          // 对齐页后多出的地址
    count = I2C_PageSize - Addr;                              // 对齐前一页写入的数量
    NumOfPage = NumByteToWrite/I2C_PageSize;                  // 需要写入的整数满页数
    NumOfSingle = NumByteToWrite % I2C_PageSize;             // 最后不够一页的数量

    /ⅹⅹⅹⅹ如果写入地址与页对齐ⅹⅹⅹ/
    if(Addr == 0)
    {
        if(NumOfPage == 0)                                   // 如果写入的字节数小于页容量
        {
            I2C_EEPROM_PageWrite(pBuffer, WriteAddr, NumOfSingle);
            I2C_EEPROM_WaitStandbyState();
        }
        else                                                 // 如果写入的字节数大于页容量
        {
            while(NumOfPage -- )
            {
                I2C_EEPROM_PageWrite(pBuffer, WriteAddr, I2C_PageSize);
                I2C_EEPROM_WaitStandbyState();
                WriteAddr += I2C_PageSize;
                pBuffer += I2C_PageSize;
            }
            if(NumOfSingle! = 0)
            {
                I2C_EEPROM_PageWrite(pBuffer, WriteAddr, NumOfSingle);
                I2C_EEPROM_WaitStandbyState();
            }
        }
    }
    /ⅹⅹⅹⅹⅹ如果写入地址与页不对齐ⅹⅹⅹⅹ/
    else
    {
        if(NumOfPage == 0)                                   // 如果写入的字节数小于页容量
        {
            I2C_EEPROM_PageWrite(pBuffer, WriteAddr, NumOfSingle);
            I2C_EEPROM_WaitStandbyState();
        }
```

```
else                                            // 如果写入的字节数大于页容量
{
    NumByteToWrite - = count;
    NumOfPage = NumByteToWrite/I2C_PageSize;
    NumOfSingle = NumByteToWrite % I2C_PageSize;
    if( count! = 0)
    {
        I2C_EEPROM_PageWrite( pBuffer, WriteAddr, count);
        I2C_EEPROM_WaitStandbyState( );
        WriteAddr + = count;
        pBuffer + = count;
    }
    while( NumOfPage - - )
    {
        I2C_EEPROM_PageWrite( pBuffer, WriteAddr, I2C_PageSize);
        I2C_EEPROM_WaitStandbyState( );
        WriteAddr + = I2C_PageSize;
        pBuffer + = I2C_PageSize;
    }
    if( NumOfSingle! = 0)
    {
        I2C_EEPROM_PageWrite( pBuffer, WriteAddr, NumOfSingle);
        I2C_EEPROM_WaitStandbyState( );
    }
}
}
}
```

程序看起来比较复杂,但逻辑基本与 Nor Flash 的写入类似,主要还是页边界对齐的问题,程序流程图如图 10-24 所示。

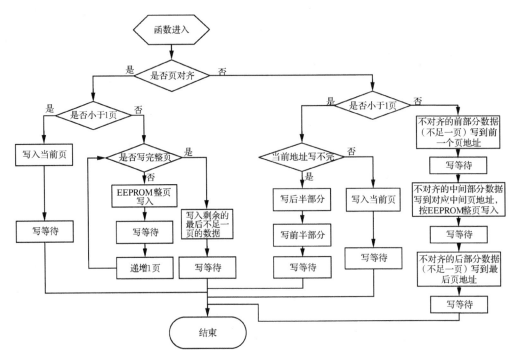

图 10-24　缓冲写入函数流程图

6. 读取数据到缓冲区函数

实现从 EEPROM 里面读取若干字节的数据,编写读取数据到缓冲区函数函数有三个形参:第一个形参是存放从 EEPROM 读取的数据的缓冲区指针,第二个形参是需要读取数据的 EEPROM 的地址,第三个形参是要从 EEPROM 读取的字节数。函数带返回值,若读取成功,则返回 1;若出现超时错误,则返回错误代码。

```
uint32_t I2C_EEPROM_BufferRead(u8 * pBuffer, u8 ReadAddr, u16 NumByteToRead)
{
    I2CTimeout = I2CT_LONG_TIMEOUT;

    /* 等待总线空闲 */
    while(I2C_GetFlagStatus(EEPROM_I2C, I2C_FLAG_BUSY))
        if((I2CTimeout --) ==0) return I2C_TIMEOUT_UserCallback(9);
                                                    // 若超时,返回错误代码9

    /* 发送起始信号 S */
    I2C_GenerateSTART(EEPROM_I2C, ENABLE);
    I2CTimeout = I2CT_FLAG_TIMEOUT;

    /* 检测事件 EV5 并清除 */
    while(!I2C_CheckEvent(EEPROM_I2C, I2C_EVENT_MASTER_MODE_SELECT))
        if((I2CTimeout --) ==0) return I2C_TIMEOUT_UserCallback(10);
                                                    // 若超时,返回错误码10
```

```
/* 发送 AT24C02 的 7 位地址 */
I2C_Send7bitAddress( EEPROM_I2C, EEPROM_ADDRESS, I2C_Direction_Transmitter);
I2CTimeout = I2CT_FLAG_TIMEOUT;

/* 检测事件 EV6 并清除 */
while( !I2C_CheckEvent( EEPROM_I2C, I2C_EVENT_MASTER_TRANSMITTER_MODE_SELECTED))
    if( ( I2CTimeout -- ) ==0) return I2C_TIMEOUT_UserCallback(11);
                                                    // 若超时,返回错误码 11
I2C_Cmd( EEPROM_I2C, ENABLE);                       // 使能 I2C1
I2C_SendData( EEPROM_I2C, ReadAddr);                // 发送需要读取的 EEPROM 的地址
I2CTimeout = I2CT_FLAG_TIMEOUT;

/* 检测事件 EV8 并清除 */
while( !I2C_CheckEvent( EEPROM_I2C, I2C_EVENT_MASTER_BYTE_TRANSMITTED))
    if( ( I2CTimeout -- ) ==0) return I2C_TIMEOUT_UserCallback(12);
                                                    // 若超时,返回错误码 12
/* 发送起始信号 S */
I2C_GenerateSTART( EEPROM_I2C, ENABLE);
I2CTimeout = I2CT_FLAG_TIMEOUT;

/* 检测事件 EV5 并清除 */
while( !I2C_CheckEvent( EEPROM_I2C, I2C_EVENT_MASTER_MODE_SELECT))
    if( ( I2CTimeout -- ) ==0) return I2C_TIMEOUT_UserCallback(13);
                                                    // 若超时,返回错误码 13
/* 发送 AT24C02 的 7 位地址 */
I2C_Send7bitAddress( EEPROM_I2C, EEPROM_ADDRESS, I2C_Direction_Receiver);
I2CTimeout = I2CT_FLAG_TIMEOUT;

/* 检测事件 EV6 并清除 */
while( !I2C_CheckEvent( EEPROM_I2C, I2C_EVENT_MASTER_RECEIVER_MODE_SELECTED))
    if( ( I2CTimeout -- ) ==0) return I2C_TIMEOUT_UserCallback(14);
                                                    // 若超时,返回错误码 14
/* 读循环 */
while( NumByteToRead)
{
    if( NumByteToRead == 1)                         // 读完
    {
        I2C_AcknowledgeConfig( EEPROM_I2C, DISABLE);   // 关闭应答
        I2C_GenerateSTOP( EEPROM_I2C, ENABLE);         // 发送停止信号 P
    }
```

```
I2CTimeout = I2CT_LONG_TIMEOUT;

    /* 检测事件 EV7 并清除 */
    while( I2C_CheckEvent( EEPROM_I2C, I2C_EVENT_MASTER_BYTE_RECEIVED ) == 0 )
    if( ( I2CTimeout -- ) == 0 ) return I2C_TIMEOUT_UserCallback( 3 );
    * pBuffer = I2C_ReceiveData( EEPROM_I2C );          // 读 I2C 数据并赋值给缓冲区
    pBuffer ++ ;                                         // 缓冲区指针加 1
    NumByteToRead -- ;                                  // 读取的字节数减 1
  }
  I2C_AcknowledgeConfig( EEPROM_I2C, ENABLE );          // 使能应答

  return 1 ;                                            // 读取成功返回 1
}
```

在读数据之前,程序首先要查询总线是否忙,因此使用了 I2C_GetFlagStatus(EEPROM_I2C, I2C_FLAG_BUSY)函数。

程序流程分两步:

(1) 主设备先往 I2C 总线发送起始信号 S/检测 EV5—发送 AT24C02 的 7 位地址设置写模式/检测 EV6—发送 EEPROM 内部读取地址/检测 EV8。这部分完成目的地址的输送,主设备作为发送设备。这部分流程与图 10-10 前半部分一致。

(2) 主设备重新发送起始信号 S/检测 EV5—发送 AT24C02 的 7 位地址码并且设置读模式/检测 EV6—主设备接收/检测 EV7—关闭应答—发送结束信号 P。这部分流程图与图 10-11 一致。

7. 等待准备函数

缓冲写入函数的结尾都有一个 I2C_EEPROM_WaitStandbyState( )函数,该函数的作用是等待 EEPROM 准备好,即等待它处理完读写操作。函数如下:

```
void I2C_EEPROM_WaitStandbyState( void)
{
  vu16 SR1_Tmp = 0;
  do                                                    // 等待忙信号结束循环
  {
    I2C_GenerateSTART( EEPROM_I2C, ENABLE );            // 发送起始信号 S
    SR1_Tmp = I2C_ReadRegister( EEPROM_I2C, I2C_Register_SR1 ); // 获取 EEPROM 状态寄存器的信息
    I2C_Send7bitAddress( EEPROM_I2C, EEPROM_ADDRESS, I2C_Direction_Transmitter );
                                                        // 发送 AT24C02 的 7 位地址
  }
  while( !( I2C_ReadRegister( EEPROM_I2C, I2C_Register_SR1 ) & 0x0002 ));
  I2C_ClearFlag( EEPROM_I2C, I2C_FLAG_AF );            // 清除标志
  I2C_GenerateSTOP( EEPROM_I2C, ENABLE );             // 发送停止信号 P
}
```

程序通过读取状态寄存器 SR1 来获取忙信息。16 位状态寄存器 SR1 的 bit1 是忙标志,所以程序使用了与运算进行判断:如果忙,则不断循环查询;如果不忙,则退出循环清除标志,发送结束信号 P。

8. 超时函数

在每个可能出现超时的地方,程序都设置了超时检测以及相应的错误代码输出,可以用来定位是哪个环节出错。函数形参为超时错误代码。若函数返回 0,说明 I2C 通信失败。这个函数供内部使用。

函数如下:

```
static uint32_t I2C_TIMEOUT_UserCallback( uint8_t errorCode)
{
    EEPROM_ERROR("I2C 等待超时! errorCode = %d",errorCode);        // 显示超时错误代码
    return 0;
}
```

最后编写 EEPROM 驱动程序 EEPROM. c 如下:

```
#include "EEPROM. h"
#include "usart1. h"

uint16_t EEPROM_ADDRESS = 0XA0;                                    // AT24C02 的 7 位地址

static __IO uint32_t I2CTimeout = I2CT_LONG_TIMEOUT;
static uint32_t I2C_TIMEOUT_UserCallback( uint8_t errorCode);

/ ***** 设置 GPIO 的 I2C 复用 ***** /
void I2C_GPIO_Config( void)
{
    GPIO_InitTypeDef GPIO_InitStructure;

    / * I2C 时钟使能 * /
    EEPROM_I2C_CLK_INIT(EEPROM_I2C_CLK, ENABLE);

    / * I2C 的 GPIO 复用引脚时钟使能 * /
    RCC_AHB1PeriphClockCmd(EEPROM_I2C_SCL_GPIO_CLK | EEPROM_I2C_SDA_GPIO_CLK,
        ENABLE);

    / * 设置 PB8 复用为 SCL * /
    GPIO_PinAFConfig(EEPROM_I2C_SCL_GPIO_PORT,EEPROM_I2C_SCL_SOURCE,EEPROM_I2C_
        SCL_AF);

    / * 设置 PB9 复用为 SDA * /
```

```
GPIO _PinAFConfig(EEPROM_I2C_SDA_GPIO_PORT,EEPROM_I2C_SDA_SOURCE,EEPROM_I2C_
    SDA_AF);

/*设置 SCL(PB8)GPIO 初始化结构体 */
GPIO_InitStructure.GPIO_Pin = EEPROM_I2C_SCL_PIN;
GPIO_InitStructure.GPIO_Mode = GPIO_Mode_AF;
GPIO_InitStructure.GPIO_Speed = GPIO_Speed_50MHz;
GPIO_InitStructure.GPIO_OType = GPIO_OType_OD;
GPIO_InitStructure.GPIO_PuPd = GPIO_PuPd_NOPULL;
GPIO_Init(EEPROM_I2C_SCL_GPIO_PORT, &GPIO_InitStructure);

/*设置 SDA(PB9)GPIO 初始化结构体 */
GPIO_InitStructure.GPIO_Pin = EEPROM_I2C_SDA_PIN;
GPIO_Init(EEPROM_I2C_SDA_GPIO_PORT, &GPIO_InitStructure);
}

/******设置 I2C 的工作模式******/
void I2C_Mode_Config(void)
{
    I2C_InitTypeDef I2C_InitStructure;                                   // 定义 I2C 初始化结构体
    I2C_InitStructure.I2C_Mode = I2C_Mode_I2C;                          // 配置 I2C 模式
    I2C_InitStructure.I2C_DutyCycle = I2C_DutyCycle_2;                  // 设置 SCL 时钟线的占空比
    I2C_InitStructure.I2C_OwnAddress1 = I2C_OWN_ADDRESS7;              // 设置 STM32 的 7 位地址
    I2C_InitStructure.I2C_Ack = I2C_Ack_Enable;                        // 使能应答
    I2C_InitStructure.I2C_AcknowledgedAddress = I2C_AcknowledgedAddress_7bit;
                                                                        // 7 位地址模式
    I2C_InitStructure.I2C_ClockSpeed = I2C_Speed;                      // 设置通信速率
    I2C_Init(EEPROM_I2C, &I2C_InitStructure);                          // I2C1 初始化
    I2C_Cmd(EEPROM_I2C, ENABLE);                                       // 使能 I2C1
    I2C_AcknowledgeConfig(EEPROM_I2C, ENABLE);                         // I2C1 事件使能
}

/**
  * @brief   写一个字节到 I2C EEPROM 中
  * @param
  *     @arg pBuffer:缓冲区指针
  *     @arg WriteAddr:写地址
  * @retval   若成功,返回 1;若超时,返回错误代码
  */
uint32_t I2C_EEPROM_ByteWrite(u8 * pBuffer, u8 WriteAddr)
```

```
{
    /*产生起始信号 S*/
    I2C_GenerateSTART(EEPROM_I2C, ENABLE);
    I2CTimeout = I2CT_FLAG_TIMEOUT;    // 设置 Timeout 时间


    /* 检测 EV5 事件并清除 */
    while(!I2C_CheckEvent(EEPROM_I2C, I2C_EVENT_MASTER_MODE_SELECT))
        if((I2CTimeout--)==0)return I2C_TIMEOUT_UserCallback(0);    // 若超时,返回错误代码 0
    /* 发送 AT24C02 的 7 位地址 */
    I2C_Send7bitAddress(EEPROM_I2C, EEPROM_ADDRESS, I2C_Direction_Transmitter);
    I2CTimeout = I2CT_FLAG_TIMEOUT;                        // 设置 Timeout 时间


    /* 检测 EV6 事件并清除 */
    while(!I2C_CheckEvent(EEPROM_I2C,
        I2C_EVENT_MASTER_TRANSMITTER_MODE_SELECTED))
        if((I2CTimeout--)==0)return I2C_TIMEOUT_UserCallback(1);    // 若超时,返回错误代码 1


    /* 发送 EEPROM 内部需要写入的地址 */
    I2C_SendData(EEPROM_I2C, WriteAddr);
    I2CTimeout = I2CT_FLAG_TIMEOUT;                        // 设置 Timeout 时间


    /* 检测 EV8 事件并清除 */
    while(!I2C_CheckEvent(EEPROM_I2C, I2C_EVENT_MASTER_BYTE_TRANSMITTED))
        if((I2CTimeout--)==0) return I2C_TIMEOUT_UserCallback(2);    // 若超时返回错误代码 2


    /* 发送需要写入的数据 */
    I2C_SendData(EEPROM_I2C, *pBuffer);
    I2CTimeout = I2CT_FLAG_TIMEOUT;


    /* 检测 EV8 事件并清除 */
    while(!I2C_CheckEvent(EEPROM_I2C, I2C_EVENT_MASTER_BYTE_TRANSMITTED))
        if((I2CTimeout--)==0) return I2C_TIMEOUT_UserCallback(3);    // 若超时,返回错误代码 3
    /* 发送结束信号 P */
    I2C_GenerateSTOP(EEPROM_I2C, ENABLE);
    return 1;                                            // 写入成功,返回 1
}


/**
  * @brief  在 EEPROM 的一个写循环中可以写多个字节,但一次写入的字节数不能超过 EEPROM
页的大小,AT24C02 每页有 8 个字节
```

```
 *  @ param
 *      @ arg pBuffer:缓冲区指针
 *      @ arg WriteAddr:写地址
 *      @ arg NumByteToWrite:写的字节数
 *  @ retval    若成功,返回1;若超时,返回错误代码
 */
uint32_t I2C_EEPROM_PageWrite(u8 * pBuffer, u8 WriteAddr, u8 NumByteToWrite)
{
    I2CTimeout = I2CT_LONG_TIMEOUT;
    while(I2C_GetFlagStatus(EEPROM_I2C, I2C_FLAG_BUSY))
        if((I2CTimeout --) ==0) return I2C_TIMEOUT_UserCallback(4);   // 若超时,返回错误代码4

    /* 发送起始信号 S */
    I2C_GenerateSTART(EEPROM_I2C, ENABLE);
    I2CTimeout = I2CT_FLAG_TIMEOUT;                                   // 设置 Timeout 时间

    /* 检测事件 EV5 并清除 */
    while(!I2C_CheckEvent(EEPROM_I2C, I2C_EVENT_MASTER_MODE_SELECT))
        if((I2CTimeout --) ==0) return I2C_TIMEOUT_UserCallback(5);   // 若超时,返回错误代码5

    /* 发送 AT24C02 的 7 位地址 */
    I2C_Send7bitAddress(EEPROM_I2C, EEPROM_ADDRESS, I2C_Direction_Transmitter);
    I2CTimeout = I2CT_FLAG_TIMEOUT;

    /* 检测事件 EV6 并清除 */
    while(!I2C_CheckEvent(EEPROM_I2C,I2C_EVENT_MASTER_TRANSMITTER_MODE_SELECTED))
        if((I2CTimeout --) ==0) return I2C_TIMEOUT_UserCallback(6);   // 若超时,返回错误代码6

    /* 发送 EEPROM 要写入的目的地址 */
    I2C_SendData(EEPROM_I2C, WriteAddr);
    I2CTimeout = I2CT_FLAG_TIMEOUT;

    /* 检测事件 EV8 并清除 */
    while(! I2C_CheckEvent(EEPROM_I2C, I2C_EVENT_MASTER_BYTE_TRANSMITTED))
        if((I2CTimeout --) ==0) return I2C_TIMEOUT_UserCallback(7);   // 若超时,返回错误代码7

    /* 循环写入数据 */
    while(NumByteToWrite --)
    {
        I2C_SendData(EEPROM_I2C, * pBuffer);                          // 发送当前字节数据
```

```
      pBuffer ++ ;                                   // 指针加 1,下一个字节数据准备
      I2CTimeout = I2CT_FLAG_TIMEOUT;

      /* 检测事件 EV8 并清除 */
      while( !I2C_CheckEvent( EEPROM_I2C, I2C_EVENT_MASTER_BYTE_TRANSMITTED) )
        if( ( I2CTimeout -- ) == 0) return I2C_TIMEOUT_UserCallback(8); // 若超时,返回错误代码 8
    }
    /* 发送结束信号 P */
    I2C_GenerateSTOP( EEPROM_I2C, ENABLE);
    return 1;                                        // 写入成功,返回 1
}


/**
  * @brief    将缓冲区中的数据写入 I2C EEPROM 中
  * @param
  *     @ arg pBuffer:缓冲区指针
  *     @ arg WriteAddr:写地址
  *     @ arg NumByteToWrite:写的字节数
  * @retval    无
  */
void I2C_EEPROM_BufferWrite( u8 * pBuffer, u8 WriteAddr, u16 NumByteToWrite)
{
  u8 NumOfPage = 0, NumOfSingle = 0, Addr = 0, count = 0;
  Addr = WriteAddr %  I2C_PageSize;                  // 对齐页后多出的地址
  count = I2C_PageSize - Addr;                       // 对齐前一页写入的数量
  NumOfPage = NumByteToWrite/I2C_PageSize;           // 需要写入的整数满页数
  NumOfSingle = NumByteToWrite % I2C_PageSize;       // 最后不够一页的数量

  /**** 如果写入地址与页对齐 ****/
  if( Addr == 0)
  {
    if( NumOfPage == 0)                              // 如果写入数量小于页容量
    {
      I2C_EEPROM_PageWrite( pBuffer, WriteAddr, NumOfSingle);
      I2C_EEPROM_WaitStandbyState();
    }
    else                                            // 如果写入数据大于页容量
    {
      while( NumOfPage -- )
      {
```

```
        I2C_EEPROM_PageWrite( pBuffer, WriteAddr, I2C_PageSize) ;
        I2C_EEPROM_WaitStandbyState( ) ;
        WriteAddr += I2C_PageSize;
        pBuffer += I2C_PageSize;
      }
      if( NumOfSingle! = 0 )
      {
        I2C_EEPROM_PageWrite( pBuffer, WriteAddr, NumOfSingle) ;
        I2C_EEPROM_WaitStandbyState( ) ;
      }
    }
  }
  /******如果写入地址与页不对齐******/
  else
  {
    if( NumOfPage == 0 )                               // 如果写入的字节数小于页容量
    {
      I2C_EEPROM_PageWrite( pBuffer, WriteAddr, NumOfSingle) ;
      I2C_EEPROM_WaitStandbyState( ) ;
    }
    else                                               // 如果写入的字节数大于页容量
    {
      NumByteToWrite -= count;
      NumOfPage = NumByteToWrite/I2C_PageSize;
      NumOfSingle = NumByteToWrite % I2C_PageSize;
      if( count! = 0 )
      {
        I2C_EEPROM_PageWrite( pBuffer, WriteAddr, count) ;
        I2C_EEPROM_WaitStandbyState( ) ;
        WriteAddr += count;
        pBuffer += count;
      }
      while( NumOfPage -- )
      {
        I2C_EEPROM_PageWrite( pBuffer, WriteAddr, I2C_PageSize) ;
        I2C_EEPROM_WaitStandbyState( ) ;
        WriteAddr += I2C_PageSize;
        pBuffer += I2C_PageSize;
      }
      if( NumOfSingle! = 0 )
```

```
    }
      I2C_EEPROM_PageWrite( pBuffer, WriteAddr, NumOfSingle );
      I2C_EEPROM_WaitStandbyState( );
    }
  }
}
```

```
/ * *
  * @brief   从 EEPROM 里面读取一块数据
  * @param
  *      @arg pBuffer:存放从 EEPROM 读取的数据的缓冲区指针
  *      @arg WriteAddr:接收数据的 EEPROM 的地址
  *      @arg NumByteToWrite:要从 EEPROM 读取的字节数
  * @retval   无
  * /
uint32_t I2C_EEPROM_BufferRead( u8 * pBuffer, u8 ReadAddr, u16 NumByteToRead)
{
  I2CTimeout = I2CT_LONG_TIMEOUT;
  / * 等待总线空闲 * /
  while( I2C_GetFlagStatus( EEPROM_I2C, I2C_FLAG_BUSY) )
    if( ( I2CTimeout -- ) == 0) return I2C_TIMEOUT_UserCallback(9);   // 若超时,返回错误代码 9

  / * 发送起始信号 S * /
  I2C_GenerateSTART( EEPROM_I2C, ENABLE);
  I2CTimeout = I2CT_FLAG_TIMEOUT;

  / * 检测事件 EV5 并清除 * /
  while( ! I2C_CheckEvent( EEPROM_I2C, I2C_EVENT_MASTER_MODE_SELECT) )
    if( ( I2CTimeout -- ) == 0) return I2C_TIMEOUT_UserCallback(10); // 若超时,返回错误码 10

  / * 发送 AT24C02 的 7 位地址 * /
  I2C_Send7bitAddress( EEPROM_I2C, EEPROM_ADDRESS, I2C_Direction_Transmitter);
  I2CTimeout = I2CT_FLAG_TIMEOUT;

  / * 检测事件 EV6 并清除 * /
  while( ! I2C_CheckEvent( EEPROM_I2C, I2C_EVENT_MASTER_TRANSMITTER_MODE_SELECTED) )
    if( ( I2CTimeout -- ) == 0) return I2C_TIMEOUT_UserCallback(11); // 若超时,返回错误码 11

  I2C_Cmd( EEPROM_I2C, ENABLE);                              // 使能 I2C1
```

```
I2C_SendData(EEPROM_I2C, ReadAddr);                              // 发送需要读取的 EEPROM 的地址
I2CTimeout = I2CT_FLAG_TIMEOUT;

/* 检测事件 EV8 并清除 */
while(!I2C_CheckEvent(EEPROM_I2C, I2C_EVENT_MASTER_BYTE_TRANSMITTED))
    if((I2CTimeout --) ==0) return I2C_TIMEOUT_UserCallback(12);  // 若超时,返回错误码 12

/* 发送起始信号 S */
I2C_GenerateSTART(EEPROM_I2C, ENABLE);
I2CTimeout = I2CT_FLAG_TIMEOUT;

/* 检测事件 EV5 并清除 */
while(!I2C_CheckEvent(EEPROM_I2C, I2C_EVENT_MASTER_MODE_SELECT))
    if((I2CTimeout --) ==0) return I2C_TIMEOUT_UserCallback(13);  // 若超时,返回错误码 13

/* 发送 AT24C02 的 7 位地址 */
I2C_Send7bitAddress(EEPROM_I2C, EEPROM_ADDRESS, I2C_Direction_Receiver);
I2CTimeout = I2CT_FLAG_TIMEOUT;

/* 检测事件 EV6 并清除 */
while(!I2C_CheckEvent(EEPROM_I2C, I2C_EVENT_MASTER_RECEIVER_MODE_SELECTED))
    if((I2CTimeout --) ==0) return I2C_TIMEOUT_UserCallback(14);  // 若超时,返回错误码 14

/* 读循环 */
while(NumByteToRead)
{
    if(NumByteToRead ==1)                                        // 读完
    {
        I2C_AcknowledgeConfig(EEPROM_I2C, DISABLE);              // 关闭应答
        I2C_GenerateSTOP(EEPROM_I2C, ENABLE);                    // 发送停止信号 P
    }

    I2CTimeout = I2CT_LONG_TIMEOUT;

    /* 检测事件 EV7 并清除 */
    while(I2C_CheckEvent(EEPROM_I2C, I2C_EVENT_MASTER_BYTE_RECEIVED) ==0)
        if((I2CTimeout --) ==0) return I2C_TIMEOUT_UserCallback(3);
    *pBuffer = I2C_ReceiveData(EEPROM_I2C);                       // 读 I2C 数据并赋值给缓冲区
    pBuffer ++;                                                   // 缓冲区指针加 1
    NumByteToRead --;                                            // 读取的字节数减 1
```

```
    }
    I2C_AcknowledgeConfig( EEPROM_I2C, ENABLE);              // 使能应答
    return 1;                                                // 读取成功,返回 1
}


/**
  * @brief  等待 EEPROM 准备
  * @param  无
  * @retval 无
  */
void I2C_EEPROM_WaitStandbyState( void)
{
    vu16 SR1_Tmp = 0;
    do
    {
      I2C_GenerateSTART( EEPROM_I2C, ENABLE);                // 发送起始信号 S
      SR1_Tmp = I2C_ReadRegister( EEPROM_I2C, I2C_Register_SR1);
                                                             // 获取 EEPROM 状态寄存器
      I2C_Send7bitAddress( EEPROM_I2C, EEPROM_ADDRESS, I2C_Direction_Transmitter);
                                                             // 发送写入的 EEPROM 内部地址
    } while( !( I2C_ReadRegister( EEPROM_I2C, I2C_Register_SR1) & 0x0002));
                                                             // 等待忙信号结束
    I2C_ClearFlag( EEPROM_I2C, I2C_FLAG_AF);                 // 清除标志
    I2C_GenerateSTOP( EEPROM_I2C, ENABLE);                   // 发送停止信号 P
}


/**
  * @brief  Basic management of the timeout situation.
  * @param  errorCode:错误代码,可以用来定位是哪个环节出错
  * @retval 返回 0,表示 IIC 读取失败
  */
static uint32_t I2C_TIMEOUT_UserCallback( uint8_t errorCode)
{
    EEPROM_ERROR( "I2C 等待超时! errorCode = % d" , errorCode);     // 显示超时错误代码
    return 0;
}
```

10.4.5　编写 main.c

编写好 I2C 的驱动函数后,就可以在主函数 main.c 中调用编程了。由于采用了串口通信模板,程序可以直接调用串口初始化函数,并使用 printf( ) 函数。main.c 主函数如下:

```c
#include "stm32f4xx.h"
#include "usart1.h"
#include "EEPROM.h"

#define   EEPROM_Firstpage   0x00                              // EEPROM 首页地址
uint8_t I2c_Buf_Write[256];
uint8_t I2c_Buf_Read[256];
uint8_t I2C_Test(void);

int main(void)
{
    USART_Config();
    printf("\r\n 这是一个 I2C 外设(AT24C02)读写测试例程 \r\n");
    /* I2C 外设(AT24C02)初始化 */
    I2C_GPIO_Config();
    I2C_Mode_Config();
    /* 数据读写测试 */
    I2C_Test();
    while(1);
}


/**
  * @brief   I2C(AT24C02)读写测试
  * @param   无
  * @retval 若正常,返回1;若不正常,返回0
  */
uint8_t I2C_Test(void)
{
    u16 i;
    EEPROM_INFO("写入的数据");
    for(i=0; i<=255; i++)                                      // 256 个字节填充缓冲区
    {
        I2c_Buf_Write[i] = i;
        printf("0x%02X ", I2c_Buf_Write[i]);                  // 串口输出缓冲区数据
        if(i%16 == 15)
            printf("\n\r");
    }

    /* 将 I2c_Buf_Write 中顺序递增的数据写入 EERPOM 中 */
    I2C_EEPROM_BufferWrite(I2c_Buf_Write, EEPROM_Firstpage, 256);
```

```
        EEPROM_INFO("写成功");
        EEPROM_INFO("读出的数据");

        /* 将 EEPROM 读出数据顺序保持到 I2c_Buf_Read 中 */
        I2C_EEPROM_BufferRead(I2c_Buf_Read, EEPROM_Firstpage, 256);

        /* 将 I2c_Buf_Read 中的数据通过串口打印 */
        for(i = 0; i < 256; i++)
        {
            if(I2c_Buf_Read[i] != I2c_Buf_Write[i])
            {
                printf("0x%02X ", I2c_Buf_Read[i]);
                EEPROM_ERROR("错误:I2C EEPROM 写入与读出的数据不一致");
                return 0;
            }
            printf("0x%02X ", I2c_Buf_Read[i]);
            if(i%16 == 15)
                printf("\n\r");
        }
        EEPROM_INFO("I2C(AT24C02)读写测试成功");
        return 1;
}
```

主函数 main()非常简单,首先是串口初始化、I2C 的 GPIO 复用初始化和 I2C 模式初始化,完成后调用 I2C_Test()函数用于测试 AT24C02 读写,最后以"while(1);"结束。这里不使用 AT24C02 的无限测试循环,这是因为 EEPROM 虽然可以有 10 万次擦除寿命,但没有必要进行这么多次测试,缩减 EEPROM 的使用寿命。

I2C_Test()函数是 AT24C02 的读写操作,原理非常简单,首先产生 256 个字节的数据,存放到数组 I2c_Buf_Write[]中。这里使用一个 for 语句,产生 256 个循环,完成 0 ~ 255 个数字并存放到 I2c_Buf_Write[]中。然后使用 I2C_EEPROM_BufferWrite()将 256 个字节写入 EEPROM,地址从 0x00 到 0xff,再使用 I2C_EEPROM_BufferRead()函数将 0x00 到 0xff 地址的数据读出来并存放到 I2c_Buf_Read[]数组中。完成读写任务。最后将数组 I2c_Buf_Write[]与数组 I2c_Buf_Read[]的成员对比,若有不同,说明读写出错;若相同,则打印输出测试成功。

10.4.6 调试

完成 main.c 的编写后可以编译程序并下载到开发板,从串口助手可以观察到写入的数据与读出的数据以及相应的提示,如图 10-25 所示。

图 10-25　AT24C02 读写测试结果

10.5　小　结

I2C 是一种使用广泛的接口,如应用于 MEMS(Micro-Electro-Mechanical System,微机电系统)。使用 I2C 与 SPI 接口的传感器越来越多。通过本项目的学习,读者掌握 I2C 的固件库编程方法。

结束语

　　经过教材中几个项目的锻炼,相信读者基本掌握了 STM32 固件库编程的方法。由于本书篇幅有限,不能完全介绍完 STM32 的固件库。除此之外,STM32 还有更高级的 DMA、LCD 接口、SRAM、I2S 接口、USB 接口、CAN 总线等外设需要继续学习。这些外设的使用方法与教材中介绍的方法类似,可以使用固件库编程。因此,本书作为 STM32 的入门,学生必须掌握固件库编程的方法,学会阅读库函数的说明或者固件库帮助文档。下面就 STM32 后续的学习提供一些建议。

1. STM32 固件库的继承者 STM32 Cube MX

　　意法半导体公司开发固件库的目的是为了方便开发人员可以快速地使用 STM32 的外设,这些仅仅是 STM32 应用的基础,STM32 系列 MCU 的底层操作都封装在了固件库内。目前意法半导体公司已经推出了更快捷的软件包 STM32 Cube MX。以串口通信为例,通过图形化的配置,选择型号(图 11-1),配置时钟(图 11-2),对 USART1 模式进行配置(图 11-3),再对 NVIC 进行配置(图 11-4),最后生成如图 11-5 所示的项目,完成 Keil MDK5 项目代码框架的建立,如图 11-6 所示。

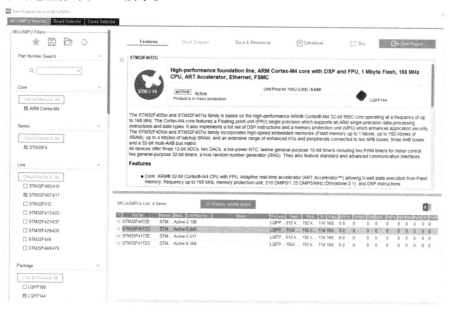

图 11-1　STM32 Cube MX 的 MCU 型号选择

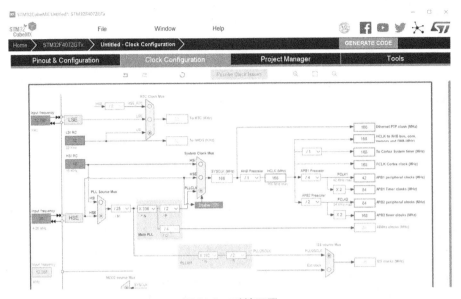

图 11-2　时钟配置

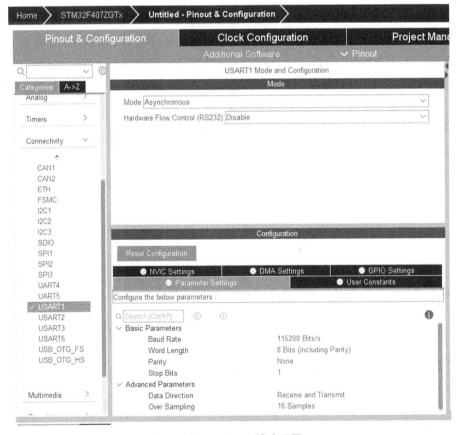

图 11-3　USART1 模式配置

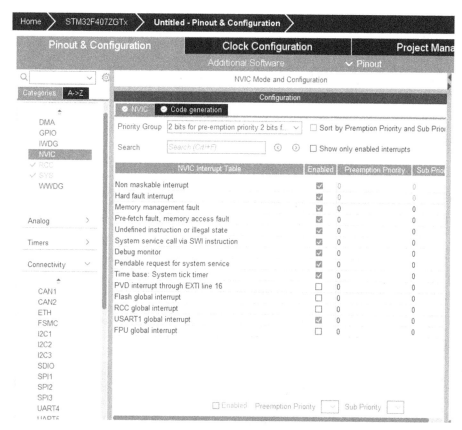

图 11-4　NVIC 配置

图 11-5　生成代码配置选项

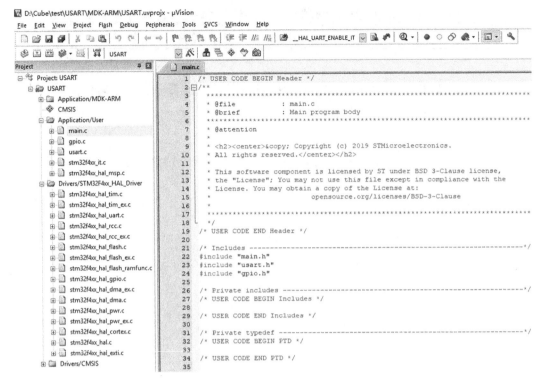

图 11-6　生成 MDK5 项目文件

使用 STM32 Cube MX 非常方便地建立好项目架构,但从项目的文件结构与文件内容看,STM32 Cube MX 与 STM32 固件库是类似的,只不过这个库变得更统一、更简洁了,开发人员编程的工作量得以大大地减轻。但要能使用 STM32CubeMX,一切都是建立在开发人员熟悉 STM32 的寄存器与硬件结构的前提下,只有通过固件库编程的学习,才能更好地理解 STM32 的寄存器与硬件架构,这一点作为初学者来说非常重要。

2. 操作系统

STM32 的 F0、F1、F2、F3、F4 系列基于 ARM 的 Cortex M 内核,意味着这些 MCU 满足实时操作系统的硬件要求,目前比较老牌的实时操作系统有 μClinux、μC/OS、eCos、FreeRTOS。国内也在推出各种实时操作系统,比如都江堰操作系统、RT-Thread 等。

教材中的固件库编程,MCU 仅仅当作了高级单片机使用。当面临多任务的项目时,需要使用实时操作系统,实时操作系统具有实时性与多任务的特点。

因此,在学习完基础的 STM32 固件库编程之后,可以尝试学习实时操作系统的移植,比如比较成熟的 uC/OS、FreeRTOS 与国产的 RT-Thread,这些操作系统移植之后,任务中的代码最终还是需要开发者编写。因此,要掌握 STM32,还需要掌握固件库编程的方法。

3. 国外的 STM32 学习与使用情况

在本教材开发过程中,得到了德国嵌入式专家亚历山大·胡瓦特先生的悉心指导,读者可以看一下胡瓦特先生的一些建议。

在德国,学生掌握了 STM32 编程嵌入式系统的基础知识后,可以实现数字输入和输出、处理模拟数据、与其他处理器通信。在未来会接触越来越复杂的系统,也会出现各种开发环境,同样会出现新的编程方式。

部分读者可能听说过 C 语言的后继者,例如 C++或 C#。这些语言称为面向对象的编程语言,因为它们的基本理念和 C 语言不同,而且编程方式也不同。

目前德国使用嵌入式的情况,旧的 8 位 8051 处理器系列被 32 位 ARM 处理器完全替换为行业标准。物联网和工业 4.0 的发展使得带互联网接口的微处理器拥有巨大的应用潜力。今天的微处理器有 1 MB、2 MB 甚至更大的程序存储器,却比旧的 8 位系统体积小。开发人员越来越多地使用 C++,并且像机械工程或电气工程领域的工程师一样工作:软件先以图形设计程序构建的方式进行编程,再从图形中生成 C 或 C++源代码。这就像从 3D 设计图生成 CNC 程序的过程一样。如果结构完整和正确,CNC 程序也会是完整和正确的。这同样适用于软件开发。

嵌入式系统软件的编程主要采用统一建模语言 UML(Unified Modeling Language)完成,这是软件编程的行业标准(ISO 19505)。但是,还有一种针对完整的,带机械、电子和软件的机电一体化系统的建模标准,即系统建模语言 SysML(Systems Modeling Language)。这种语言与 UML 非常相似,已成为德国机电一体化系统发展中不可或缺的一部分。

例如,图 11-7 所示是某个控制设备的硬件资源模型(HRM)。

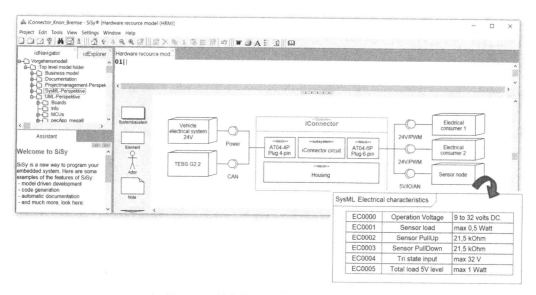

图 11-7　某个控制设备的硬件资源模型

在开始编写程序之前,未来的硬件系统(要设计的硬件系统)已经以构建块的形式逐步完善。在该系统模型中设置了所有要求之后,可以根据这些规范构建软件。

以建模语言 UML 表示的某控制设备的软件为例,如图 11-8 所示。

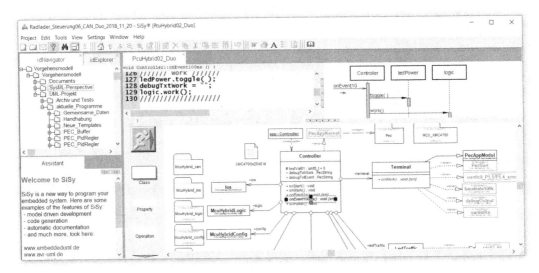

图 11-8　使用 UML 建模编写程序

这种控制设备的算法现在不再用 C 或 C++ 手动编程,而是可以直接通过状态模型 (UML)正确地生成 C 或 C++ 算法,如图 11-9 所示。

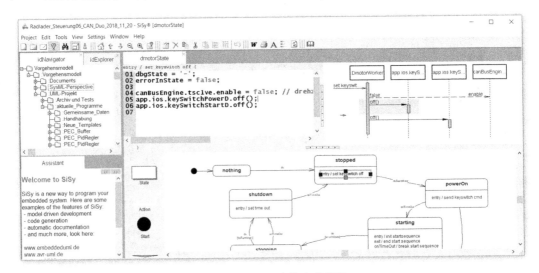

图 11-9　UML 建模生成代码

从这些模型最终可以自动生成软件的整个源代码。上图的模型生成的 C++ 代码如图 11-10 所示。

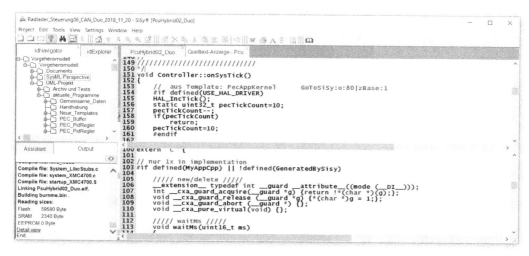

图 11-10　UML 编程自动产生的代码

　　从 UML 和 SysML 的这些模型不仅可以生成嵌入式系统软件的源代码,还可以生成完整的技术文档。创建完备的文档是每个系统的重要组成部分,这对项目研发非常重要,最终生成的文档如图 11-11 所示。

图 11-11　最终产生的项目技术文档

4. 胡瓦特先生对中国嵌入式学习者的建议

　　规划未来关于嵌入式技术的职业生涯需要考虑的是:首先,学无止境。在德国,对于技术要求比较高的职业,我们强调终身学习。其次,要应用和深化学到的东西,即积累经验。最后,应学会使用现代编程语言、现代编程概念和工具。不仅在嵌入式系统开发领域,也包括人工智能领域,还包括 UML 和 SysML 等建模语言和适当的便捷软件工具,如上面显示的 SiSy 嵌入式系统开发软件工具,均要做到上述三点。

附录

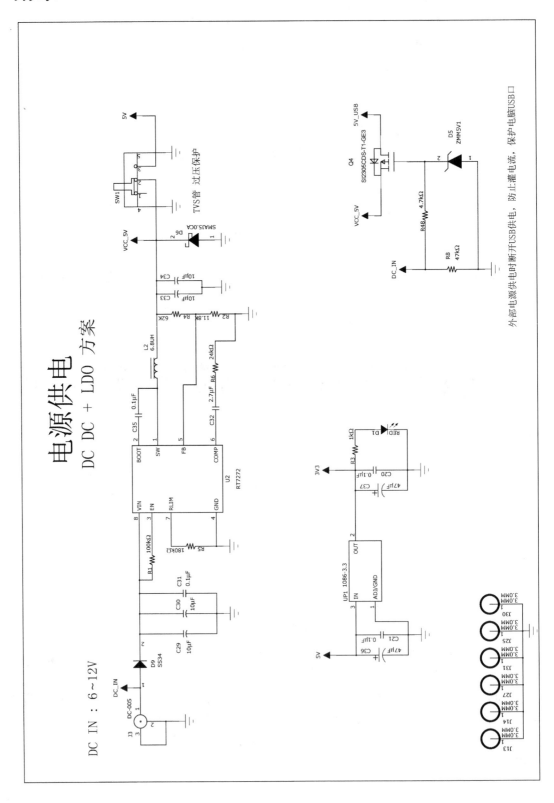

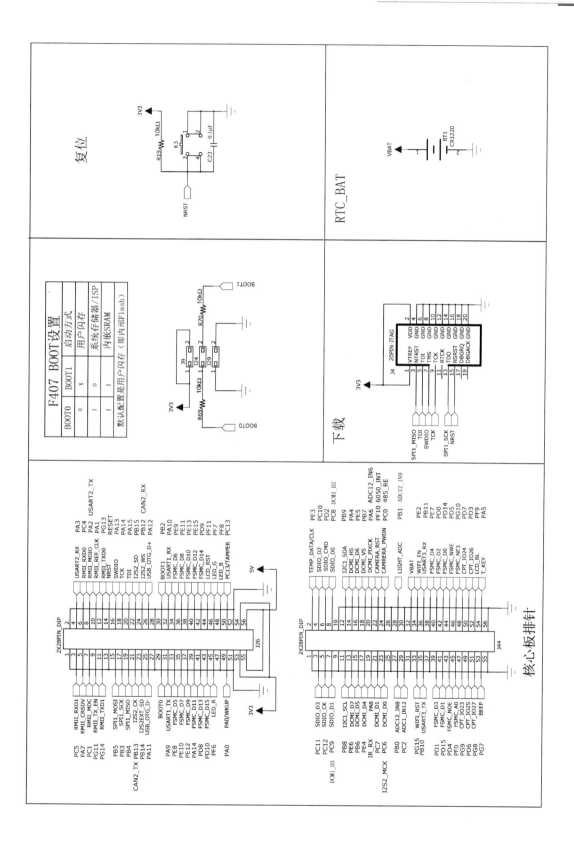

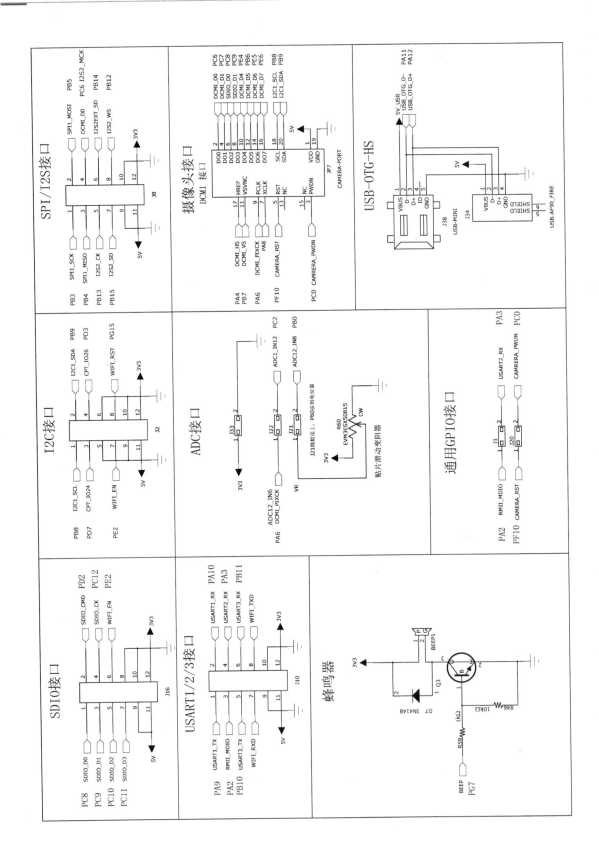

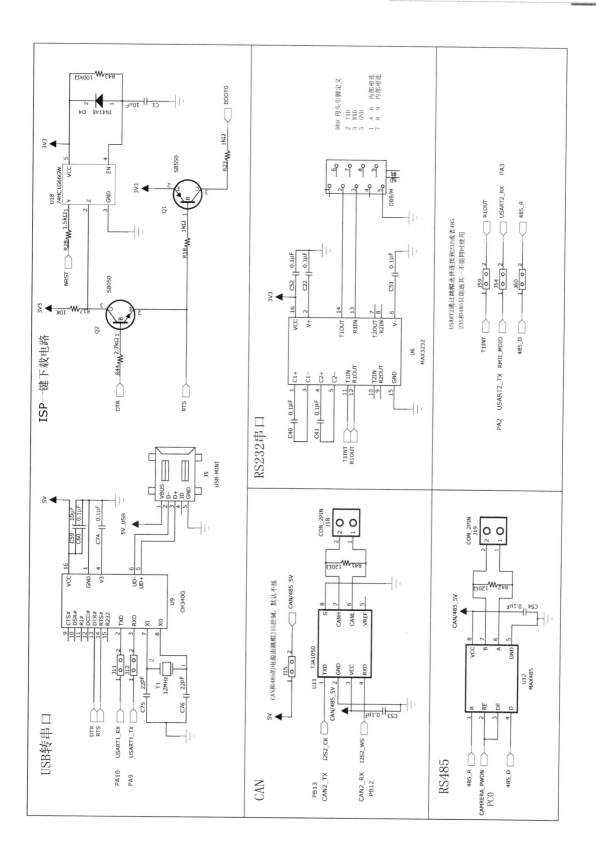

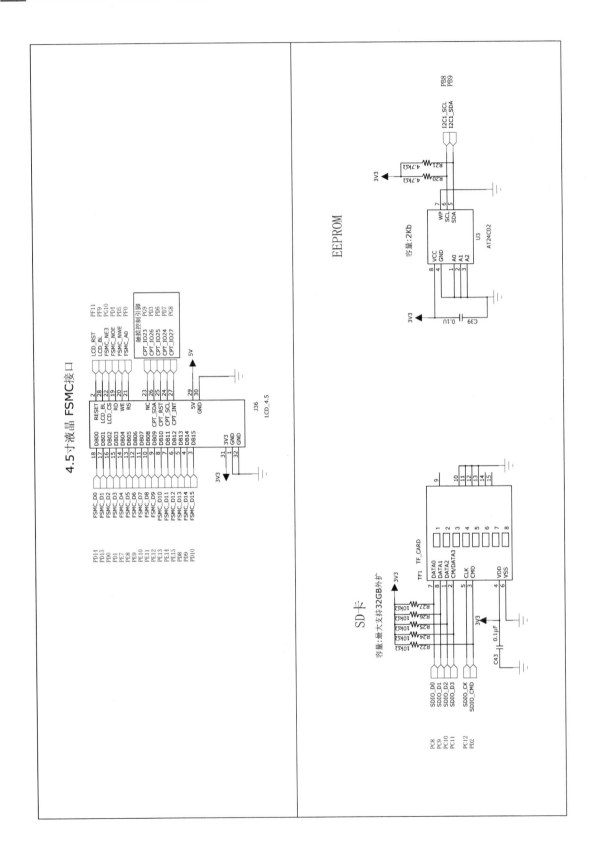

网络接口

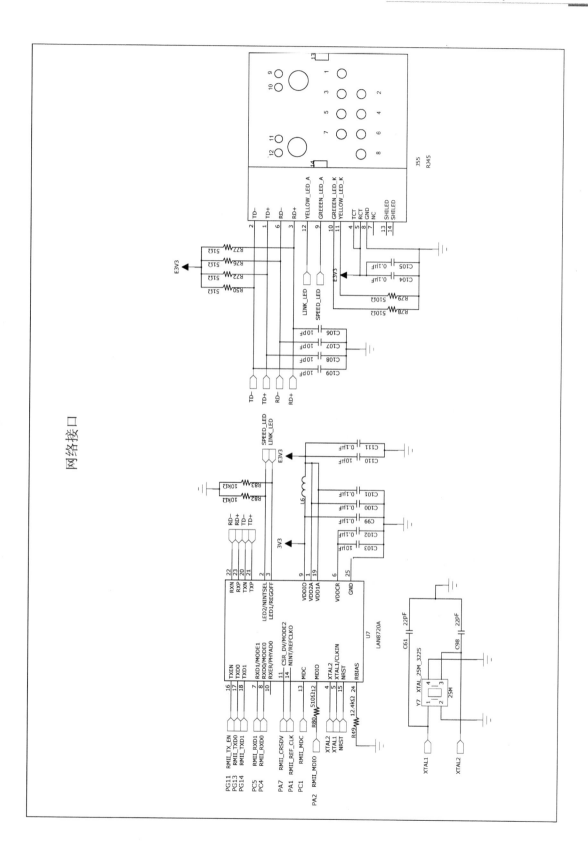

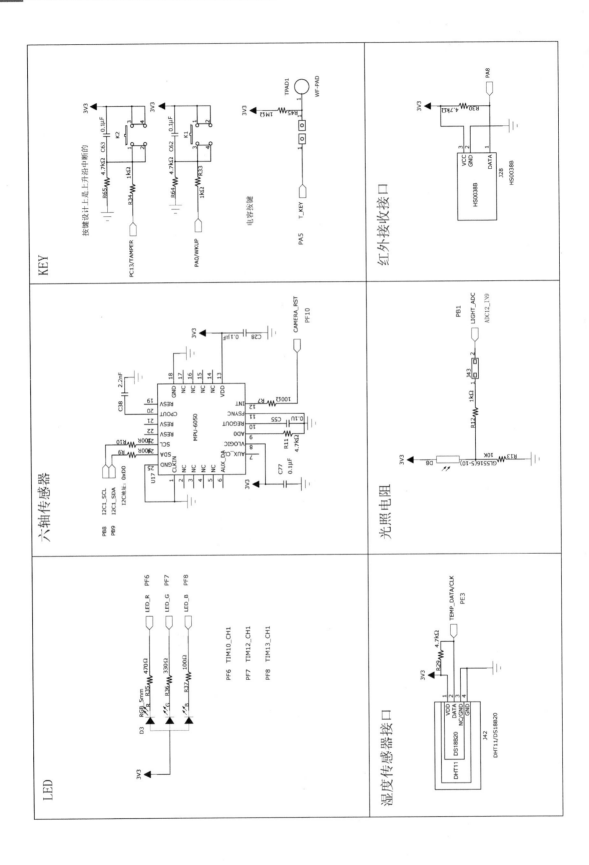

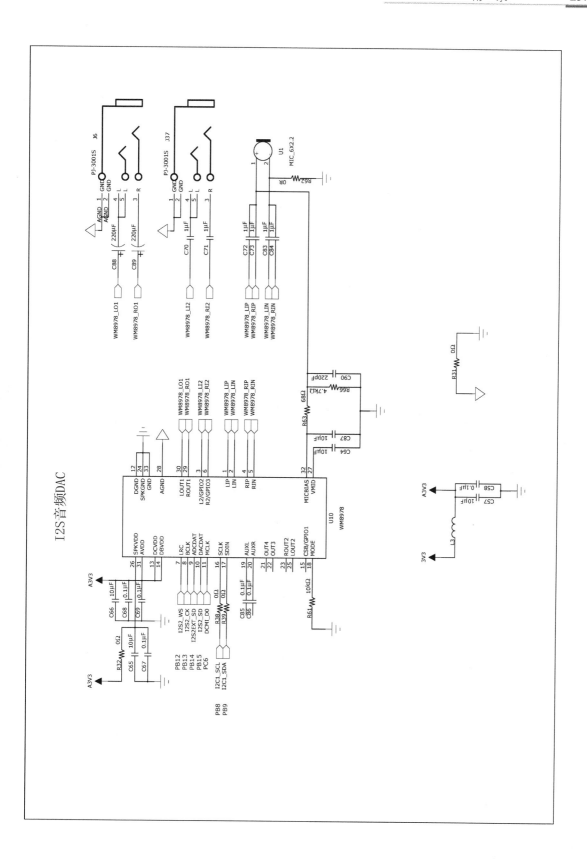

I2S音频DAC

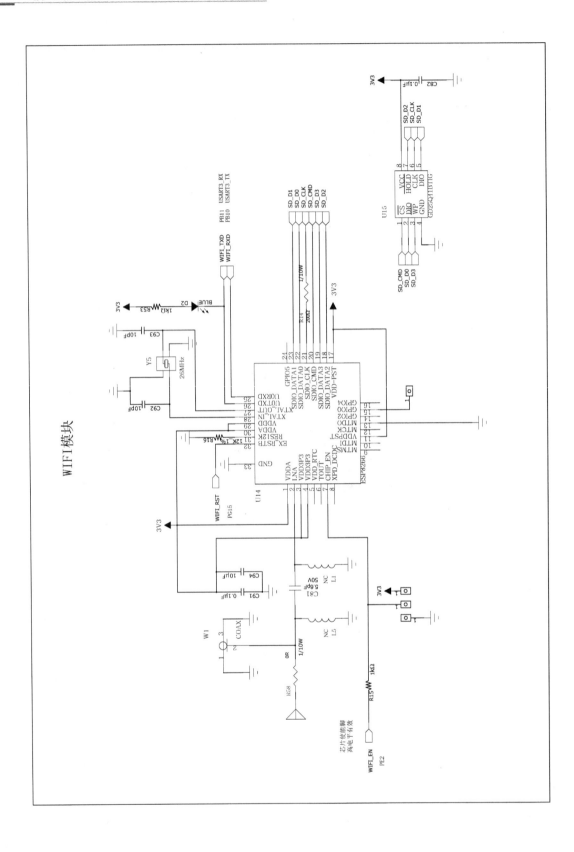

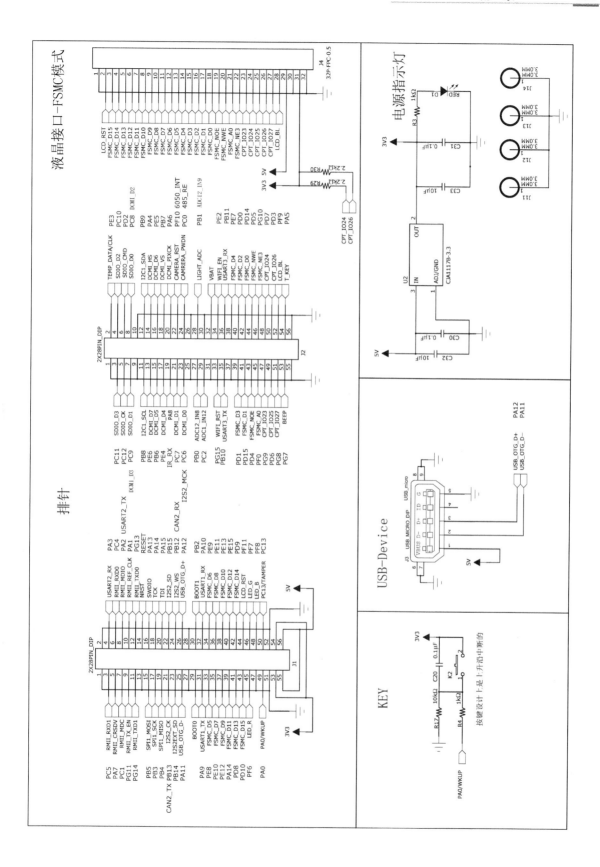

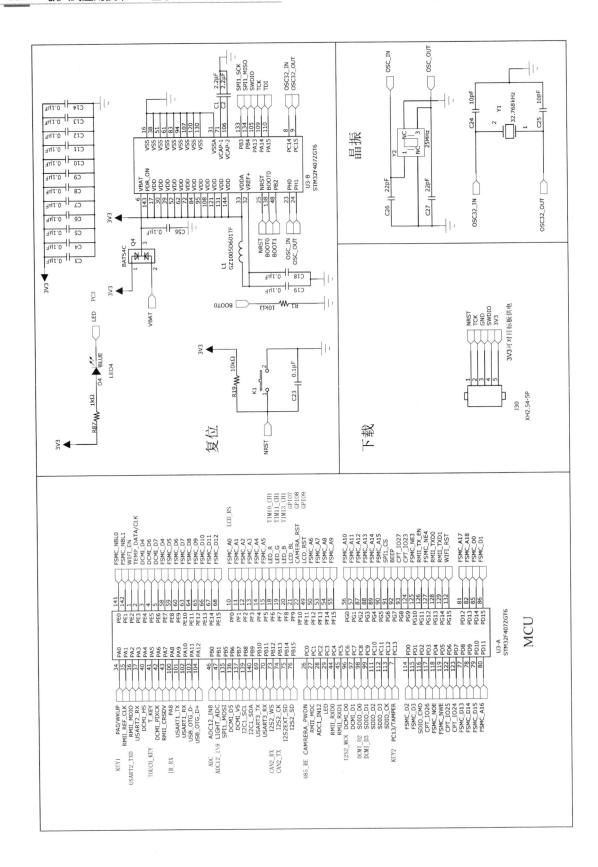

MCU

晶振

复位

下载

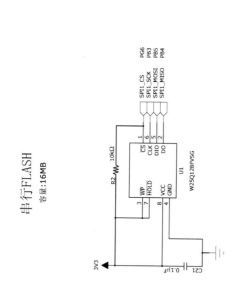

串行FLASH
容量:16MB

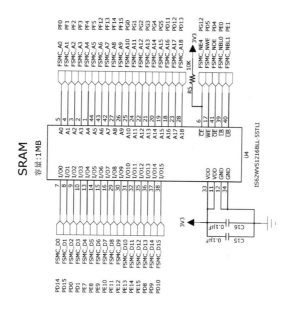

SRAM
容量:1MB